“十三五”应用型规划教材

XIANXING
DAISHU

线性代数

（上册：教材）

主　编　梁海峰　尧雪莉　刘淑芬
副主编　王　剑　谢　莉　高晋芳
　　　　杨　红　李　娟

吉林大学出版社

图书在版编目(CIP)数据

线性代数 ：全 2 册 /梁海峰，尧雪莉，刘淑芬主编.
—长春 ：吉林大学出版社，2019.1
ISBN 978－7－5692－4041－2

Ⅰ.①线… Ⅱ.①梁… ②尧… ③刘… Ⅲ.①线性代数－高等学校－教材 Ⅳ.①O151.2

中国版本图书馆 CIP 数据核字(2019)第 007826 号

书　　名：线性代数(全 2 册)
　　　　　XIANXING DAISHU(QUAN 2 CE)
作　　者：梁海峰　尧雪莉　刘淑芬主编
策划编辑：代景丽
责任编辑：刘守秀
责任校对：刘超群
装帧设计：唐韵设计
出版发行：吉林大学出版社
社　　址：长春市人民大街 4059 号
邮政编码：130021
发行电话：0431－89580028/29/21
网　　址：http://www.jlup.com.cn
电子邮箱：jdcbs@jlu.edu.cn
印　　刷：三河市鑫鑫科达彩色印刷包装有限公司
开　　本：787×1092　1/16
印　　张：25
字　　数：500 千字
版　　次：2019 年 1 月第 1 版
印　　次：2023 年 8 月第 2 次
书　　号：ISBN 978－7－5692－4041－2
定　　价：85.00 元(全 2 册)

前 言

线性代数(Linear Algebra)是数学的一个分支,是普通高等院校各专业的重要基础课,它的研究对象是向量、向量空间(或称线性空间)、线性变换和有限维的线性方程组.在地方院校应用技术型大学转型背景下,我们从当前线性代数教学改革的趋势和学生的需求出发,将线性代数与现实生活相结合,把教材编得更为通俗、清晰、实用.

我们借鉴美国数学教学改革坚持的四项原则,即将数学概念的四个侧面,即图像、数值、符号、语言同时展现给学生,注重用自然通俗易懂的语言描述概念,用图像形象地反映概念,这些见解给我们一个启示,将数学建模思想融入教材.精选生活实例,从中引入抽象的概念,将枯燥的概念具体化、通俗化,使学生真切地感受到这些定义来自现实生活,便于培养学生的应用实践能力.

本书最大的特点是将建模思想融入教材中,精选现实生活和工程问题作为例题,以培养学生的应用意识.本书以解线性方程为线索,以矩阵和向量为核心,把线性代数的主要概念编织成一个清晰的体系,对行列式、矩阵、向量、方程组、特征值与特征向量、二次型等抽象概念进行通俗的解释,引入具体生活案例力图使这些抽象概念具体化、通俗化,使学生真切地感到这些定义来源于生活,便于更好地理解.在行列式中我们引入中成药生产模型;在矩阵的概念中我们引入投入产出模型;在矩阵的逆运算中我们引入营养餐模型;在线性方程组中引入网络流模型;在特征值与二次型中引入人口迁徙模型等.通过数学模型,读者可以更多地了解数学与现实生活案例的关系,感受数学的魅力,培养数学应用意识.在教材的附录中我们将线性代数与计算机 MATLAB 软件相结合,给出行列式、矩阵的乘法、逆运算、秩、特征值、特征向量、解线性方程组的解法,方便读者更好地利用计算机求解.

本书的编写框架由梁海峰拟定,梁海峰、尧雪莉、刘淑芬任主编,王剑、李娟、谢莉、高晋芳任副主编.参加编写的人员有:刘淑芬(第一章)、梁海峰(第二章、第三章及附录);王剑(第四章)、尧雪莉(第五章),并由杨红、高晋芳、李娟等老师参与审稿;全书由梁海峰完成最后的统稿和定稿.

本书的编写得到了华东交通大学理工学院有关领导的大力支持,并得到吉林大学出版社的支持和帮助,在此一并表示感谢.经过数学教研室全体教师的努力,特别是梁海峰、尧雪莉、刘淑芬、王剑、杨红等老师的倾情付出,本书才得以按时完成,由于时间仓促以及编者水平有限,书中错误和不足之处在所难免,恳请广大读者批评指正.

华东交通大学理工学院数学教研室

目　录

第一章 行列式

线性代数的知识可以应用到科学技术的很多领域.行列式就是线性代数不可或缺的一个重要工具.

初等数学中,我们学习过二阶、三阶行列式,并且可以利用它们来解二元、三元线性方程组. 为了研究 n 元线性方程组,需要把行列式推广到 n 阶,即讨论 n 阶行列式的问题. 本章先介绍全排列的知识,然后引出 n 阶行列式的概念.

§1 全排列及其逆序数

引例 用 1,2,3 三个数字,可以组成多少个没有重复数字的三位数?

解 这个问题与以下问题等价:把三个数字分别放在百位、十位与个位上,可以组成多少个不同的三位数?

显然,百位上可以从 1,2,3 三个数字中任选一个,所以有 3 种选择;十位上只能从剩下的两个数字中选一个,所以有 2 种选择;个位上只能放最后剩下的一个数字,所以只有 1 种选择. 因此,共有 $p_3^3=3!$ 种选择,即六个不同的三位数.

这六个不同的三位数是:123,132,213,231,312,321.

在数学中,把考察的对象,如上例中的数字 1,2,3 叫作元素. 上述问题就是:把 3 个不同的元素排成一列,共有几种不同的排法?

对于 n 个不同的元素,也可以提出类似的问题:把 n 个不同的元素排成一列,共有几种不同的排法?

把 n 个不同的元素排成一列,叫作这 n 个元素的全排列,简称排列. 排列 $1,2,\cdots,n$ 称为自然排列或标准排列.

n 个不同元素的所有排列的种数,通常用 p_n^n 表示. 有引例的结果可知 $p_3^3 = 3 \cdot 2 \cdot 1 = 6$.

对于 n 个不同的元素,我们规定各元素之间有一个标准次序(例如 n 个不同的自然数,可规定由小到大为标准次序).于是在这 n 个元素的任一排列中,当某两个元素的先后次序与标准次序不同时,就说有1个逆序. 一个排列中所有逆序的总数叫作这个排列的逆序数.

逆序数为奇数的排列叫作奇排列,逆序数为偶数的排列叫作偶排列.

下面我们来讨论如何计算排列的逆序数.

为了不失一般性,不妨设 n 个元素为1至 n 这 n 个自然数,并规定由小到大为标准次序. 设

$$p_1 p_2 \cdots p_n$$

为这 n 个自然数的一个排列,考虑元素 $p_i (i=1,2,\cdots,n)$,如果比 p_i 大的且排在 p_i 前面的元素有 t_i 个,全体元素的逆序数之总和

$$t = t_1 + t_2 + \cdots + t_n = \sum_{i=1}^{n} t_i$$

即是这个排列的逆序数.

例 1.1 求排列 32514 的逆序数.

解 在排列 32514 中,

3 排在首位逆序数为 0;

2 的前面比 2 大的数只有一个"3",故逆序数为 1;

5 是最大数,逆序数为 0;

1 的前面比 1 大的数有三个"325",故逆序数为 3;

4 的前面比 4 大的数只有一个"5",故逆序数为 1;

于是排列的逆序数为

$$t = 0 + 1 + 0 + 3 + 1 = 5.$$

例 1.2 求排列 $13\cdots(2n-1)24\cdots(2n)$ 的逆序数.

解 该排列的逆序数为

$$t = (n-1) + (n-2) + \cdots + 1 + 0 = \frac{n(n-1)}{2}.$$

§2　n阶行列式的概念

行列式是线性代数中的一个基本工具，研究许多问题时都需要用到它，比如线性方程组的求解.

一、二阶和三阶行列式

例 1.3　求解二元一次线性方程组

$$\begin{cases} a_{11}x_1 + a_{12}x_2 = b_1 & ① \\ a_{21}x_1 + a_{22}x_2 = b_2 & ② \end{cases} \tag{1-1}$$

解　由 ①$\times a_{22}$ − ②$\times a_{12}$ 得

$$(a_{11}a_{22} - a_{12}a_{21})x_1 = b_1a_{22} - a_{12}b_2$$

由 ②$\times a_{11}$ − ①$\times a_{21}$ 得

$$(a_{11}a_{22} - a_{12}a_{21})x_2 = a_{11}b_2 - b_1a_{21}$$

当 $a_{11}a_{22} - a_{12}a_{21} \neq 0$ 时，这个方程组有唯一解

$$x_1 = \frac{b_1a_{22} - a_{12}b_2}{a_{11}a_{22} - a_{12}a_{21}}$$

$$x_2 = \frac{a_{11}b_2 - b_1a_{21}}{a_{11}a_{22} - a_{12}a_{21}}$$

从二元一次线性方程组的一般式的求解结果，可看出方程组的解具有结构规律.由于 x_1 和 x_2 的解的分母都是 $a_{11}a_{22} - a_{12}a_{21}$，是由方程组的系数构成.为了便于记忆，将方程组中未知数 x_1 和 x_2 的系数按原来的位置排成 2 行 2 列的数表，并用两根竖线加以标出，即

$$\begin{vmatrix} a_{11} & a_{12} \\ a_{21} & a_{22} \end{vmatrix}$$

便得到一个二阶行列式，并定义

$$\Delta = \begin{vmatrix} a_{11} & a_{12} \\ a_{21} & a_{22} \end{vmatrix} = a_{11}a_{22} - a_{12}a_{21}$$

右边的式子为二阶行列式的展开式. 为了便于记忆,我们记$\begin{vmatrix} \ddots & \\ & \ddots \end{vmatrix}$为主对角线,而$\begin{vmatrix} & . \cdot \\ . \cdot & \end{vmatrix}$为次对角线.因此二阶行列式的展开式可理解为主对角线上的两数乘积减去次对角线上的两数乘积.

同理,可表示为两数乘积减去两数乘积的表达式都可以以二阶行列式的形式给出,因此 x_1 和 x_2 的分子可表示为

$$\Delta_1 = \begin{vmatrix} b_1 & a_{12} \\ b_2 & a_{22} \end{vmatrix} = b_1 a_{22} - a_{12} b_2 \quad \Delta_2 = \begin{vmatrix} a_{11} & b_1 \\ a_{21} & b_2 \end{vmatrix} = a_{11} b_2 - b_1 a_{21}$$

这样,方程组的解就可表示为 $x_1 = \dfrac{\Delta_1}{\Delta}, x_2 = \dfrac{\Delta_2}{\Delta}$.

其中 Δ_i 的规律为将系数行列式 Δ 的第 i 列换成(1-1)式的右端常数项,其余列不动所得的行列式.

例 1.4 计算二阶行列式$\begin{vmatrix} 2 & 4 \\ 3 & 5 \end{vmatrix}$.

解 $\begin{vmatrix} 2 & 4 \\ 3 & 5 \end{vmatrix} = 2 \times 5 - 4 \times 3 = 10 - 12 = -2$

例 1.5 利用二阶行列式求解二元一次线性方程组

$$\begin{cases} x_1 + x_2 = 4 \\ 4x_1 - x_2 = 1 \end{cases}$$

解 先计算系数行列式 $\Delta = \begin{vmatrix} 1 & 1 \\ 4 & -1 \end{vmatrix} = 1 \times (-1) - 1 \times 4 = -5$

因为 $\Delta \neq 0$,所以方程组有唯一解,即

$$\Delta_1 = \begin{vmatrix} 4 & 1 \\ 1 & -1 \end{vmatrix} = 4 \times (-1) - 1 \times 1 = -5$$

$$\Delta_2 = \begin{vmatrix} 1 & 4 \\ 4 & 1 \end{vmatrix} = 1 \times 1 - 4 \times 4 = -15$$

所以 $x_1=\frac{\Delta_1}{\Delta}=\frac{-5}{-5}=1, x_2=\frac{\Delta_2}{\Delta}=\frac{-15}{-5}=3$

形如 $\begin{vmatrix} a_{11} & a_{12} \\ a_{21} & a_{22} \end{vmatrix}$ 的行列式是二阶行列式，并且我们规定

$$\begin{vmatrix} a_{11} & a_{12} \\ a_{21} & a_{22} \end{vmatrix}=a_{11}a_{22}-a_{12}a_{21}$$

二阶行列式相对简单，接下来我们着重对三阶行列式加以研究.只要把二阶行列式的结构规律看清楚，三阶行列式的结构规律就很容易看出了.我们规定三阶行列式为：

$$\begin{vmatrix} a_{11} & a_{12} & a_{13} \\ a_{21} & a_{22} & a_{23} \\ a_{31} & a_{32} & a_{33} \end{vmatrix}=a_{11}a_{22}a_{33}+a_{12}a_{23}a_{31}+a_{13}a_{21}a_{32}$$

$$-a_{11}a_{23}a_{32}-a_{12}a_{21}a_{33}-a_{13}a_{22}a_{31} \tag{1-2}$$

不难看出：

1.(1-2) 式右边的每一项都恰是三个元素的乘积，且这三个元素位于不同的行、不同的列. 因此(1-2) 式右端的任意项不考虑正负号可以写成 $a_{1p_1}a_{2p_2}a_{3p_3}$. 这里第一下标(称行标) 排成标准排列 1、2、3，而第二个下标(称列标) 排成 $p_1p_2p_3$，它是 1、2、3 三个数的某个排列. 这样的排列共有 6 种，对应(1-2) 式右端共含 6 项。

2.各项的正负号与列标的排列对照：

带正号的三项列标排列是:123,231,312;

带负号的三项列标排列是:132,213,321.

计算这几个排列的逆序数，可知前三个排列都是偶排列，而后三个排列都是奇排列. 因此各项所带的正负号可以表示为$(-1)^t$，其中 t 为列标排列的逆序数.

综上所述三阶行列式可以写成

$$\begin{vmatrix} a_{11} & a_{12} & a_{13} \\ a_{21} & a_{22} & a_{23} \\ a_{31} & a_{32} & a_{33} \end{vmatrix}=\sum (-1)^t a_{1p_1}a_{2p_2}a_{3p_3}$$

其中 t 为排列 $p_1p_2p_3$ 的逆序数，$\sum$ 表示对 1、2、3 三个数的所有排列 $p_1p_2p_3$ 取和.

以此类推，我们可以把三阶行列式推广到 n 阶行列式.

定义 1.1 设有 n^2 个数，排成 n 行 n 列的表

$$\begin{matrix} a_{11} & a_{12} & \cdots & a_{1n} \\ a_{21} & a_{22} & \cdots & a_{2n} \\ \vdots & \vdots & \ddots & \vdots \\ a_{n1} & a_{n2} & \cdots & a_{nn} \end{matrix}$$

做出表中位于不同行不同列的 n 个数的乘积，并冠以符号 $(-1)^t$；得到形如

$$(-1)^t a_{1p_1} a_{2p_2} \cdots a_{np_n} \tag{1-3}$$

的项，其中 $p_1 p_2 \cdots p_n$ 为自然数 $1,2,\cdots,n$ 的一个排列，t 为这个排列的逆序数. 由于这样的排列共有 $n!$ 个，因而形如(1-3) 式的项共有 $n!$ 项.所有这 $n!$ 项的代数和

$$\sum (-1)^t a_{1p_1} a_{2p_2} \cdots a_{np_n}$$

称为 n 阶行列式，记作

$$D = \begin{vmatrix} a_{11} & a_{12} & \cdots & a_{1n} \\ a_{21} & a_{22} & \cdots & a_{2n} \\ \vdots & \vdots & \ddots & \vdots \\ a_{n1} & a_{n2} & \cdots & a_{nn} \end{vmatrix}$$

简记作 $\det(a_{ij})$，数 a_{ij} 称为行列式的元素.

按此定义的二阶、三阶行列式，与对角线法则定义的二阶、三阶行列式是一致的.

例 1.6 确定四阶行列式中项 $a_{32}a_{14}a_{43}a_{21}$ 的符号.

解 把该项按行下标的自然顺序重排得 $a_{14}a_{21}a_{32}a_{43}$

$$t(4123)=0+1+1+1=3$$

故该项带负号.

例 1.7 证明对角线行列式(其中对角线上的元素都是 λ_i，未写出的元素都是 0).

$$\begin{vmatrix} \lambda_1 & & & \\ & \lambda_2 & & \\ & & \ddots & \\ & & & \lambda_n \end{vmatrix} = \lambda_1 \lambda_2 \cdots \lambda_n$$

$$\begin{vmatrix} & & & \lambda_1 \\ & & \lambda_2 & \\ & \iddots & & \\ \lambda_n & & & \end{vmatrix} = (-1)^{\frac{n(n-1)}{2}}\lambda_1\lambda_2\cdots\lambda_n.$$

证　第一式是显然的,下面证第二式.

若记 $\lambda_i = a_{i,n-i+1}$,则依行列式定义

$$\begin{vmatrix} & & & \lambda_1 \\ & & \lambda_2 & \\ & \iddots & & \\ \lambda_n & & & \end{vmatrix} = \begin{vmatrix} & & & a_{1n} \\ & & a_{2,n-1} & \\ & \iddots & & \\ a_{n1} & & & \end{vmatrix}$$

$$= (-1)^t a_{1n}a_{2,n-1}\cdots a_{n1} = (-1)^t\lambda_1\lambda_2\cdots\lambda_n,$$

其中 t 为排列 $n(n-1)\cdots 21$ 的逆序数,故

$$t = 0+1+2+\cdots+(n-1) = \frac{n(n-1)}{2}.$$

对角线以下(上)的元素都为 0 的行列式叫作上(下)三角行列式,它的值与对角行列式一样.

例 1.8　证明上三角行列式

$$D = \begin{vmatrix} a_{11} & a_{12} & \cdots & a_{1n} \\ & a_{22} & \cdots & a_{2n} \\ & & \ddots & \vdots \\ & & & a_{nn} \end{vmatrix} = a_{11}a_{22}\cdots a_{nn}$$

证明　由于当 $i>j$ 时,$a_{ij}=0$,故行列式 D 中可能不为 0 的元素 a_{ip_i} 的下标应满足:$p_i \geqslant i$.即 $p_1 \geqslant 1, p_2 \geqslant 2, \cdots, p_n \geqslant n$.

在所有排列 $p_1p_2\cdots p_n$ 中,能满足上述关系的排列只有一个标准排列 $12\cdots n$,于是行列式中可能不为 0 的项只有一项,即 $(-1)^t a_{11}a_{22}\cdots a_{nn}$,该项的符号为 $(-1)^t = (-1)^0 = 1$,因此 $D = a_{11}a_{22}\cdots a_{nn}$.

同理可证下三角行列式

$$D=\begin{vmatrix} a_{11} & & & \\ a_{21} & a_{22} & & \\ \vdots & \vdots & \ddots & \vdots \\ a_{n1} & a_{n2} & \cdots & a_{nn} \end{vmatrix}=a_{11}a_{22}\cdots a_{nn}$$

§3 行列式的性质

为了研究 n 阶行列式的性质,我们先讨论对换、排列的奇偶性以及二者之间的关系.

一、对换、排列的奇偶性以及二者之间的关系

在排列中,将任意两个元素对调位置,其余的元素不动,这种做出新排列的方法叫作对换. 对换相邻两个元素的位置,叫作相邻对换.

定理 1.1 一个排列中的任意两个元素对换,排列奇偶性改变.

证 先证相邻对换的情形.

设排列为 $a_1\cdots a_l abb_1\cdots b_m$,对换 a 与 b,变为 $a_1\cdots a_l bab_1\cdots b_m$. 显然,$a_1\cdots a_l$;$b_1\cdots b_m$ 这些元素的逆序数经过对换并不改变,而 a、b 两元素的逆序数改变为:当 $a<b$ 时,经对换后 a 的逆序数增加 1 而 b 的逆序数不变;当 $a>b$ 时,经对换后 a 的逆序数不变而 b 的逆序数减少 1. 因此排列 $a_1\cdots a_l abb_1\cdots b_m$ 与排列 $a_1\cdots a_l bab_1\cdots b_m$ 的奇偶性不同.

再证非相邻对换的情形.

设排列为 $a_1\cdots a_l ab_1\cdots b_m bc_1\cdots c_n$, 把 b 向左作 m 次相邻对换, 调成 $a_1\cdots a_l abb_1\cdots b_m c_1\cdots c_n$,再把 a 向右作 $m+1$ 次相邻对换,调成 $a_1\cdots a_l bb_1\cdots b_m ac_1\cdots c_n$. 经过 $2m+1$ 次相邻对换,排列 $a_1\cdots a_l ab_1\cdots b_m bc_1\cdots c_n$ 调成排列 $a_1\cdots a_l bb_1\cdots b_m ac_1\cdots c_n$

所以这两个排列的奇偶性相反.

推论 奇排列经过奇数次对换调成标准排列,偶排列经过偶数次对换调成标准排列.

定理 1.2 n 阶行列式也可定义为

$$D=\sum(-1)^t a_{p_1 1}a_{p_2 2}\cdots a_{p_n n}$$

其中 t 为行标排列 $p_1p_2\cdots p_n$ 的逆序数.

证　按行列式定义有

$$D=\sum(-1)^t a_{1p_1}a_{2p_2}a_{3p_3}\cdots a_{np_n}$$

记
$$D_1=\sum(-1)^t a_{p_11}a_{p_22}a_{p_33}\cdots a_{p_nn}.$$

按上面讨论知：对于 D 中任一项 $(-1)^t a_{1p_1}a_{2p_2}a_{3p_3}\cdots a_{np_n}$，总有且仅有 D_1 中的某一项 $(-1)^s a_{q_11}a_{q_22}a_{q_33}\cdots a_{q_nn}$ 与之对应并相等；反之，对于 D_1 中的任一项 $(-1)^t a_{p_11}a_{p_22}a_{p_33}\cdots a_{p_nn}$，也总有且仅有 D 中的某一项 D 与之对应并相等，于是 D 与 D_1 中的项可以一一对应并相等，从而 $D=D_1$.

二、行列式的性质

记

$$D=\begin{vmatrix} a_{11} & a_{12} & \cdots & a_{1n} \\ a_{21} & a_{22} & \cdots & a_{2n} \\ \vdots & \vdots & \ddots & \vdots \\ a_{n1} & a_{n2} & \cdots & a_{nn} \end{vmatrix},D^T=\begin{vmatrix} a_{11} & a_{21} & \cdots & a_{n1} \\ a_{12} & a_{22} & \cdots & a_{n2} \\ \vdots & \vdots & \ddots & \vdots \\ a_{1n} & a_{2n} & \cdots & a_{nn} \end{vmatrix}$$

行列式 D^T 称为行列式 D 的转置行列式.

性质 1　行列式与它的转置行列式的值相等.

例如：$D_2=\begin{vmatrix} 1 & 2 \\ 3 & 4 \end{vmatrix}=1\times4-2\times3=-2$

其转置行列式 $D_2^T=\begin{vmatrix} 1 & 3 \\ 2 & 4 \end{vmatrix}=1\times4-2\times3=-2$

即 $D_2=D_2^T$.

由性质 1 可知，行列式的行和列具有同等地位，凡是对行成立的性质对列也成立，反之亦然.

性质 2　互换行列式的两行(列)，行列式的值改变符号.

例如：$D_2=\begin{vmatrix} 1 & 2 \\ 3 & 4 \end{vmatrix}=1\times4-2\times3=-2$

将其一、二两行互换后得

$$D_3=\begin{vmatrix}3&4\\1&2\end{vmatrix}=3\times2-4\times1=2=-D_2$$

以 r_i 表示行列式的第 i 行,以 c_i 表示行列式的第 i 列. 交换 i,j 两行记作 $r_i\leftrightarrow r_j$,交换 i,j 两列记作 $c_i\leftrightarrow c_j$.

推论 行列式有两行(列)完全相同,则此行列式为零.

证 把完全相同的两行(列)互换,有 $D=-D$,故 $D=0$.

性质 3 行列式的某一行(列)中所有的元素都乘以同一数 k,等于用数 k 乘此行列式.

第 i 行(或列)乘以 k,记作 $r_i\times k$(或 $c_i\times k$).

性质 4 行列式中有两行(列)元素对应成比例,则此行列式的值等于零.

性质 5 若行列式的某一行(列)的元素都是两数之和,例如

$$D=\begin{vmatrix}a_{11}&a_{12}&\cdots&(a_{1i}+b_{1i})&\cdots&a_{1n}\\a_{21}&a_{22}&\cdots&(a_{2i}+b_{2i})&\cdots&a_{2n}\\\vdots&\vdots&&\vdots&&\vdots\\a_{n1}&a_{n2}&\cdots&(a_{ni}+b_{ni})&\cdots&a_{nn}\end{vmatrix}$$

则 D 等于下列两个行列式之和:

$$D=\begin{vmatrix}a_{11}&a_{12}&\cdots&a_{1i}&a_{1n}\\a_{21}&a_{22}&\cdots&a_{2i}&a_{2n}\\\vdots&\vdots&&\vdots&\vdots\\a_{n1}&a_{n2}&\cdots&a_{ni}&a_{nn}\end{vmatrix}+\begin{vmatrix}a_{11}&a_{12}&\cdots&b_{1i}&a_{1n}\\a_{21}&a_{22}&\cdots&b_{2i}&a_{2n}\\\vdots&\vdots&&\vdots&\vdots\\a_{n1}&a_{n2}&\cdots&b_{ni}&a_{nn}\end{vmatrix}$$

性质 6 把行列式的某一行(列)的各元素乘以同一数然后加到另一行(列)上去,行列式的值不变.

例如第 j 列乘以数 k 加到第 i 列上去(记作 c_i+kc_j),有

$$\begin{vmatrix}a_{11}&\cdots&a_{1i}&\cdots&a_{1j}&\cdots&a_{1n}\\a_{21}&\cdots&a_{2i}&\cdots&a_{2j}&\cdots&a_{2n}\\\vdots&&\vdots&&\vdots&&\vdots\\a_{n1}&\cdots&a_{ni}&\cdots&a_{nj}&\cdots&a_{nn}\end{vmatrix}$$

$$\xlongequal{c_i+kc_j}\begin{vmatrix} a_{11} & \cdots & (a_{1i}+ka_{1j}) & \cdots & a_{1j} & \cdots & a_{1n} \\ a_{21} & \cdots & (a_{2i}+ka_{2j}) & \cdots & a_{2j} & \cdots & a_{2n} \\ \vdots & & \vdots & & \vdots & & \vdots \\ a_{n1} & \cdots & (a_{ni}+ka_{nj}) & \cdots & a_{nj} & \cdots & a_{nn} \end{vmatrix}$$

(第 j 行乘以数 k 加到第 i 行上，记作 r_i+kr_j)$(i\neq j)$

这些性质可用于简化行列式的计算. 假设 n 阶行列式每一列都有非零元素(若某一列元素全部为 0，则行列式的值为 0，不用计算)，则把行列式化为上三角行列式进行计算. 其步骤如下：假设 $a_{11}\neq 0$(若 $a_{11}=0$，$a_{i1}\neq 0$，则将第一行与第 i 行对换，使得 $a_{11}\neq 0$)，将第一行×$(-a_{11}{}^{-1}a_{i1})$加于第 i 行，使得第一列除了第一个元素外其余元素全部为 0.再用同样的方法处理除去第一行和第一列后余下的 $n-1$ 阶行列式.如此下去，直到 n 阶行列式变成上三角行列式，这时主对角线上的元素的乘积就是所求行列式的值.如下例：

例 1.9　计算

$$\begin{vmatrix} 3 & 1 & -1 & 2 \\ -5 & 1 & 3 & -4 \\ 2 & 0 & 1 & -1 \\ 1 & -5 & 3 & -3 \end{vmatrix}.$$

解　$$D=-\begin{vmatrix} 1 & 3 & -1 & 2 \\ 1 & -5 & 3 & -4 \\ 0 & 2 & 1 & -1 \\ -5 & 1 & 3 & -3 \end{vmatrix}$$

$$=-\begin{vmatrix} 1 & 3 & -1 & 2 \\ 0 & -8 & 4 & -6 \\ 0 & 2 & 1 & -1 \\ 0 & 16 & -2 & 7 \end{vmatrix}=\begin{vmatrix} 1 & 3 & -1 & 2 \\ 0 & 2 & 1 & -1 \\ 0 & -8 & 4 & -6 \\ 0 & 16 & -2 & 7 \end{vmatrix}$$

$$=\begin{vmatrix} 1 & 3 & -1 & 2 \\ 0 & 2 & 1 & -1 \\ 0 & 0 & 8 & -10 \\ 0 & 0 & -10 & 15 \end{vmatrix}=\begin{vmatrix} 1 & 3 & -1 & 2 \\ 0 & 2 & 1 & -1 \\ 0 & 0 & 8 & -10 \\ 0 & 0 & 0 & \frac{5}{2} \end{vmatrix}$$

$$=1\times2\times8\times\frac{5}{2}=40.$$

例 1.10 计算

$$D=\begin{vmatrix} a & b & c & d \\ a & a+b & a+b+c & a+b+c+d \\ a & 2a+b & 3a+2b+c & 4a+3b+2c+d \\ a & 3a+b & 6a+3b+c & 10a+6b+3c+d \end{vmatrix}$$

解 从第4行开始,后一行减去前一行,

$$D=\begin{vmatrix} a & b & c & d \\ 0 & a & a+b & a+b+c \\ 0 & a & 2a+b & 3a+2b+c \\ 0 & a & 3a+b & 6a+3b+c \end{vmatrix}$$

$$=\begin{vmatrix} a & b & c & d \\ 0 & a & a+b & a+b+c \\ 0 & 0 & a & 2a+b \\ 0 & 0 & a & 3a+b \end{vmatrix}$$

$$=\begin{vmatrix} a & b & c & d \\ 0 & a & a+b & a+b+c \\ 0 & 0 & a & 2a+b \\ 0 & 0 & 0 & a \end{vmatrix}=a^4$$

例 1.11 计算 n 阶行列式

$$D=\begin{vmatrix} 0 & 1 & 1 & \cdots & 1 \\ 1 & 0 & 1 & \cdots & 1 \\ 1 & 1 & 0 & \cdots & 1 \\ \vdots & \vdots & \vdots & \ddots & \vdots \\ 1 & 1 & 1 & \cdots & 0 \end{vmatrix}$$

解

$$D=\begin{vmatrix} n-1 & n-1 & n-1 & \cdots & n-1 \\ 1 & 0 & 1 & \cdots & 1 \\ 1 & 1 & 0 & \cdots & 1 \\ \vdots & \vdots & \vdots & & \vdots \\ 1 & 1 & 1 & \cdots & 0 \end{vmatrix}$$

$$=(n-1)\begin{vmatrix} 1 & 1 & 1 & \cdots & 1 \\ 1 & 0 & 1 & \cdots & 1 \\ 1 & 1 & 0 & \cdots & 1 \\ \vdots & \vdots & \vdots & & \vdots \\ 1 & 1 & 1 & \cdots & 0 \end{vmatrix}$$

$$=(n-1)\begin{vmatrix} 1 & 1 & 1 & \cdots & 1 \\ 0 & -1 & 0 & \cdots & 0 \\ 0 & 0 & -1 & \cdots & 0 \\ \vdots & \vdots & \vdots & & \vdots \\ 0 & 0 & 0 & \cdots & -1 \end{vmatrix}=(-1)^{n-1}(n-1)$$

例 1.12　计算

$$D_4=\begin{vmatrix} a & 1 & 1 & 1 \\ 1 & a & 1 & 1 \\ 1 & 1 & a & 1 \\ 1 & 1 & 1 & a \end{vmatrix}(a\neq 1)$$

解　通过观察不难发现行列式一个特点：每一行的元素之和相同，可以把第 2、3、4 列都加到第 1 列，得

$$D=\begin{vmatrix} a & 1 & 1 & 1 \\ 1 & a & 1 & 1 \\ 1 & 1 & a & 1 \\ 1 & 1 & 1 & a \end{vmatrix}\xlongequal[c_1+c_4]{\substack{c_1+c_2\\c_1+c_3}}\begin{vmatrix} a+1+1+1 & 1 & 1 & 1 \\ 1+a+1+1 & a & 1 & 1 \\ 1+1+a+1 & 1 & a & 1 \\ 1+1+1+a & 1 & 1 & a \end{vmatrix}$$

$$=(a+3)\begin{vmatrix}1&1&1&1\\1&a&1&1\\1&1&a&1\\1&1&1&a\end{vmatrix}\xlongequal[r_4-r_1]{r_2-r_1,\ r_3-r_1}(a+3)\begin{vmatrix}1&1&1&1\\0&a-1&0&0\\0&0&a-1&0\\0&0&0&a-1\end{vmatrix}$$

$$=(a+3)(a-1)^3$$

§4 行列式按行(列)展开

一般地,低阶行列式的计算比高阶行列式的计算更简单,于是,我们很自然地考虑到通过计算低阶行列式来计算高阶行列式的值.为此,先引进余子式和代数余子式的概念.

在 n 阶行列式中,把元素 a_{ij} 所在的第 i 行和第 j 列划去后,留下来的 $n-1$ 阶行列式叫作元素 a_{ij} 的余子式,记作 M_{ij}.记

$$A_{ij}=(-1)^{i+j}M_{ij}$$

A_{ij} 叫作元素 a_{ij} 的代数余子式.

例如四阶行列式

$$D=\begin{vmatrix}a_{11}&a_{12}&a_{13}&a_{14}\\a_{21}&a_{22}&a_{23}&a_{24}\\a_{31}&a_{32}&a_{33}&a_{34}\\a_{41}&a_{42}&a_{43}&a_{44}\end{vmatrix}$$

中元素 a_{32} 的余子式和代数余子式分别为

$$M_{32}=\begin{vmatrix}a_{11}&a_{13}&a_{14}\\a_{21}&a_{23}&a_{24}\\a_{41}&a_{43}&a_{44}\end{vmatrix}$$

$$A_{32}=(-1)^{3+2}M_{32}=-M_{32}$$

引理 一个 n 阶行列式,如果其中第 i 行所有元素除 a_{ij} 外都为零,那么这个行列式等于 a_{ij} 与它的代数余子式的乘积,即

$$D=a_{ij}A_{ij}$$

证　先证 a_{ij} 位于第 1 行第 1 列的情形,此时

$$D=\begin{vmatrix} a_{11} & 0 & 0 & 0 \\ a_{21} & a_{22} & \cdots & a_{2n} \\ \vdots & \vdots & & \vdots \\ a_{n1} & a_{n2} & \cdots & a_{nn} \end{vmatrix}$$

又　　$$A_{11}=(-1)^{1+1}M_{11}=M_{11}$$

从而　　$$D=a_{11}A_{11}$$

再证一般情形

$$D=\begin{vmatrix} A_{11} & \cdots & A_{1j} & \cdots & a_{1n} \\ \vdots & \vdots & & \vdots & \\ 0 & \cdots & a_{ij} & \cdots & 0 \\ \vdots & \vdots & & \vdots & \\ a_{n1} & \cdots & a_{nj} & \cdots & a_{nn} \end{vmatrix}$$

为了利用前面的结果,把 D 的行列做如下调换:把 D 的第 i 行依次与第 $i-1$ 行、第 $i-2$ 行、…、第 1 行对调,这样 a_{ij} 就调到原来 a_{1j} 的位置上,调换的次数为 $i-1$. 再把第 j 列依次与第 $j-1$ 列、第 $j-2$ 列、…、第 1 列对调,这样就调到左上角,调换的次数为 $j-1$. 经过 $i+j-2$ 次对调,把 a_{ij} 调到左上角,所得的行列式

$$D_1=(-1)^{i+j-2}D=(-1)^{i+j}D$$

而元素 a_{ij} 在 D_1 中的余子式仍然是 D_{ij} 在 D 中的余子式 M_{ij}.

由于 a_{ij} 位于 D_1 的左上角,利用前面的结果,有

$$D_1=a_{ij}M_{ij}$$

于是　　$$D=(-1)^{i+j}D_1=(-1)^{i+j}a_{ij}M_{ij}=a_{ij}A_{ij}$$

定理 1.3　行列式等于它的任一行(列)的各元素与其对应的代数余子式乘积之和,即

$$D=a_{i1}A_{i1}+a_{i2}A_{i2}+\cdots+a_{in}A_{in}\quad(i=1,2,\cdots,n)$$

或　　$$D=a_{1j}A_{1j}+a_{2j}A_{2j}+\cdots+a_{nj}A_{nj}\quad(j=1,2,\cdots,n)$$

证

$$D=\begin{vmatrix} a_{11} & a_{12} & \cdots & a_{1n} \\ \vdots & \vdots & & \vdots \\ a_{i1}+0+\cdots+0 & 0+a_{i2}+\cdots+0 & \cdots & 0+0\cdots+a_{in} \\ \vdots & \vdots & & \vdots \\ a_{n1} & a_{n2} & \cdots & a_{nn} \end{vmatrix}$$

$$=\begin{vmatrix} a_{11} & a_{12} & \cdots & a_{1n} \\ \vdots & \vdots & & \vdots \\ a_{i1} & 0 & \cdots & 0 \\ \vdots & \vdots & & \vdots \\ a_{n1} & a_{n2} & \cdots & a_{nn} \end{vmatrix}+\begin{vmatrix} a_{11} & a_{12} & \cdots & a_{1n} \\ \vdots & \vdots & & \vdots \\ 0 & a_{i2} & \cdots & 0 \\ \vdots & \vdots & & \vdots \\ a_{n1} & a_{n2} & \cdots & a_{nn} \end{vmatrix}$$

$$+\cdots+\begin{vmatrix} a_{11} & a_{12} & \cdots & a_{1n} \\ \vdots & \vdots & & \vdots \\ 0 & 0 & \cdots & a_{in} \\ \vdots & \vdots & & \vdots \\ a_{n1} & a_{n2} & \cdots & a_{nn} \end{vmatrix}$$

根据引理可知

$$D=a_{i1}A_{i1}+a_{i2}A_{i2}+\cdots+a_{in}A_{in}(i=1,2,\cdots,n)$$

类似地,若按列证明,可得

$$D=a_{1j}A_{1j}+a_{2j}A_{2j}+\cdots+a_{nj}A_{nj}(i=1,2,\cdots,n)$$

这个定理叫作行列式按行(列)展开法则. 利用这一法则并结合行列式的性质,可以简化行列式的计算.

例 1.13 计算行列式

$$D=\begin{vmatrix} 3 & 1 & -1 & 2 \\ -5 & 1 & 3 & -4 \\ 2 & 0 & 1 & -1 \\ 1 & -5 & 3 & -3 \end{vmatrix}$$

解　保留 a_{33}，把第 3 行其余元素变为 0，再按第 3 行展开：

$$D=\begin{vmatrix}5&1&-1&1\\-11&1&3&-1\\0&0&1&0\\-5&-5&3&0\end{vmatrix}=1\times(-1)^{3+3}\begin{vmatrix}5&1&1\\-11&1&-1\\-5&-5&0\end{vmatrix}$$

$$=\begin{vmatrix}5&1&1\\-6&2&0\\-5&-5&0\end{vmatrix}=1\times(-1)^{1+3}\begin{vmatrix}-6&2\\-5&-5\end{vmatrix}=40$$

例 1.14　证明范德蒙行列式

$$D_n=\begin{vmatrix}1&1&1&\cdots&1\\x_1&x_2&x_3&\cdots&x_n\\x_1^2&x_2^2&x_3^2&\cdots&x_n^2\\\vdots&\vdots&\vdots&&\vdots\\x_1^{n-1}&x_2^{n-1}&x_3^{n-1}&\cdots&x_n^{n-1}\end{vmatrix}=\prod_{n\geqslant i>j\geqslant 1}(x_i-x_j)\tag{1-4}$$

其中记号“Π”表示全体同类因子的乘积.

证　用数学归纳法. 因为

$$D_2=\begin{vmatrix}1&1\\x_1&x_2\end{vmatrix}=x_2-x_1=\prod_{1\leqslant j<i\leqslant 2}(x_i-x_j)$$

所以当 $n=2$ 时(1-4) 式成立. 现在假设(1-4) 式对于 $n-1$ 阶范德蒙行列式成立，要证(1-3) 式对 n 阶范德蒙行列式也成立.

设法把 D_n 降阶：从第 n 行开始，后行减去前行的 x_1 倍，有

$$D_n=\begin{vmatrix}1&1&1&\cdots&1\\0&x_2-x_1&x_3-x_1&\cdots&x_n-x_1\\0&x_2(x_2-x_1)&x_3(x_3-x_1)&\cdots&x_n(x_n-x_1)\\\vdots&\vdots&\vdots&&\vdots\\0&x_2^{n-2}(x_2-x_1)&x_3^{n-2}(x_3-x_1)&\cdots&x_n^{n-2}(x_n-x_1)\end{vmatrix}$$

按第 1 列展开，并把每列的公因子 (x_i-x_1) 提出，就有

$$D_n=(x_2-x_1)(x_3-x_1)\cdots(x_n-x_1)\begin{vmatrix}1&1&\cdots&1\\x_2&x_3&\cdots&x_n\\\vdots&\vdots&&\vdots\\x_2^{n-2}&x_3^{n-2}&\cdots&x_n^{n-2}\end{vmatrix}$$

上式右端的行列式是 $n-1$ 阶范德蒙行列式,按归纳法假设,它等于所有 (x_i-x_j) 因子的乘积,其中 $n\geqslant i>j\geqslant 2$. 故

$$\begin{aligned}D_n&=(x_2-x_1)(x_3-x_1)\cdots(x_n-x_1)\prod_{2\leqslant j>i\leqslant n}(x_i-x_j)\\&=\prod_{1\leqslant j<i\leqslant n}(x_i-x_j)\end{aligned}$$

由定理1.3,还可得下述重要推论:

推论 行列式任一行(列)的元素与另一行(列)的对应元素的代数余子式乘积之和等于零. 即

$$a_{i1}A_{j1}+a_{i2}A_{j2}+\cdots+a_{in}A_{jn}=0(i\neq j).$$

或
$$a_{1i}A_{1j}+a_{2i}A_{2j}+\cdots+a_{ni}A_{nj}=0(i\neq j).$$

证 把行列式 $D=\det(a_{ij})$ 按第 j 行展开,有

$$a_{j1}A_{j1}+a_{j2}A_{j2}+\cdots+a_{jn}A_{jn}=\begin{vmatrix}a_{11}&\cdots&a_{1n}\\\vdots&&\vdots\\a_{i1}&\cdots&a_{in}\\\vdots&&\vdots\\a_{j1}&\cdots&a_{jn}\\\vdots&&\vdots\\a_{n1}&\cdots&a_{nn}\end{vmatrix}$$

在上式中把 a_{jk} 换成 $a_{ik}(k=1,\cdots,n)$,可得

$$a_{i1}A_{j1}+a_{i2}A_{j2}+\cdots+a_{in}A_{jn}=\begin{vmatrix}a_{11}&\cdots&a_{1n}\\\vdots&&\vdots\\a_{i1}&\cdots&a_{in}\\\vdots&&\vdots\\a_{i1}&\cdots&a_{in}\\\vdots&&\vdots\\a_{n1}&\cdots&a_{nn}\end{vmatrix}\begin{matrix}\\\\\leftarrow 第\ i\ 行\\\\\leftarrow 第\ j\ 行\\\\\\\end{matrix}$$

当 $i \neq j$ 时,上式右端行列式中有两行对应元素相同,故行列式为零,即得

$$a_{i1}A_{j1} + a_{i2}A_{j2} + \cdots + a_{in}A_{jn} = 0 \ (i \neq j)$$

上述证法如按列进行,可得

$$a_{1i}A_{1j} + a_{2i}A_{2j} + \cdots + a_{ni}A_{nj} = 0 \ (i \neq j)$$

§5　克莱姆法则

含有 n 个未知数 $x_1, x_2, \cdots, x_n$ 的 n 个线性方程的方程组

$$\begin{cases} a_{11}x_1 + a_{12}x_2 + \cdots + a_{1n}x_n = b_1 \\ a_{21}x_1 + a_{22}x_2 + \cdots + a_{2n}x_n = b_2 \\ \cdots\cdots\cdots\cdots \\ a_{n1}x_1 + a_{n2}x_2 + \cdots + a_{nn}x_n = b_n \end{cases} \tag{1-5}$$

与二、三元线性方程组相类似,它的解可以用 n 阶行列式表示,即有

克莱姆法则　如果线性方程组(1-5)的系数行列式不等于零,即

$$D = \begin{vmatrix} a_{11} & \cdots & a_{1n} \\ \vdots & \ddots & \vdots \\ a_{n1} & \cdots & a_{nn} \end{vmatrix} \neq 0$$

那么,方程组(1-5)有唯一解

$$x_1 = \frac{D_1}{D}, x_2 = \frac{D_2}{D}, \cdots, x_n = \frac{D_n}{D} \tag{1-6}$$

其中 $D_j\ (j=1,2,\cdots,n)$ 是把系数行列式 D 中第 j 列的元素用方程组右端的自由项代替后所得到的 n 阶行列式,即

$$D_j = \begin{vmatrix} a_{11} & \cdots & a_{1,j-1} & b_1 & a_{1,j+1} & \cdots & a_{1n} \\ \vdots & & \vdots & \vdots & \vdots & & \vdots \\ a_{n1} & \cdots & a_{n,j-1} & b_n & a_{n,j+1} & \cdots & a_{nn} \end{vmatrix}$$

证　用 D 中第 j 列元素的代数余子式 $A_{1j}, A_{2j}, \cdots, A_{nj}$ 依次乘方程组(1-6)的 n 个方程,再把它们相加,得

$$\left(\sum_{k=1}^{n}a_{k1}A_{kj}\right)x_1+\cdots+\left(\sum_{k=1}^{n}a_{kj}A_{kj}\right)x_j+\cdots+\left(\sum_{k=1}^{n}a_{kn}A_{kj}\right)x_n$$

$$=\sum_{k=1}^{n}b_kA_{kj}$$

根据代数余子式的重要性质可知,上式中 x_j 的系数等于D,而其余 $x_i\,(i\neq j)$ 的系数均为 0;等式右端即是 D_j. 于是

$$Dx_j=D_j\,(j=1,2,\cdots,n) \tag{1-7}$$

当 $D\neq 0$ 时,方程组(1-7) 有唯一的一个解(1-6).

为证明(1-6) 是方程组(1-5) 的唯一解,还需验证解(1-6) 确是方程组(1-5) 的解,也就是要证明

$$a_{i1}\frac{D_1}{D}+a_{i2}\frac{D_2}{D}+\cdots+a_{in}\frac{D_n}{D}=b_i\,(i=1,2,\cdots,n)$$

考虑有两行相同的 $n+1$ 阶行列式

$$\begin{vmatrix} b_i & a_{i1} & \cdots & a_{in} \\ b_1 & a_{11} & \cdots & a_{1n} \\ \vdots & \vdots & & \vdots \\ b_n & a_{n1} & \cdots & a_{nn} \end{vmatrix}\,(i=1,2,\cdots,n)$$

它的值为 0. 把它按第 1 行展开,由于第 1 行中 a_{ij} 的代数余子式为

$$(-1)^{1+j+1}\begin{vmatrix} b_1 & a_{11} & \cdots & a_{1,j-1}a_{1,j+1} & \cdots & a_{1n} \\ b_n & a_{n1} & \cdots & a_{n,j-1}a_{n,j+1} & \cdots & a_{nn} \end{vmatrix}$$

$$=(-1)^{j+2}(-1)^{j-1}D_i=-D_i$$

所以有

$$0=b_iD-a_{i1}D_1-\cdots-a_{in}D_n$$

即

$$a_{i1}\frac{D_1}{D}+a_{i2}\frac{D_2}{D}+\cdots+a_{in}\frac{D_n}{D}=b_i\,(i=1,2,\cdots,n).$$

例 1.15 解线性方程组

$$\begin{cases} 2x_1+x_2-5x_3+x_4=8 \\ x_1-3x_2-6x_4=9 \\ 2x_2-x_3+2x_4=-5 \\ x_1+4x_2-7x_3+6x_4=0 \end{cases}$$

解　计算该方程组的系数行列式

$$D=\begin{vmatrix}2&1&-5&1\\1&-3&0&-6\\0&2&-1&2\\1&4&-7&6\end{vmatrix}=\begin{vmatrix}0&7&-5&13\\1&-3&0&-6\\0&2&-1&2\\0&7&-7&12\end{vmatrix}$$

$$=-\begin{vmatrix}7&-5&13\\2&-1&2\\7&-7&12\end{vmatrix}=-\begin{vmatrix}-3&-5&3\\0&-1&0\\-7&-7&-2\end{vmatrix}$$

$$=\begin{vmatrix}-3&3\\-7&-2\end{vmatrix}=27\neq 0.$$

于是该方程组有唯一解。又由于

$$D_1=\begin{vmatrix}8&1&-5&1\\9&-3&0&-6\\-5&2&-1&2\\0&4&-7&6\end{vmatrix}=81,D_2=\begin{vmatrix}2&8&-5&1\\1&9&0&-6\\0&-5&-1&2\\1&0&-7&6\end{vmatrix}=-108$$

$$D_3=\begin{vmatrix}2&1&8&1\\1&-3&9&-6\\0&2&-5&2\\1&4&0&6\end{vmatrix}=-27,D_4=\begin{vmatrix}2&1&-5&8\\1&-3&0&9\\0&2&-1&-5\\1&4&-7&0\end{vmatrix}=27$$

由克莱姆法则可知该方程组的唯一解为

$$x_1=3,x_2=-4,x_3=-1,x_4=1$$

克莱姆法则有重大的理论价值,除了求解公式(1-5)外,克莱姆法则还可叙述为下面的重要定理:

定理 1.4　如果非齐次线性方程组(1-5)的系数行列式 $D\neq 0$,则非齐次线性方程组一定有解,且解是唯一的.

根据定理 1.4,如果线性方程组(1-5)无解或有两个不同的解,则它的系数行列式必为零.

线性方程组(1-5) 右端的自由项 $b_1,b_2,\cdots,b_n$ 不全为零时,线性方程组(1-5) 叫作非齐次方程组,当 $b_1,b_2,\cdots,b_n$ 全为零时,线性方程组(1-5) 叫作齐次方程组.

对于齐次线性方程组

$$\begin{cases} a_{11}x_1+a_{12}x_2+\cdots+a_{1n}x_n=0 \\ a_{21}x_1+a_{22}x_2+\cdots+a_{2n}x_n=0 \\ \cdots\cdots \\ a_{n1}x_1+a_{n2}x_2+\cdots+a_{nn}x_n=0 \end{cases} \tag{1-8}$$

$x_1=x_2=\cdots=x_n=0$ 一定是它的解,这个解叫作齐次方程组(1-8) 的零解. 如果一组不全为零的数是方程组(1-8) 的解,则它叫作齐次方程组的非零解. 齐次方程组一定有零解,但不一定有非零解.

把定理 1.4 应用于齐次方程组,可得

定理 1.5　如果齐次方程组的系数行列式 $D\neq 0$,则齐次方程组有唯一的零解.

根据定理 1.5,如果齐次方程组有非零解,则它的系数行列式 D 必为零. 因此系数行列式 $D=0$ 是齐次方程组非零解的必要条件. 在第四章中我们还将证明这个条件也是充分的.

例 1.16　问 λ 取何值时,齐次方程组

$$\begin{cases} (5-\lambda)x+2y+2z=0 \\ 2x+(6-\lambda)y=0 \\ 2x+(4-\lambda)z=0 \end{cases} \tag{1-9}$$

有非零解?

解　由定理 1.5 可知,若齐次方程组有非零解,则它的系数行列式 $D=0$. 而

$$D=\begin{vmatrix} 5-\lambda & 2 & 2 \\ 2 & 6-\lambda & 0 \\ 2 & 0 & 4-\lambda \end{vmatrix}$$

$$=(5-\lambda)(6-\lambda)(4-\lambda)-4(4-\lambda)-4(6-\lambda)$$

$$=(5-\lambda)(2-\lambda)(8-\lambda)$$

由 $D=0$,得 $\lambda=2$、5 或 8.

不难验证，当 $\lambda=2$、5 或 8 时，齐次方程组确有非零解.

例 1.17 某药厂生产 3 种中成药，每件中成药的生产要经过 3 个车间加工.3 个车间每周的工时、每件中成药在各车间需要的工时数如下表所示，问 3 种中成药每周的产量各是多少？

	中成药 1	中成药 2	中成药 3	车间工时(时 / 周)
车间 1	1	1	2	40
车间 2	3	2	3	75
车间 3	1	1	1	28

解 设 3 种中成药每周的产量分别为 x_1, x_2, x_3 则由题意得

$$\begin{cases} x_1+x_2+2x_3=40 \\ 3x_1+2x_2+3x_3=75 \\ x_1+x_2+x_3=28 \end{cases}$$

系数行列式

$$D=\begin{vmatrix} 1 & 1 & 2 \\ 3 & 2 & 3 \\ 1 & 1 & 1 \end{vmatrix}=1\neq 0$$

故有唯一解

而

$$D_1=\begin{vmatrix} 40 & 1 & 2 \\ 75 & 2 & 3 \\ 28 & 1 & 1 \end{vmatrix}=7$$

同理有 $D_2=9, D_3=12$

故

$$x_1=\frac{D_1}{D}=7, x_2=\frac{D_2}{D}=9, x_3=\frac{D_3}{D}=12$$

所以三种中成药每周的产量分别为 7 件，9 件，12 件.

总习题一

1.若从小到大为标准次序,求下列各排列的逆序数:

(1)1 2 3 4;　　(2)4 1 3 2;

(3)3 4 2 1;　　(4)2 4 1 3.

2.写出四阶行列式中含有因子 $a_{11}a_{23}$ 的项.

3.计算下列各行列式:

(1)$\begin{vmatrix} 1 & 2 & 3 \\ 3 & 1 & 2 \\ 2 & 3 & 1 \end{vmatrix}$　　(2)$\begin{vmatrix} 1 & 1 & 1 \\ 3 & 1 & 4 \\ 8 & 9 & 5 \end{vmatrix}$

(3)$\begin{vmatrix} x & y & x+y \\ y & x+y & x \\ x+y & x & y \end{vmatrix}$　　(4)$\begin{vmatrix} 1 & 2 & 3 & 4 \\ 2 & 3 & 4 & 1 \\ 3 & 4 & 1 & 2 \\ 4 & 1 & 2 & 3 \end{vmatrix}$

(5)$\begin{vmatrix} 0 & 0 & 1 & 0 \\ 0 & 1 & 0 & 0 \\ 0 & 0 & 0 & 1 \\ 1 & 0 & 0 & 0 \end{vmatrix}$　　(6)$\begin{vmatrix} 0 & 1 & 0 & \cdots & 0 \\ 0 & 0 & 2 & \cdots & 0 \\ \vdots & \vdots & \vdots & & \vdots \\ 0 & 0 & 0 & \cdots & n-1 \\ n & 0 & 0 & \cdots & 0 \end{vmatrix}$

(7)$\begin{vmatrix} a_{11} & \cdots & a_{1,n-1} & a_{1n} \\ a_{21} & \cdots & a_{2,n-1} & 0 \\ \vdots & \iddots & \vdots & \vdots \\ a_{n1} & \cdots & 0 & 0 \end{vmatrix}$　　(8)$\begin{vmatrix} 1+a_1 & 1 & \cdots & 1 \\ 1 & 1+a_2 & \cdots & 1 \\ \vdots & \vdots & & \vdots \\ 1 & 1 & \cdots & 1+a_n \end{vmatrix}$

4.证明:

(1)$\begin{vmatrix} a^2 & ab & b^2 \\ 2a & a+b & 2b \\ 1 & 1 & 1 \end{vmatrix}=(a-b)^3$

(2) $\begin{vmatrix} ax+by & ay+bz & az+bx \\ ay+bz & az+bx & ax+by \\ az+bx & ax+by & ay+bz \end{vmatrix} = (a^3+b^3)\begin{vmatrix} x & y & z \\ y & z & x \\ z & x & y \end{vmatrix}$

(3) $\begin{vmatrix} a^2 & (a+1)^2 & (a+2)^2 & (a+3)^2 \\ b^2 & (b+1)^2 & (b+2)^2 & (b+3)^2 \\ c^2 & (c+1)^2 & (c+2)^2 & (c+3)^2 \\ z^2 & (z+1)^2 & (z+2)^2 & (z+3)^2 \end{vmatrix} = 0$

(4) $\begin{vmatrix} 1 & 1 & 1 & 1 \\ a & b & c & d \\ a^2 & b^2 & c^2 & d^2 \\ a^4 & b^4 & c^4 & d^4 \end{vmatrix}$

$=(a-b)(a-c)(a-d)(b-c)(b-d)(c-d)(a+b+c+d)$；

(5) $\begin{vmatrix} x & -1 & 0 & \cdots & 0 & 0 \\ 0 & x & -1 & \cdots & 0 & 0 \\ \vdots & \vdots & \vdots & & \vdots & \vdots \\ 0 & 0 & 0 & \cdots & x & -1 \\ a_n & a_{n-1} & a_{n-1} & \cdots & a_2 & x+a_1 \end{vmatrix}$

$=x^n+a_1x^{n-1}+\cdots+a_{n-1}x+a_n$.

5.计算下列各行列式（D_k 为 k 阶行列式）：

(1) $D_n = \begin{vmatrix} a & & 1 \\ & \ddots & \\ 1 & & a \end{vmatrix}$，其中对角线上元素都是 a，未写出的元素都是 0；

(2) $D_n = \begin{vmatrix} x & a & \cdots & a \\ a & x & \cdots & a \\ \vdots & \vdots & & \vdots \\ a & a & \cdots & x \end{vmatrix}$

$$(3)D_{n+1}=\begin{vmatrix} a^n & (a-1)^n & \cdots & (a-n)^n \\ a^{n-1} & (a-1)^{n-1} & \cdots & (a-n)^{n-1} \\ \vdots & \vdots & & \vdots \\ a & a-1 & \cdots & a-n \\ 1 & 1 & \cdots & 1 \end{vmatrix}$$

提示:可以考虑利用范德蒙行列式的结果.

$$(4)D_{2n}=\begin{vmatrix} c_n & & & & & b_n \\ & \ddots & & 0 & \iddots & \\ & & a_1 & b_1 & & \\ & 0 & & & 0 & \\ & & c_1 & d_1 & & \\ & \iddots & & 0 & \ddots & \\ c_n & & & & & d_n \end{vmatrix}$$

(5)$D_n=\det(a_{ij})$,其中 $a_{ij}=|i-j|$

$$(6)D_n=\begin{vmatrix} x & y & 0 & \cdots & 0 & 0 \\ 0 & x & y & \cdots & 0 & 0 \\ 0 & 0 & x & \cdots & 0 & 0 \\ \vdots & \vdots & \vdots & \ddots & \vdots & \vdots \\ 0 & 0 & 0 & \cdots & x & y \\ y & 0 & 0 & \cdots & 0 & x \end{vmatrix}$$

6.用克莱姆法则解下列方程组:

$$(1)\begin{cases} x_1+x_2+x_3+x_4=5 \\ x_1+2x_2-x_3+4x_4=-2 \\ 2x_1-3x_2-x_3-5x_4=-2 \\ 3x_1+x_2+2x_3+11x_4=0 \end{cases}$$

(2) $\begin{cases} x_1+x_2+x_3 &=1 \\ x_1+2x_2+x_3-x_4 &=8 \\ 2x_1-x_2-3x_4 &=3 \\ 3x_1+3x_2+5x_3-6x_4 &=5 \end{cases}$

7.问 λ 取何值时，齐次方程组

$$\begin{cases} x_1+x_2+x_3=0 \\ x_1+\lambda x_2+x_3=0 \\ x_1+x_2+\lambda^2 x_3=0 \end{cases}$$

有非零解？

第二章 矩　　阵

矩阵是线性代数的重要组成部分，几乎贯穿线性代数的各个方面.矩阵的理论和方法在自然科学和工程技术等许多领域有着广泛的应用，成为研究和解决实际问题不可缺少的数学工具.矩阵在数学方面应用于投影、镜像、旋转变换等等；在电学方面：如线性电路理论、自动控制、网络、编码理论等；在经济管理方面，如线性规划等等.

本章首先引入矩阵的概念，介绍了矩阵的运算及其性质，进而讨论了逆矩阵、矩阵的秩、矩阵的初等变换，本章最后介绍了利用矩阵的初等变换求逆矩阵.

§1　矩阵的概念与运算

一、矩阵的概念

线性方程组的一般形式为

$$\begin{cases} a_{11}x_1+a_{12}x_2+\cdots+a_{1n}x_n=b_1 \\ a_{21}x_1+a_{22}x_2+\cdots+a_{2n}x_n=b_2 \\ \cdots\cdots\cdots\cdots \\ a_{m1}x_1+a_{m2}x_2+\cdots+a_{mn}x_n=b_m \end{cases} \tag{2-1}$$

其中方程的个数 m 与未知数的个数 n 不一定相同.

由于方程未知数前面的系数以及常数项决定了线性方程组，为研究方便，从每一个线性方程组中把未知数分离出来，剩下的系数及其常数项按它们在式(2-1)中的顺序排成一个矩形表，即

$$\begin{matrix} a_{11} & a_{12} & \cdots & a_{1n} & b_1 \\ a_{21} & a_{22} & \cdots & a_{2n} & b_2 \\ \vdots & \vdots & & \vdots & \vdots \\ a_{m1} & a_{m2} & \cdots & a_{mn} & b_m \end{matrix} \tag{2-2}$$

从而可把对线性方程组(2-1)的研究转化为对矩形数表(2-2)的研究.

现实生活中的很多问题也可以用矩形数表的形式表示出来.例如,某商场电器部门一年各季度销量情况表如下:

	一季度	二季度	三季度	四季度
彩电	240	165	323	330
冰箱	210	368	412	259
空调	196	321	388	265

如果将上表中的数据保持原来相对位置不变,可以得到一个矩形数表,即

$$\begin{matrix} 240 & 165 & 323 & 330 \\ 210 & 368 & 412 & 259 \\ 196 & 321 & 388 & 265 \end{matrix}$$

这种矩形数表在实际问题中应用非常广泛,一般地将这类矩形数表称为矩阵.

定义 2.1 由 $m \times n$ 个数 a_{ij} $(i=1,2,\cdots,m;j=1,2,\cdots\cdots,n)$ 排成的 m 行 n 列,并用方括号(或者圆括号)括起来的矩形数表,称为 $m \times n$ 矩阵,记作

$$\begin{bmatrix} a_{11} & a_{12} & \cdots & a_{1n} \\ a_{21} & a_{22} & \cdots & a_{2n} \\ \vdots & \vdots & & \vdots \\ a_{m1} & a_{m2} & \cdots & a_{mn} \end{bmatrix}$$

横的各排称为矩阵的行,纵的各列称为矩阵的列,a_{ij} 称为此矩阵的第 i 行第 j 列的元素。通常用大写字母 $\boldsymbol{A}$、$\boldsymbol{B}$、$\boldsymbol{C}$ 等表示矩阵,有时为了标明一个矩阵的行数和列数,用 $\boldsymbol{A}_{m\times n}$ 或 $\boldsymbol{A}=(a_{ij})_{m\times n}$ 表示一个 m 行 n 列的矩阵。

其中有以下四种特例:

(1) 当 $m=n$ 时,矩阵 $\boldsymbol{A}$ 称为 n 阶方阵;

(2) 当 $m=1$ 时,矩阵 $\boldsymbol{A}$ 称为行矩阵,此时

$$A=[a_{11},a_{12},\cdots,a_{1n}]$$

(3) 当 $n=1$ 时,矩阵 $\boldsymbol{A}$ 称为列矩阵,此时

$$A=\begin{bmatrix}a_{11}\\a_{21}\\\vdots\\a_{m1}\end{bmatrix}$$

(4) 当所有的 $a_{ij}=0(i=1,2,\cdots,m;j=1,2,\cdots,n)$ 时,称 $\boldsymbol{A}$ 为零矩阵,一般记为 $\boldsymbol{O}_{m\times n}$ 或 $\boldsymbol{O}$.

定义 2.2 若两个矩阵的行数和列数分别相等,则称它们是同型矩阵.

定义 2.3 如果矩阵 $\boldsymbol{A}=(a_{ij})_{m\times n}$,和矩阵 $\boldsymbol{B}=(b_{ij})_{m\times n}$ 为同型矩阵,并且对应的元素相等,即 $a_{ij}=b_{ij}(i=1,2,\cdots,m;j=1,2,\cdots,n)$,则称矩阵 $\boldsymbol{A}$ 与矩阵 $\boldsymbol{B}$ 相等,记作 $\boldsymbol{A}=\boldsymbol{B}$.

例 2.1 投入产出数学模型

国民经济的 n 个部门组成一个经济系统,各部门既是消耗者,又是生产者.设 c_{ij} 表示第 j 个部门生产的单位产值需消耗第 i 个部门产值数,称 c_{ij} 为第 j 个部门对第 i 个部门的直接消耗系数($c_{ij}\geqslant 0$).为简单起见令 $n=3$,如煤炭部门、电力部门、铁路运输部门,它们的关系如下表:

消耗系数 \ 部门 (部门)		消　耗　部　门		
		煤炭	电力	铁运
生产部门	煤炭	0	0.65	0.55
	电力	0.25	0.05	0.10
	铁运	0.25	0.05	0

可表示为矩阵

$$C=\begin{bmatrix}0&0.65&0.55\\0.25&0.05&0.10\\0.25&0.05&0\end{bmatrix}$$

矩阵 $\boldsymbol{C}$ 称为消耗矩阵,这是一个简单的投入产出数学模型.

例 2.2　已知 $\boldsymbol{A}=\begin{bmatrix}1 & 0\\2 & a-b\end{bmatrix}$，$\boldsymbol{B}=\begin{bmatrix}a+b & 0\\2 & 3\end{bmatrix}$，且 $\boldsymbol{A}=\boldsymbol{B}$，求 a 与 b 的值.

解　由于 $\boldsymbol{A}=\boldsymbol{B}$，所以矩阵 $\boldsymbol{A}$ 与 $\boldsymbol{B}$ 对应元素相等，即

$$\begin{cases}a+b=1\\a-b=3\end{cases}$$

解方程组可得

$$a=2,b=-1$$

二、矩阵的运算

1.矩阵的加法

某饮料公司 2016 年、2017 年在江西、湖南、湖北三省的水和饮料销售额情况分别如下表(单位:百万元)：

	2016	2017
江西	98	221
湖南	102	150
湖北	206	210

	2016	2017
江西	218	165
湖南	212	153
湖北	128	118

则该公司 2016 年、2017 年在江西、湖南、湖北三省的水和饮料销售额情况如下：

	2016	2017
江西	98＋218	221＋165
湖南	102＋212	150＋153
湖北	206＋128	210＋118

这种数表之间的运算也可以用矩阵的运算来实现，这就是矩阵的加法.

定义 2.4　设 $A=(a_{ij})_{m\times n}$，$B=(b_{ij})_{m\times n}$ 为同型矩阵，把矩阵 A 与矩阵 B 对应元素相加得到的新矩阵 C 称为矩阵 A 与矩阵 B 的和，记作 $C=A+B$，即

$$C=A+B=\begin{bmatrix} a_{11}+b_{11} & a_{12}+b_{12} & \cdots & a_{1n}+b_{1n} \\ a_{21}++b_{21} & a_{22}+b_{22} & \cdots & a_{2n}+b_{2n} \\ \vdots & \vdots & & \vdots \\ a_{m1}+b_{m1} & a_{m2}+b_{m2} & \cdots & a_{mn}+b_{mn} \end{bmatrix} \tag{2-3}$$

由定义 2.4 可知，只有同型矩阵才可以相加. 可以验证，矩阵加法具有和实数加法相同的性质.

矩阵的加法具有以下运算律(设 A、B、C 都是 $m\times n$ 矩阵)：

(1) 交换律：$A+B=B+A$

(2) 结合律：$A+(B+C)=(A+B)+C$

定义 2.5 设矩阵 $A=(a_{ij})_{m\times n}$，$B=(-a_{ij})_{m\times n}$，则 B 称为矩阵 A 的负矩阵，记作 $-A$.

根据定义 2.5，可以得到同型矩阵的减法：

$$A-B=A+(-B)$$

例 2.3 设 $A=\begin{bmatrix} 2 & 3 \\ -1 & 6 \end{bmatrix}$，$B=\begin{bmatrix} 4 & -2 \\ -3 & 1 \end{bmatrix}$，求 $A+B$ 和 $A-B$.

解 $A+B=\begin{bmatrix} 2+4 & 3+(-2) \\ -1+(-3) & 6+1 \end{bmatrix}=\begin{bmatrix} 6 & 1 \\ -4 & 7 \end{bmatrix}$

$$A-B=\begin{bmatrix} 2-4 & 3-(-2) \\ -1-(-3) & 6-1 \end{bmatrix}=\begin{bmatrix} -2 & 5 \\ 2 & 5 \end{bmatrix}$$

2.数与矩阵的乘法(数乘矩阵)

定义 2.6 数 k 与矩阵 $A=(a_{ij})_{m\times n}$ 的乘积记作 kA，其结果是一个 $m\times n$ 矩阵 C，定义为

$$C=kA=k\begin{bmatrix} a_{11} & a_{12} & \cdots & a_{1n} \\ a_{21} & a_{22} & \cdots & a_{2n} \\ \vdots & \vdots & & \vdots \\ a_{m1} & a_{m2} & \cdots & a_{mn} \end{bmatrix}$$

$$=\begin{bmatrix} ka_{11} & ka_{12} & \cdots & ka_{1n} \\ ka_{21} & ka_{22} & \cdots & ka_{2n} \\ \vdots & \vdots & & \vdots \\ ka_{m1} & ka_{m2} & \cdots & ka_{mn} \end{bmatrix} \tag{2-4}$$

它是用数 k 乘矩阵 $\boldsymbol{A}_{m\times n}$ 的每一个元素所得的矩阵，称为数与矩阵的乘法，简称数乘.

数乘矩阵具有以下运算律(设 $\boldsymbol{A}$、$\boldsymbol{B}$ 都是 $m\times n$ 矩阵，k、l 是任意常数)：

(1) 分配律：$k(\boldsymbol{A}+\boldsymbol{B})=k\boldsymbol{A}+k\boldsymbol{B}$，$(k+l)\boldsymbol{A}=k\boldsymbol{A}+l\boldsymbol{A}$

(2) 结合律：$(kl)\boldsymbol{A}=k(l\boldsymbol{A})=l(k\boldsymbol{A})$

(3) $1\boldsymbol{A}=\boldsymbol{A}$，$(-1)\boldsymbol{A}=-\boldsymbol{A}$

例 2.4　设 $\boldsymbol{A}=\begin{bmatrix} 4 & 1 & 2 \\ 3 & 7 & -1 \end{bmatrix}$，求 $3\boldsymbol{A}$.

解　$3\boldsymbol{A}=\begin{bmatrix} 3\times 4 & 3\times 1 & 3\times 2 \\ 3\times 3 & 3\times 7 & 3\times(-1) \end{bmatrix}=\begin{bmatrix} 12 & 3 & 6 \\ 9 & 21 & -3 \end{bmatrix}$

3.矩阵的乘法

例 2.5　设某商场有 3 个分场，用矩阵 $\boldsymbol{A}$ 表示 3 个分场某一天彩电和冰箱的销售数量，矩阵 $\boldsymbol{B}$ 表示彩电和冰箱的单价和单位利润，求该商场 3 个分场这一天两类商品的总营业额和总利润.

$$\begin{array}{c} \quad\text{彩电}\ \ \text{冰箱} \\ \boldsymbol{A}=\begin{bmatrix} 10 & 20 \\ 12 & 15 \\ 8 & 18 \end{bmatrix}\begin{matrix} 1\text{ 分场} \\ 2\text{ 分场} \\ 3\text{ 分场} \end{matrix} \end{array} \qquad \begin{array}{c} \text{单价(元) 单位利润(元)} \\ \boldsymbol{B}=\begin{bmatrix} 3000 & 150 \\ 2600 & 200 \end{bmatrix}\begin{matrix} \text{彩电} \\ \text{冰箱} \end{matrix} \end{array}$$

解　　总营业额　　　　　　总利润

$$\boldsymbol{C}=\begin{bmatrix} 10\times 3000+20\times 2600 & 10\times 150+20\times 200 \\ 12\times 3000+15\times 2600 & 12\times 150+15\times 200 \\ 8\times 3000+18\times 2600 & 8\times 150+18\times 200 \end{bmatrix}\begin{matrix} 1\text{ 分场} \\ 2\text{ 分场} \\ 3\text{ 分场} \end{matrix}$$

$$=\begin{bmatrix} 82000 & 5500 \\ 75000 & 4800 \\ 70800 & 4800 \end{bmatrix}$$

可以看出矩阵 $\boldsymbol{C}$ 中的数据是由矩阵 $\boldsymbol{A}$ 和矩阵 $\boldsymbol{B}$ 按照一定规律的运算而得到的.下面循此引入矩阵乘法的概念.

定义 2.7 设 $\boldsymbol{A}$ 为 $m\times s$ 矩阵,$\boldsymbol{B}$ 是 $s\times n$ 矩阵,即

$$\boldsymbol{A}=\begin{bmatrix} a_{11} & a_{12} & \cdots & a_{1s} \\ a_{21} & a_{22} & \cdots & a_{2s} \\ \vdots & \vdots & & \vdots \\ a_{m1} & a_{m2} & \cdots & a_{ms} \end{bmatrix},\boldsymbol{B}=\begin{bmatrix} b_{11} & b_{12} & \cdots & b_{1n} \\ b_{21} & b_{22} & \cdots & b_{2n} \\ \vdots & \vdots & & \vdots \\ b_{s1} & b_{s2} & \cdots & b_{sn} \end{bmatrix}$$

由元素

$$c_{ij}=a_{i1}b_{1j}+a_{i2}b_{2j}+\cdots+a_{is}b_{sj}=\sum_{k=1}^{s}a_{ik}b_{kj},(i=1,2,\cdots,m;j=1,2,\cdots,n),$$

构成 m 行 n 列矩阵 $\boldsymbol{C}$,则称矩阵 $\boldsymbol{C}$ 为矩阵 $\boldsymbol{A}$ 和矩阵 $\boldsymbol{B}$ 的乘积,记作 $\boldsymbol{C}=\boldsymbol{AB}$,其中 $\boldsymbol{C}=(c_{ij})_{m\times n}$.

注意

(1) 只有当左边矩阵 $\boldsymbol{A}$ 的列数和右边矩阵 $\boldsymbol{B}$ 的行数相等时,$\boldsymbol{A}$ 与 $\boldsymbol{B}$ 才能相乘;

(2) 矩阵 $\boldsymbol{C}$ 中的第 i 行第 j 列的元素等于左矩阵 $\boldsymbol{A}$ 的第 i 行与右矩阵 $\boldsymbol{B}$ 的第 j 列对应元素乘积之和;

(3) $\boldsymbol{AB}$ 仍是一个矩阵,它的行数等于矩阵 $\boldsymbol{A}$ 的行数,它的列数等于矩阵 $\boldsymbol{B}$ 的列数.

例 2.6 设

$$\boldsymbol{A}=\begin{bmatrix} 2 & 1 \\ 4 & 0 \\ 7 & -2 \end{bmatrix},\boldsymbol{B}=\begin{bmatrix} 1 & 3 \\ -2 & 4 \end{bmatrix}$$

求 $\boldsymbol{AB}$.

解

$$\boldsymbol{AB}=\begin{bmatrix} 2 & 1 \\ 4 & 0 \\ 7 & -2 \end{bmatrix}\begin{bmatrix} 1 & 3 \\ -2 & 4 \end{bmatrix}$$

$$=\begin{bmatrix} 2\times1+1\times(-2) & 2\times3+1\times4 \\ 4\times1+0 & 4\times3+0 \\ 7\times1+(-2)\times(-2) & 7\times3+(-2)\times4 \end{bmatrix}=\begin{bmatrix} 0 & 10 \\ 4 & 12 \\ 11 & 13 \end{bmatrix}$$

例 2.7　设 $\boldsymbol{A}$ 是一个行矩阵，$\boldsymbol{B}$ 是一个列矩阵，即

$$\boldsymbol{A}=[a_1,a_2,\cdots,a_n],\boldsymbol{B}=\begin{bmatrix}b_1\\b_2\\\vdots\\b_n\end{bmatrix}$$

求 $\boldsymbol{AB}$ 和 $\boldsymbol{BA}$.

解

$$\boldsymbol{AB}=[a_1,a_2,\cdots,a_n]\begin{bmatrix}b_1\\b_2\\\vdots\\b_n\end{bmatrix}=[a_1b_1+a_2b_2+\cdots+a_nb_n]$$

$$\boldsymbol{BA}=\begin{bmatrix}b_1\\b_2\\\vdots\\b_n\end{bmatrix}[a_1,a_2,\cdots,a_n]=\begin{bmatrix}a_1b_1 & a_2b_1 & \cdots & a_nb_1\\a_1b_2 & a_2b_2 & \cdots & a_nb_2\\\vdots & \vdots & & \vdots\\a_1b_n & a_2b_n & \cdots & a_nb_n\end{bmatrix}$$

例 2.8　设

$$\boldsymbol{A}=\begin{bmatrix}0 & 0\\0 & 1\end{bmatrix},\boldsymbol{B}=\begin{bmatrix}0 & 1\\0 & 0\end{bmatrix},\boldsymbol{C}=\begin{bmatrix}1 & 0\\0 & 1\end{bmatrix}$$

求 $\boldsymbol{AB}$，$\boldsymbol{BA}$ 和 $\boldsymbol{BC}$.

解

$$\boldsymbol{AB}=\begin{bmatrix}0 & 0\\0 & 1\end{bmatrix}\begin{bmatrix}0 & 1\\0 & 0\end{bmatrix}=\begin{bmatrix}0 & 0\\0 & 0\end{bmatrix}$$

$$\boldsymbol{BA}=\begin{bmatrix}0 & 1\\0 & 0\end{bmatrix}\begin{bmatrix}0 & 0\\0 & 1\end{bmatrix}=\begin{bmatrix}0 & 1\\0 & 0\end{bmatrix}$$

$$\boldsymbol{BC}=\begin{bmatrix}0 & 1\\0 & 0\end{bmatrix}\begin{bmatrix}1 & 0\\0 & 1\end{bmatrix}=\begin{bmatrix}0 & 1\\0 & 0\end{bmatrix}$$

由以上例题可以看出矩阵的乘法与数的乘法有以下区别：

(1) 一般情况下，矩阵的乘法不满足交换律，即 $\boldsymbol{AB}\neq\boldsymbol{BA}$；

(2) 两个非零矩阵的乘积可以是零矩阵，即 $\boldsymbol{A} \neq \boldsymbol{O}, B \neq \boldsymbol{O}$，但 $\boldsymbol{AB} = \boldsymbol{O}$；

(3) 矩阵的乘法不满足消去律，即当 $\boldsymbol{AB} = \boldsymbol{AC}$ 时，不一定有 $\boldsymbol{B} = \boldsymbol{C}$.

矩阵的乘法满足以下运算律(设以下乘法都可以进行)：

(1) 结合律：$\boldsymbol{AB}(\boldsymbol{C}) = \boldsymbol{A}(\boldsymbol{BC})$

(2) 数乘结合律：$k(\boldsymbol{A})\boldsymbol{B} = (k\boldsymbol{A})\boldsymbol{B} = \boldsymbol{A}(k\boldsymbol{B})$

(3) 左乘分配律：$\boldsymbol{A}(\boldsymbol{B} + \boldsymbol{C}) = \boldsymbol{AB} + \boldsymbol{AC}$

(4) 右乘分配律：$(\boldsymbol{B} + \boldsymbol{C})\boldsymbol{A} = \boldsymbol{BA} + \boldsymbol{CA}$

定义 2.8 设有 n 阶方阵 $\boldsymbol{A}$，若它的主对角线上元素全为 1，其余元素全为零，则称 $\boldsymbol{A}$ 为 n 阶单位矩阵，记为 $\boldsymbol{E}$ 或 $\boldsymbol{E}_n$，即

$$\boldsymbol{E}_n = \begin{bmatrix} 1 & 0 & \cdots & 0 \\ 0 & 1 & \cdots & 0 \\ \vdots & \vdots & & \vdots \\ 0 & 0 & \cdots & 1 \end{bmatrix}$$

单位矩阵满足：

(1) $\boldsymbol{E}_m\boldsymbol{A}_{m\times n} = \boldsymbol{A}_{m\times n}\boldsymbol{E}_n = \boldsymbol{A}_{m\times n}$；

(2) 当 $\boldsymbol{A}$ 为 n 阶方阵时，$\boldsymbol{E}_n\boldsymbol{A} = \boldsymbol{AE}_n = \boldsymbol{A}$.

显然，单位矩阵 $\boldsymbol{E}$ 在矩阵乘法中的作用类似于数 1 在数的乘法中的作用.

4.方阵的幂

定义 2.9 若 $\boldsymbol{A}$ 是 n 阶方阵，m 为正整数，记 $\boldsymbol{A}^m = \overbrace{\boldsymbol{A} \times \boldsymbol{A} \times \cdots \times \boldsymbol{A}}^{m}$ 为矩阵 $\boldsymbol{A}$ 的 m 次幂.

并规定 n 阶方阵 $\boldsymbol{A}$ 的零次幂为单位矩阵 $\boldsymbol{E}$，即 $\boldsymbol{A}^0 = \boldsymbol{E}$.显然还有

$$\boldsymbol{A}^k\boldsymbol{A}^l = \boldsymbol{A}^{k+l}, (\boldsymbol{A}^k)^l = \boldsymbol{A}^{kl}$$

其中 k、l 为任意非负整数.

由于矩阵乘法不满足交换律，因此一般地

$(\boldsymbol{AB})^k \neq \boldsymbol{A}^k\boldsymbol{B}^k$ (k 为正整数)

例 2.9 设

$$\boldsymbol{A} = \begin{bmatrix} 1 & 0 & 0 \\ 0 & 1 & 0 \\ \lambda & 0 & 1 \end{bmatrix} (\lambda \text{ 是常数})$$

求 $\boldsymbol{A}^n$(n 为正整数).

解　因为

$$\boldsymbol{A}=\begin{bmatrix}1&0&0\\0&1&0\\\lambda&0&1\end{bmatrix}=\begin{bmatrix}1&0&0\\0&1&0\\0&0&1\end{bmatrix}+\begin{bmatrix}0&0&0\\0&0&0\\\lambda&0&0\end{bmatrix}=\boldsymbol{E}+\boldsymbol{B}$$

其中

$$\boldsymbol{B}=\begin{bmatrix}0&0&0\\0&0&0\\\lambda&0&0\end{bmatrix}$$

显然

$$\boldsymbol{B}^2=\begin{bmatrix}0&0&0\\0&0&0\\\lambda&0&0\end{bmatrix}\begin{bmatrix}0&0&0\\0&0&0\\\lambda&0&0\end{bmatrix}=\begin{bmatrix}0&0&0\\0&0&0\\0&0&0\end{bmatrix}$$

由此可见,当 $n\geqslant 2$ 时,有

$$\boldsymbol{B}^n=\begin{bmatrix}0&0&0\\0&0&0\\0&0&0\end{bmatrix}$$

且

$$\boldsymbol{EB}=\begin{bmatrix}1&0&0\\0&1&0\\0&0&1\end{bmatrix}\begin{bmatrix}0&0&0\\0&0&0\\\lambda&0&0\end{bmatrix}=\begin{bmatrix}0&0&0\\0&0&0\\\lambda&0&0\end{bmatrix}\begin{bmatrix}1&0&0\\0&1&0\\0&0&1\end{bmatrix}=\boldsymbol{BE}$$

即 $\boldsymbol{E}$ 与 $\boldsymbol{B}$ 可交换,所以可以用二项式定理,得

$$\boldsymbol{A}^n=(\boldsymbol{E}+\boldsymbol{B})^n=\boldsymbol{E}^n+n\boldsymbol{E}^{n-1}\boldsymbol{B}+\cdots+\boldsymbol{B}^n=\boldsymbol{E}+n\boldsymbol{B}$$

$$=\begin{bmatrix}1&0&0\\0&1&0\\0&0&1\end{bmatrix}+\begin{bmatrix}0&0&0\\0&0&0\\n\lambda&0&0\end{bmatrix}=\begin{bmatrix}1&0&0\\0&1&0\\n\lambda&0&1\end{bmatrix}$$

5.矩阵的转置

定义 2.10 把 $m \times n$ 矩阵

$$\boldsymbol{A}=\begin{bmatrix} a_{11} & a_{12} & \cdots & a_{1n} \\ a_{21} & a_{22} & \cdots & a_{2n} \\ \vdots & \vdots & & \vdots \\ a_{m1} & a_{m2} & \cdots & a_{mn} \end{bmatrix}$$

的行和列互换得到的 $n \times m$ 矩阵,称为矩阵 $\boldsymbol{A}$ 的转置矩阵,记为 $\boldsymbol{A}^T$,即

$$\boldsymbol{A}^T=\begin{bmatrix} a_{11} & a_{21} & \cdots & a_{m1} \\ a_{12} & a_{22} & \cdots & a_{m2} \\ \vdots & \vdots & & \vdots \\ a_{1n} & a_{2n} & \cdots & a_{mn} \end{bmatrix}$$

例 2.10 设矩阵

$$\boldsymbol{A}=\begin{bmatrix} 1 & 2 & 3 \\ 4 & 5 & 6 \end{bmatrix}$$

求转置矩阵 $\boldsymbol{A}^T$.

解

$$\boldsymbol{A}^T=\begin{bmatrix} 1 & 4 \\ 2 & 5 \\ 3 & 6 \end{bmatrix}$$

矩阵的转置满足下列运算律:

(1)$(\boldsymbol{A}^T)^T=\boldsymbol{A}$

(2)$(\boldsymbol{A}+\boldsymbol{B})^T=\boldsymbol{A}^T+\boldsymbol{B}^T$

(3)$(k\boldsymbol{A})^T=k\boldsymbol{A}^T$

(4)$(\boldsymbol{AB})^T=\boldsymbol{B}^T\boldsymbol{A}^T$

例 2.11 设

$$\boldsymbol{A}=\begin{bmatrix} 1 & 0 & 2 \\ 2 & 3 & 1 \end{bmatrix},\boldsymbol{B}=\begin{bmatrix} 1 & 7 & 2 \\ 3 & 2 & 4 \\ 2 & 0 & 1 \end{bmatrix},$$

求$(\boldsymbol{AB})^T$ 和$\boldsymbol{B}^T\boldsymbol{A}^T$.

解

$$\boldsymbol{AB}=\begin{bmatrix}1&0&2\\2&3&1\end{bmatrix}\begin{bmatrix}1&7&2\\3&2&4\\2&0&1\end{bmatrix}=\begin{bmatrix}5&7&4\\13&20&17\end{bmatrix}$$

$$(\boldsymbol{AB})^T=\begin{bmatrix}5&13\\7&20\\4&17\end{bmatrix}$$

$$\boldsymbol{B}^T\boldsymbol{A}^T=\begin{bmatrix}1&3&2\\7&2&0\\2&4&1\end{bmatrix}\begin{bmatrix}1&2\\0&3\\2&1\end{bmatrix}=\begin{bmatrix}5&13\\7&20\\4&17\end{bmatrix}$$

可以看到:$(\boldsymbol{AB})^T=\boldsymbol{B}^T\boldsymbol{A}^T$.

6.方阵的行列式

关于方阵,还有一个非常重要的概念,即方阵的行列式.

定义 2.11 设n阶方阵

$$\boldsymbol{A}=\begin{bmatrix}a_{11}&a_{12}&\cdots&a_{1n}\\a_{21}&a_{22}&\cdots&a_{2n}\\\vdots&\vdots&&\vdots\\a_{n1}&a_{n2}&\cdots&a_{nn}\end{bmatrix}$$

则称对应的行列式

$$\begin{vmatrix}a_{11}&a_{12}&\cdots&a_{1n}\\a_{21}&a_{22}&\cdots&a_{2n}\\\vdots&\vdots&&\vdots\\a_{n1}&a_{n2}&\cdots&a_{nn}\end{vmatrix}$$

为方阵$\boldsymbol{A}$的行列式,记作$\det\boldsymbol{A}$或$|\boldsymbol{A}|$.

例如,设方阵$\boldsymbol{A}=\begin{bmatrix}3&7\\1&3\end{bmatrix}$的行列式为

$$\det\boldsymbol{A}=\begin{vmatrix}3&7\\1&3\end{vmatrix}=3\times3-7\times1=2$$

关于方阵的行列式有下面重要的定理：

定理2.1 设$\boldsymbol{A},\boldsymbol{B}$是任意两个$n$阶方阵，则$|\boldsymbol{AB}|=|\boldsymbol{A}||\boldsymbol{B}|$.

由此定理可知：

(1) 两个同阶方阵相乘的行列式等于这两个方阵的行列式相乘；

(2) 两个同阶行列式相乘也可以先求相应的乘积矩阵，然后再求这个乘积矩阵的行列式.

例2.12 设

$$\boldsymbol{A}=\begin{bmatrix}1 & -2\\4 & 1\end{bmatrix},\boldsymbol{B}=\begin{bmatrix}3 & 1\\5 & -1\end{bmatrix}$$

(1) 求$|\boldsymbol{A}|+|\boldsymbol{B}|$，$|\boldsymbol{A}+\boldsymbol{B}|$，$|3\boldsymbol{A}|$

(2) 验证：$|\boldsymbol{AB}|=|\boldsymbol{A}||\boldsymbol{B}|$.

解 (1) 由矩阵行列式的计算可得

$$|\boldsymbol{A}|=\begin{vmatrix}1 & -2\\4 & 1\end{vmatrix}=9,\ |\boldsymbol{B}|=\begin{vmatrix}3 & 1\\5 & -1\end{vmatrix}=-8$$

$$|\boldsymbol{A}|+|\boldsymbol{B}|=9+(-8)=1$$

$$|\boldsymbol{A}+\boldsymbol{B}|=\begin{vmatrix}1+3 & -2+1\\4+5 & 1-1\end{vmatrix}=\begin{vmatrix}4 & -1\\9 & 0\end{vmatrix}=9$$

$$|3\boldsymbol{A}|=\begin{vmatrix}3 & -6\\12 & 3\end{vmatrix}=3^2\begin{vmatrix}1 & -2\\4 & 1\end{vmatrix}=81$$

(2) 因为

$$\boldsymbol{AB}=\begin{bmatrix}1 & -2\\4 & 1\end{bmatrix}\begin{bmatrix}3 & 1\\5 & -1\end{bmatrix}=\begin{bmatrix}-7 & 3\\17 & 3\end{bmatrix}$$

所以

$$|\boldsymbol{AB}|=\begin{vmatrix}-7 & 3\\17 & 3\end{vmatrix}=-21-51=-72$$

所以

$$|\boldsymbol{A}||\boldsymbol{B}|=9\times(-8)=-72=|\boldsymbol{AB}|$$

由上例可知，一般地

(1) $|\boldsymbol{A}+\boldsymbol{B}| \neq |\boldsymbol{A}|+|\boldsymbol{B}|$

(2) $|k\boldsymbol{A}|=k^n|\boldsymbol{A}|$（$\boldsymbol{A}$ 为 n 阶方阵，k 为任意常数）.

§2 矩阵的逆运算

解一元线性方程 $ax=b$，当 $a\neq 0$ 时，存在一个数 a^{-1}，使 $x=a^{-1}b$ 为方程的解. 那么，解矩阵方程 $\boldsymbol{AX}=\boldsymbol{B}$ 时，是否也存在一个矩阵，使这个矩阵乘以 $\boldsymbol{B}$ 等于 $\boldsymbol{X}$. 本节将引入逆矩阵概念并进行讨论.

一、逆矩阵的基本概念

定义 2.12 设矩阵 $\boldsymbol{A}$ 为 n 阶矩阵，如果有一个 n 阶矩阵 $\boldsymbol{B}$，使

$$\boldsymbol{AB}=\boldsymbol{BA}=\boldsymbol{E}$$

则称矩阵 $\boldsymbol{A}$ 是可逆的，并把矩阵 $\boldsymbol{B}$ 称为 $\boldsymbol{A}$ 的逆矩阵，简称逆阵.$\boldsymbol{A}$ 的逆阵记作 $\boldsymbol{A}^{-1}$. 即若 $\boldsymbol{AB}=\boldsymbol{BA}=\boldsymbol{E}$，则 $\boldsymbol{B}=\boldsymbol{A}^{-1}$.

如果矩阵 $\boldsymbol{A}$ 是可逆的，那么 $\boldsymbol{A}$ 的逆阵是唯一的. 这是因为：设矩阵 $\boldsymbol{B}$，$\boldsymbol{C}$ 都是 $\boldsymbol{A}$ 的逆阵，则有

$$\boldsymbol{B}=\boldsymbol{BE}=\boldsymbol{B}(\boldsymbol{AC})=(\boldsymbol{BA})\boldsymbol{C}=\boldsymbol{EC}=\boldsymbol{C}$$

所以 $\boldsymbol{A}$ 的逆阵是唯一的，记作 $\boldsymbol{A}^{-1}$. 即若 $\boldsymbol{AB}=\boldsymbol{BA}=\boldsymbol{E}$，则 $\boldsymbol{B}=\boldsymbol{A}^{-1}$.

二、逆矩阵存在及判定定理

定义 2.13 若 n 阶矩阵 $\boldsymbol{A}$ 的行列式 $|\boldsymbol{A}|\neq 0$，则称 $\boldsymbol{A}$ 为非奇异矩阵，否则称 $\boldsymbol{A}$ 为奇异矩阵.

定义 2.14 行列式 $|\boldsymbol{A}|$ 的各个元素 a_{ij} 的代数余子式 $\boldsymbol{A}_{ij}$ 所构成的如下的矩阵

$$\boldsymbol{A}^*=\begin{bmatrix} A_{11} & A_{21} & \cdots & A_{n1} \\ A_{12} & A_{22} & \cdots & A_{n2} \\ \vdots & \vdots & & \vdots \\ A_{1n} & A_{2n} & \cdots & A_{nn} \end{bmatrix}$$

称为矩阵 $\boldsymbol{A}$ 的伴随矩阵,简称伴随阵. 试证

$$\boldsymbol{A}\boldsymbol{A}^* = \boldsymbol{A}^*\boldsymbol{A} = |\boldsymbol{A}|\boldsymbol{E}.$$

证 设 $\boldsymbol{A}=(a_{ij})$,记 $\boldsymbol{A}\boldsymbol{A}^*=(b_{ij})$,则

$$b_{ij}=a_{i1}\boldsymbol{A}_{j1}+a_{i2}\boldsymbol{A}_{j2}+\cdots+a_{in}\boldsymbol{A}_{jn}=|\boldsymbol{A}|\delta_{ij}$$

其中

$$\delta_{ij}=\begin{cases}1,i=j\\0,i\neq j\end{cases}$$

故

$$\boldsymbol{A}\boldsymbol{A}^*=(|\boldsymbol{A}|\delta_{ij})=|\boldsymbol{A}|(\delta_{ij})=|\boldsymbol{A}|\boldsymbol{E}.$$

类似有

$$\boldsymbol{A}^*\boldsymbol{A}=(\sum_{k=1}^{n}\boldsymbol{A}_{ki}a_{kj})=(|\boldsymbol{A}|\delta_{ij})=|\boldsymbol{A}|(\delta_{ij})=|\boldsymbol{A}|\boldsymbol{E}.$$

定理 2.2 n 阶矩阵 $\boldsymbol{A}$ 为可逆的充分必要条件是 $|\boldsymbol{A}|\neq 0$,且

$$\boldsymbol{A}^{-1}=\frac{\boldsymbol{A}^*}{|\boldsymbol{A}|} \tag{2-5}$$

其中 $\boldsymbol{A}^*$ 为 $\boldsymbol{A}$ 的伴随矩阵.

例 2.14 求矩阵

$$\boldsymbol{A}=\begin{bmatrix}1&4\\1&6\end{bmatrix}$$

的伴随矩阵 $\boldsymbol{A}^*$ 和逆矩阵 $\boldsymbol{A}^{-1}$.

解 $\boldsymbol{A}_{11}=(-1)^{1+1}\times 6=6,\boldsymbol{A}_{12}=(-1)^{1+2}\times 1=-1$

$\boldsymbol{A}_{21}=(-1)^{2+1}\times 4=-4,\boldsymbol{A}_{22}=(-1)^{2+2}\times 1=1$

根据定义 2.14,可得

$$\boldsymbol{A}^*=\begin{bmatrix}6&-4\\-1&1\end{bmatrix}$$

$$|\boldsymbol{A}|=6-4=2$$

由于 $|\boldsymbol{A}|\neq 0$,利用逆矩阵公式(2-5),有

$$\boldsymbol{A}^{-1}=\frac{1}{|\boldsymbol{A}|}\boldsymbol{A}^*=\frac{1}{2}\begin{bmatrix}6&-4\\-1&1\end{bmatrix}=\begin{bmatrix}3&-2\\-\frac{1}{2}&\frac{1}{2}\end{bmatrix}.$$

例 2.15　设

$$A=\begin{bmatrix}1&0&0\\2&3&0\\5&6&4\end{bmatrix}$$

问 A 是否可逆？若可逆，求 A^{-1}.

解　因为

$$\det A=\begin{vmatrix}1&0&0\\2&3&0\\5&6&4\end{vmatrix}=12\neq 0$$

所以 A 可逆.又

$$A_{11}=(-1)^{1+1}\begin{vmatrix}3&0\\6&4\end{vmatrix}=12, A_{12}=(-1)^{1+2}\begin{vmatrix}2&0\\5&4\end{vmatrix}=-8, A_{13}=(-1)^{1+3}\begin{vmatrix}2&3\\5&6\end{vmatrix}=-3$$

$$A_{21}=(-1)^{2+1}\begin{vmatrix}0&0\\6&4\end{vmatrix}=0, A_{22}=(-1)^{2+2}\begin{vmatrix}1&0\\5&4\end{vmatrix}=4, A_{23}=(-1)^{2+3}\begin{vmatrix}1&0\\5&6\end{vmatrix}=-6$$

$$A_{31}=(-1)^{3+1}\begin{vmatrix}0&0\\3&0\end{vmatrix}=0, A_{32}=(-1)^{3+2}\begin{vmatrix}1&0\\2&0\end{vmatrix}=0, A_{33}=(-1)^{3+3}\begin{vmatrix}1&0\\2&3\end{vmatrix}=3$$

则

$$A^{*}=\begin{bmatrix}12&0&0\\-8&4&0\\-3&-6&3\end{bmatrix}$$

所以

$$A^{-1}=\frac{1}{\det A}A^{*}=\frac{1}{12}\begin{bmatrix}12&0&0\\-8&4&0\\-3&-6&3\end{bmatrix}=\begin{bmatrix}1&0&0\\-\frac{2}{3}&\frac{1}{3}&0\\-\frac{1}{4}&-\frac{1}{2}&\frac{1}{4}\end{bmatrix}$$

由定理 2.2，可得下述推论.

推论　若 $AB=E$（或 $BA=E$），则 $B=A^{-1}$.

证　$|A||B|=|E|=1$，故 $|A|\neq 0$，因而 A^{-1} 存在，于是

$$\boldsymbol{B}=\boldsymbol{EB}=(\boldsymbol{A}^{-1}\boldsymbol{A})\boldsymbol{B}=\boldsymbol{A}^{-1}(\boldsymbol{AB})=\boldsymbol{A}^{-1}\boldsymbol{E}=\boldsymbol{A}^{-1}.$$

例 2.16 设

$$\boldsymbol{A}=\begin{bmatrix}1&0&0\\2&3&0\\5&6&4\end{bmatrix},\boldsymbol{B}=\begin{bmatrix}2&1\\5&3\end{bmatrix},\boldsymbol{C}=\begin{bmatrix}1&3\\2&0\\3&1\end{bmatrix}$$

求矩阵 $\boldsymbol{X}$ 使其满足

$$\boldsymbol{AXB}=\boldsymbol{C}.$$

解 若 $\boldsymbol{A}^{-1}$,$\boldsymbol{B}^{-1}$ 存在,则用 $\boldsymbol{A}^{-1}$ 左乘上式,$\boldsymbol{B}^{-1}$ 右乘上式,有

$$\boldsymbol{A}^{-1}\boldsymbol{AXBB}^{-1}=\boldsymbol{A}^{-1}\boldsymbol{CB}^{-1}$$

即

$$\boldsymbol{X}=\boldsymbol{A}^{-1}\boldsymbol{CB}^{-1}$$

由上例知 $|\boldsymbol{A}|\neq 0$,而 $|\boldsymbol{B}|=1$,故知 $\boldsymbol{A}$,$\boldsymbol{B}$ 都可逆,且

$$\boldsymbol{A}^{-1}=\begin{bmatrix}1&0&0\\-\frac{2}{3}&\frac{1}{3}&0\\-\frac{1}{4}&-\frac{1}{2}&\frac{1}{4}\end{bmatrix},\boldsymbol{B}^{-1}=\begin{bmatrix}3&-1\\-5&2\end{bmatrix}$$

于是

$$\boldsymbol{X}=\boldsymbol{A}^{-1}\boldsymbol{CB}^{-1}=\begin{bmatrix}1&0&0\\-\frac{2}{3}&\frac{1}{3}&0\\-\frac{1}{4}&-\frac{1}{2}&\frac{1}{4}\end{bmatrix}\begin{bmatrix}1&3\\2&0\\3&1\end{bmatrix}\begin{bmatrix}3&-1\\-5&2\end{bmatrix}$$

$$=\begin{bmatrix}1&3\\0&-2\\-\frac{1}{2}&-\frac{1}{2}\end{bmatrix}\begin{bmatrix}3&-1\\-5&2\end{bmatrix}=\begin{bmatrix}-12&5\\-10&-4\\1&-\frac{1}{2}\end{bmatrix}.$$

例 2.17 设 $P=\begin{bmatrix}1&2\\1&4\end{bmatrix}$,$\Lambda=\begin{bmatrix}1&0\\0&2\end{bmatrix}$,$\boldsymbol{AP}=\boldsymbol{P}\Lambda$,求 $\boldsymbol{A}^n$.

解
$$|\boldsymbol{P}|=2,\boldsymbol{P}^{-1}=\frac{1}{2}\begin{bmatrix}4&-2\\-1&1\end{bmatrix}$$

$$\boldsymbol{A}=\boldsymbol{P\Lambda P}^{-1},\boldsymbol{A}^2=\boldsymbol{P\Lambda P}^{-1}\boldsymbol{P\Lambda P}^{-1}=\boldsymbol{P\Lambda}^2\boldsymbol{P}^{-1},\cdots,\boldsymbol{A}^n=\boldsymbol{P\Lambda}^n\boldsymbol{P}^{-1}$$

而

$$\boldsymbol{\Lambda}=\begin{bmatrix}1&0\\0&2\end{bmatrix},\boldsymbol{\Lambda}^2=\begin{bmatrix}1&0\\0&2\end{bmatrix}\begin{bmatrix}1&0\\0&2\end{bmatrix}=\begin{bmatrix}1&0\\0&2^2\end{bmatrix},\cdots,\boldsymbol{\Lambda}^n=\begin{bmatrix}1&0\\0&2^n\end{bmatrix}$$

故

$$\boldsymbol{A}^n=\begin{bmatrix}1&2\\1&4\end{bmatrix}\begin{bmatrix}1&0\\0&2^n\end{bmatrix}\frac{1}{2}\begin{bmatrix}4&-2\\-1&1\end{bmatrix}=\frac{1}{2}\begin{bmatrix}1&2^{n+1}\\1&2^{n+2}\end{bmatrix}\begin{bmatrix}4&-2\\-1&1\end{bmatrix}$$

$$=\frac{1}{2}\begin{bmatrix}4-2^{n+1}&2^{n+1}-2\\4-2^{n+2}&2^{n+2}-2\end{bmatrix}=\begin{bmatrix}2-2^n&2^n-1\\2-2^{n+1}&2^{n+1}-1\end{bmatrix}.$$

三、逆矩阵的性质

方阵的逆阵满足下列运算规律：

性质 1　若 $\boldsymbol{A}$ 可逆，则 $\boldsymbol{A}^{-1}$ 亦可逆，且 $(\boldsymbol{A}^{-1})^{-1}=\boldsymbol{A}$.

性质 2　若 $\boldsymbol{A}$ 可逆，数 $\lambda\neq0$，则 $\lambda\boldsymbol{A}$ 可逆，且 $(\lambda\boldsymbol{A})^{-1}=\frac{1}{\lambda}\boldsymbol{A}^{-1}$.

例 2.18　如果

$$\boldsymbol{A}=\begin{bmatrix}a_1&0&\cdots&0\\0&a_2&\cdots&0\\\vdots&\vdots&\vdots&\vdots\\0&0&\cdots&a_n\end{bmatrix},\text{其中 } a_i\neq0(i=1,2,\cdots,n).$$

验证 $\boldsymbol{A}^{-1}=\begin{bmatrix}\frac{1}{a_1}&0&\cdots&0\\0&\frac{1}{a_2}&\cdots&0\\\vdots&\vdots&\vdots&\vdots\\0&0&\cdots&\frac{1}{a_n}\end{bmatrix}$.

证

$$\begin{bmatrix} a_1 & 0 & \cdots & 0 \\ 0 & a_2 & \cdots & 0 \\ \vdots & \vdots & \vdots & \vdots \\ 0 & 0 & \cdots & a_n \end{bmatrix} \begin{bmatrix} \frac{1}{a_1} & 0 & \cdots & 0 \\ 0 & \frac{1}{a_2} & \cdots & 0 \\ \vdots & \vdots & \vdots & \vdots \\ 0 & 0 & \cdots & \frac{1}{a_n} \end{bmatrix} = \boldsymbol{E}$$

$$\begin{bmatrix} \frac{1}{a_1} & 0 & \cdots & 0 \\ 0 & \frac{1}{a_2} & \cdots & 0 \\ \vdots & \vdots & \vdots & \vdots \\ 0 & 0 & \cdots & \frac{1}{a_n} \end{bmatrix} \begin{bmatrix} a_1 & 0 & \cdots & 0 \\ 0 & a_2 & \cdots & 0 \\ \vdots & \vdots & \vdots & \vdots \\ 0 & 0 & \cdots & a_n \end{bmatrix} = \boldsymbol{E}$$

所以
$$\boldsymbol{A}^{-1} = \begin{bmatrix} \frac{1}{a_1} & 0 & \cdots & 0 \\ 0 & \frac{1}{a_2} & \cdots & 0 \\ \vdots & \vdots & \vdots & \vdots \\ 0 & 0 & \cdots & \frac{1}{a_n} \end{bmatrix}.$$

性质 3　若 $\boldsymbol{A}$ 可逆,则 $|\boldsymbol{A}^{-1}| = |\boldsymbol{A}|^{-1}$.

$$\boldsymbol{AA}^{-1} = E \Rightarrow |\boldsymbol{A}||\boldsymbol{A}^{-1}| = E \Rightarrow |\boldsymbol{A}^{-1}| = |\boldsymbol{A}|^{-1}$$

性质 4　若 $\boldsymbol{A}$、$\boldsymbol{B}$ 为同阶的可逆方阵,则 $\boldsymbol{AB}$ 亦可逆,且 $(\boldsymbol{AB})^{-1} = \boldsymbol{B}^{-1}\boldsymbol{A}^{-1}$.

事实上

$$(\boldsymbol{AB})(\boldsymbol{B}^{-1}\boldsymbol{A}^{-1}) = \boldsymbol{A}(\boldsymbol{BB}^{-1})\boldsymbol{A}^{-1} = \boldsymbol{AEA}^{-1} = \boldsymbol{AA}^{-1} = \boldsymbol{E} \Rightarrow (\boldsymbol{AB})^{-1} = \boldsymbol{B}^{-1}\boldsymbol{A}^{-1}.$$

性质 5　若 $\boldsymbol{A}$ 可逆,则 $\boldsymbol{A}^T$ 亦可逆,且 $(\boldsymbol{A}^T)^{-1} = (\boldsymbol{A}^{-1})^T$.

因为 $\boldsymbol{A}^T(\boldsymbol{A}^{-1})^T = (\boldsymbol{A}^{-1}\boldsymbol{A})^T = \boldsymbol{E}^T = \boldsymbol{E} \Rightarrow (\boldsymbol{A}^T)^{-1} = (\boldsymbol{A}^{-1})^T$.

例 2.18　设牛奶、大豆面粉、乳清三种食物每 100 g 中含有蛋白质、碳水化合物和脂肪如下表(20 世纪 80 年代美国流行的剑桥大学医学院的营养处方).如果用这三种食物作为每天的主要食物,那么它们的用量应各取多少才能达到营养需求?

营养	每 100g 食物所含营养(g)			减肥所要求的每日营养量
	牛奶	大豆面粉	乳清	
蛋白质	36	51	13	33
碳水化合物	52	34	74	45
脂肪	0	7	1.1	3

解 设牛奶的用量为 x_1 个单位(100 g),大豆面粉的用量为 x_2 个单位(100 g),乳清的用量为 x_3 个单位(100 g),表中的三个营养成分列矩阵为:

$$a_1=\begin{bmatrix}36\\52\\0\end{bmatrix},a_2=\begin{bmatrix}51\\34\\7\end{bmatrix},a_3=\begin{bmatrix}13\\74\\1.1\end{bmatrix}$$

则三种食物组合所具有的营养为

$$x_1a_1+x_2a_2+x_3a_3=x_1\begin{bmatrix}36\\52\\0\end{bmatrix}+x_2\begin{bmatrix}51\\34\\7\end{bmatrix}+x_3\begin{bmatrix}13\\74\\1.1\end{bmatrix}$$

使这个合成的营养与剑桥配方的要求相等,就可以得到以下的矩阵方程:

$$\begin{bmatrix}36&51&13\\52&34&74\\0&7&1.1\end{bmatrix}\begin{bmatrix}x_1\\x_2\\x_3\end{bmatrix}=\begin{bmatrix}33\\45\\3\end{bmatrix}\Rightarrow \mathbf{A}x=b$$

$$x=\mathbf{A}^{-1}b=\begin{bmatrix}0.2772\\0.3919\\0.2332\end{bmatrix}$$

即脱脂牛奶的用量为 27.7 g,大豆面粉的用量为 39.2 g,乳清的用量为 23.3 g,就能保证所需的综合营养量.

§3 矩阵的分块

矩阵分块法的基本思想是把矩阵分成若干小块,把每一小块看作矩阵的一个元素.通过把阶数较高的矩阵化为阶数较低的矩阵，简化表示矩阵从而有利于讨论和计算.

一、分块矩阵的定义

例如

$$A=\begin{bmatrix}1&0&0&0\\1&1&0&0\\1&2&1&0\\3&4&0&1\end{bmatrix}$$

如果设

$$A_1=\begin{bmatrix}1&0\\1&1\end{bmatrix}\ A_2=\begin{bmatrix}0&0\\0&0\end{bmatrix}$$

$$A_3=\begin{bmatrix}1&2\\3&4\end{bmatrix}\ A_4=\begin{bmatrix}1&0\\0&1\end{bmatrix}$$

则

$$A=\begin{bmatrix}1&0&0&0\\1&1&0&0\\1&2&1&0\\3&4&0&1\end{bmatrix}=\begin{bmatrix}A_1&A_2\\A_3&A_4\end{bmatrix}.$$

定义 2.15 用若干条纵线和横线把矩阵 A 分成许多小矩阵，每个小矩阵称为 A 的子块，以子块为元素的矩阵称为分块矩阵.

对于同一个矩阵，可以根据需要分成不同的分块矩阵.

如上例中的 A，也可以按列进行分块，例如：

如果令

$$\alpha_1=\begin{bmatrix}1\\1\\1\\3\end{bmatrix},\alpha_2=\begin{bmatrix}0\\1\\2\\4\end{bmatrix},\alpha_3=\begin{bmatrix}0\\0\\1\\0\end{bmatrix},\beta=\begin{bmatrix}0\\0\\0\\1\end{bmatrix}$$

则

$$\boldsymbol{A}=\begin{bmatrix}1&0&0&0\\1&1&0&0\\1&2&1&0\\3&4&0&1\end{bmatrix}=(\boldsymbol{\alpha}_1,\boldsymbol{\alpha}_2,\boldsymbol{\alpha}_3,\boldsymbol{\beta}).$$

二、分块矩阵的运算

分块矩阵的运算规则与普通矩阵的运算规则类似.

如果将矩阵 $\boldsymbol{A}_{m\times n}$ 分块为

$$\boldsymbol{A}=\begin{bmatrix}\boldsymbol{A}_{11}&\boldsymbol{A}_{12}&\cdots&\boldsymbol{A}_{1t}\\\boldsymbol{A}_{21}&\boldsymbol{A}_{22}&\cdots&\boldsymbol{A}_{2t}\\\vdots&\vdots&\vdots&\vdots\\\boldsymbol{A}_{s1}&\boldsymbol{A}_{s2}&\cdots&\boldsymbol{A}_{st}\end{bmatrix}=(\boldsymbol{A}_{pq})$$

设 k 为数,则 $k\boldsymbol{A}=k(\boldsymbol{A}_{pq})=(k\boldsymbol{A}_{pq})$.

如果将矩阵 $\boldsymbol{A}_{m\times n}$,$\boldsymbol{B}_{m\times n}$ 分块为

$$\boldsymbol{A}_{m\times n}=(\boldsymbol{A}_{pq})=\begin{bmatrix}\boldsymbol{A}_{11}&\boldsymbol{A}_{12}&\cdots&\boldsymbol{A}_{1t}\\\boldsymbol{A}_{21}&\boldsymbol{A}_{22}&\cdots&\boldsymbol{A}_{2t}\\\vdots&\vdots&\vdots&\vdots\\\boldsymbol{A}_{s1}&\boldsymbol{A}_{s2}&\cdots&\boldsymbol{A}_{st}\end{bmatrix},\boldsymbol{B}_{m\times n}=(\boldsymbol{B}_{pq})=\begin{bmatrix}\boldsymbol{B}_{11}&\boldsymbol{B}_{12}&\cdots&\boldsymbol{B}_{1t}\\\boldsymbol{B}_{21}&\boldsymbol{B}_{22}&\cdots&\boldsymbol{B}_{2t}\\\vdots&\vdots&\vdots&\vdots\\\boldsymbol{B}_{s1}&\boldsymbol{B}_{s2}&\cdots&\boldsymbol{B}_{st}\end{bmatrix}$$

其中对应子块 $\boldsymbol{A}_{pq}$ 与 $\boldsymbol{B}_{pq}$ 有相同的行数与相同的列数,则

$$\boldsymbol{A}+\boldsymbol{B}=(\boldsymbol{A}_{pq})+(\boldsymbol{B}_{pq})=(\boldsymbol{A}_{pq}+\boldsymbol{B}_{pq}).$$

如果将矩阵 $\boldsymbol{A}_{m\times l}$,$\boldsymbol{B}_{l\times n}$ 分块为

$$\boldsymbol{A}_{m\times l}=(\boldsymbol{A}_{pk})=\begin{bmatrix}\boldsymbol{A}_{11}&\boldsymbol{A}_{12}&\cdots&\boldsymbol{A}_{1r}\\\boldsymbol{A}_{21}&\boldsymbol{A}_{22}&\cdots&\boldsymbol{A}_{2r}\\\vdots&\vdots&\vdots&\vdots\\\boldsymbol{A}_{s1}&\boldsymbol{A}_{s2}&\cdots&\boldsymbol{A}_{sr}\end{bmatrix}\begin{matrix}m_1\\m_2\\\vdots\\m_s\end{matrix}$$

$$\begin{matrix}l_1&l_2&\cdots&l_r\end{matrix}$$

$$\boldsymbol{B}_{l\times n}=(\boldsymbol{B}_{kq})=\begin{bmatrix}\boldsymbol{B}_{11}&\boldsymbol{B}_{12}&\cdots&\boldsymbol{B}_{1t}\\\boldsymbol{B}_{21}&\boldsymbol{B}_{22}&\cdots&\boldsymbol{B}_{2t}\\\vdots&\vdots&\vdots&\vdots\\\boldsymbol{B}_{r1}&\boldsymbol{B}_{r2}&\cdots&\boldsymbol{B}_{rt}\end{bmatrix}\begin{matrix}l_1\\l_2\\\vdots\\l_r\end{matrix}$$

$$n_1 \quad n_2 \quad \cdots \quad n_t$$

其中 $\boldsymbol{A}_{pk}$ 的列数与 $\boldsymbol{B}_{kq}$ 的行数相同,则

$$\boldsymbol{C}=\boldsymbol{AB}=(\boldsymbol{A}_{pk})(\boldsymbol{B}_{kq})=(\sum_{k=1}^{r}\boldsymbol{A}_{pk}\boldsymbol{B}_{kq}).$$

例 2.19 矩阵

$$\boldsymbol{A}=\begin{bmatrix}1&0&1&3\\0&1&2&4\\0&0&-1&0\\0&0&0&-1\end{bmatrix},\boldsymbol{B}=\begin{bmatrix}1&2&0&0\\2&0&0&0\\6&3&1&0\\0&-2&0&1\end{bmatrix}$$

计算 $k\boldsymbol{A},\boldsymbol{A}+\boldsymbol{B}$ 及 $\boldsymbol{AB}$.

解 将矩阵 $\boldsymbol{A},\boldsymbol{B}$ 分块如下:

$$\boldsymbol{A}=\begin{bmatrix}1&0&1&3\\0&1&2&4\\0&0&-1&0\\0&0&0&-1\end{bmatrix}=\begin{pmatrix}\boldsymbol{E}&\boldsymbol{C}\\\boldsymbol{O}&-\boldsymbol{E}\end{pmatrix}$$

$$\boldsymbol{B}=\begin{bmatrix}1&2&0&0\\2&0&0&0\\6&3&1&0\\0&-2&0&1\end{bmatrix}=\begin{pmatrix}\boldsymbol{D}&\boldsymbol{O}\\\boldsymbol{F}&\boldsymbol{E}\end{pmatrix}$$

则

$$k\boldsymbol{A}=k\begin{pmatrix}\boldsymbol{E}&\boldsymbol{C}\\\boldsymbol{O}&-\boldsymbol{E}\end{pmatrix}=\begin{pmatrix}k\boldsymbol{E}&k\boldsymbol{C}\\\boldsymbol{O}&-k\boldsymbol{E}\end{pmatrix}$$

$$\boldsymbol{A}+\boldsymbol{B}=\begin{pmatrix}\boldsymbol{E}&\boldsymbol{C}\\\boldsymbol{O}&-\boldsymbol{E}\end{pmatrix}+\begin{pmatrix}\boldsymbol{D}&\boldsymbol{O}\\\boldsymbol{F}&\boldsymbol{E}\end{pmatrix}=\begin{pmatrix}\boldsymbol{E}+\boldsymbol{D}&\boldsymbol{C}\\\boldsymbol{F}&\boldsymbol{O}\end{pmatrix}$$

$$\boldsymbol{AB}=\begin{pmatrix}\boldsymbol{E}&\boldsymbol{C}\\\boldsymbol{O}&-\boldsymbol{E}\end{pmatrix}\begin{pmatrix}\boldsymbol{D}&\boldsymbol{O}\\\boldsymbol{F}&\boldsymbol{E}\end{pmatrix}=\begin{pmatrix}\boldsymbol{D}+\boldsymbol{CF}&\boldsymbol{C}\\-\boldsymbol{F}&-\boldsymbol{E}\end{pmatrix}.$$

然后再分别计算 $k\boldsymbol{E},k\boldsymbol{C},\boldsymbol{E}+\boldsymbol{D},\boldsymbol{D}+\boldsymbol{CF}$,代入上面三式,得

$$kA=\begin{bmatrix}k & 0 & k & 3k\\0 & k & 2k & 4k\\0 & 0 & -k & 0\\0 & 0 & 0 & -k\end{bmatrix}$$

$$A+B=\begin{bmatrix}2 & 2 & 1 & 3\\2 & 1 & 2 & 4\\6 & 3 & 0 & 0\\0 & -2 & 0 & 0\end{bmatrix}$$

$$AB=\begin{bmatrix}7 & -1 & 1 & 3\\14 & -2 & 2 & 4\\-6 & -3 & -1 & 0\\0 & 2 & 0 & -1\end{bmatrix}.$$

容易验证这个结果与矩阵不分块运算得到的结果相同.

例 2.20 如果将矩阵 $\boldsymbol{A}$ 分块为

$$\boldsymbol{A}=\begin{bmatrix}\boldsymbol{A}_{11} & \boldsymbol{A}_{12} & \cdots & \boldsymbol{A}_{1t}\\\boldsymbol{A}_{21} & \boldsymbol{A}_{22} & \cdots & \boldsymbol{A}_{2t}\\\vdots & \vdots & \vdots & \vdots\\\boldsymbol{A}_{s1} & \boldsymbol{A}_{s2} & \cdots & \boldsymbol{A}_{st}\end{bmatrix}$$

则

$$\boldsymbol{A}^T=\begin{bmatrix}\boldsymbol{A}_{11}^T & \boldsymbol{A}_{21}^T & \cdots & \boldsymbol{A}_{s1}^T\\\boldsymbol{A}_{12}^T & \boldsymbol{A}_{22}^T & \cdots & \boldsymbol{A}_{s2}^T\\\vdots & \vdots & \vdots & \vdots\\\boldsymbol{A}_{1t}^T & \boldsymbol{A}_{2t}^T & \cdots & \boldsymbol{A}_{st}^T\end{bmatrix}.$$

设 $\boldsymbol{A}$ 为 n 阶矩阵,若 $\boldsymbol{A}$ 的分块矩阵只有在对角线上有非零子块,其余子块都为零矩阵,且在对角线上的子块都是方阵,即

$$\boldsymbol{A}=\begin{bmatrix}\boldsymbol{A}_1 & & & \boldsymbol{O}\\ & \boldsymbol{A}_2 & & \\ & & \ddots & \\\boldsymbol{O} & & & \boldsymbol{A}_s\end{bmatrix}$$

其中 $\boldsymbol{A}_i(i=1,2,\cdots,s)$ 都是方阵，那么称 $\boldsymbol{A}$ 为分块对角矩阵.

分块对角矩阵的行列式具有下述性质

$$|\boldsymbol{A}|=|\boldsymbol{A}_1||\boldsymbol{A}_2|\cdots|\boldsymbol{A}_s|.$$

由此性质可知，若 $|\boldsymbol{A}_i|\neq 0(i=1,2,\cdots,s)$，则 $|\boldsymbol{A}|\neq 0$，并有

$$\boldsymbol{A}^{-1}=\begin{bmatrix}\boldsymbol{A}_1^{-1} & & & \boldsymbol{O}\\ & \boldsymbol{A}_2^{-1} & & \\ & & \ddots & \\ \boldsymbol{O} & & & \boldsymbol{A}_s^{-1}\end{bmatrix}.$$

例 2.21 设 $\boldsymbol{A}=\begin{bmatrix}5 & 0 & 0\\ 0 & 3 & 1\\ 0 & 2 & 1\end{bmatrix}$，求 $\boldsymbol{A}^{-1}$.

解

$$\boldsymbol{A}=\begin{bmatrix}5 & 0 & 0\\ 0 & 3 & 1\\ 0 & 2 & 1\end{bmatrix}=\begin{bmatrix}\boldsymbol{A}_1 & \boldsymbol{O}\\ \boldsymbol{O} & \boldsymbol{A}_2\end{bmatrix}$$

$$\boldsymbol{A}_1=[5],\boldsymbol{A}_1^{-1}=\begin{bmatrix}\frac{1}{5}\end{bmatrix}$$

$$\boldsymbol{A}_2=\begin{bmatrix}3 & 1\\ 2 & 1\end{bmatrix},\boldsymbol{A}_2^{-1}=\begin{bmatrix}1 & -1\\ -2 & 3\end{bmatrix}$$

所以

$$\boldsymbol{A}^{-1}=\begin{bmatrix}\frac{1}{5} & 0 & 0\\ 0 & 1 & -1\\ 0 & -2 & 3\end{bmatrix}$$

§4 矩阵的初等行变换及其应用

矩阵的初等变换是矩阵的一种最基本的运算，它在解线性方程组、求逆阵及矩阵理论的讨论中都起到非常重要的作用.

一、矩阵的初等变换与矩阵等价

在解线性方程组时，经常反复用到以下 3 种运算：

(1) 将一个方程都乘一个非零常数 k；

(2) 将两个方程的位置互换；

(3) 将一个方程都乘一个非零常数 k 后加到另一个方程上去.

这三种变换称为方程组的初等变换。如果从矩阵的角度来看方程组的初等变换，就有了矩阵的初等行变换的概念.

定义 2.16　矩阵的初等行变换是指：

(1) 用一个非零常数 k 遍乘矩阵的某一行；

(2) 互换矩阵任意两行的位置；

(3) 将矩阵的某一行遍乘一个非零常数 k 后加到另一行的对应元素上.

如果把定义 2.16 中对矩阵进行“行”的变换，改为对“列”的变换，称为矩阵的初等列变换.矩阵的初等行变换和初等列变换统称为初等变换.初等变换按其功能又分别称为矩阵的倍乘变换、互换变换、倍加变换.

容易证明三种初等变换都是可逆的，且其逆变换是同一类型的初等变换. 变换 $r_i \leftrightarrow r_j$ 的逆变换就是其本身；变换 $r_i \times k$ 的逆变换为 $r_i \times \dfrac{1}{k}$（或记作 $r_i \div k$）；变换 $r_i + kr_j$ 的逆变换为 $r_i + (-k)r_j$（或记作 $r_i - kr_j$）.

定义 2.17　若矩阵 $\boldsymbol{A}$ 经过有限次初等变换化为矩阵 $\boldsymbol{B}$，则称矩阵 $\boldsymbol{A}$ 与 $\boldsymbol{B}$ 等价，记作 $\boldsymbol{A} \sim \boldsymbol{B}$.

矩阵之间的等价关系具有下列性质：

(1) 反身性：$\boldsymbol{A} \sim \boldsymbol{A}$；

(2) 对称性：若 $\boldsymbol{A} \sim \boldsymbol{B}$，则 $\boldsymbol{B} \sim \boldsymbol{A}$；

(3) 传递性：若 $\boldsymbol{A} \sim \boldsymbol{B}$，$\boldsymbol{B} \sim \boldsymbol{C}$，则 $\boldsymbol{A} \sim \boldsymbol{C}$.

在第四章将看到，初等行变换将成为解线性方程组的重要工具.

行阶梯形矩阵：

1.可画出一条阶梯线，线的下方全为零；

2.每个台阶只有一行；

3.阶梯线的竖线后面是非零行的第一个非零元素.

行最简形矩阵:

1.非零行的第一个非零元为 1;

2.这些非零元所在的列的其它元素都为零.

例如,矩阵 A_1 是行阶梯形矩阵,矩阵 A_2 行最简形矩阵.

$$\begin{pmatrix} 1 & 1 & -2 & 1 & 4 \\ 0 & 1 & -1 & 1 & 0 \\ 0 & 0 & 0 & 1 & -3 \\ 0 & 0 & 0 & 0 & 0 \end{pmatrix} = A_1 \qquad \begin{pmatrix} 1 & 0 & -1 & 0 & 4 \\ 0 & 1 & -1 & 0 & 3 \\ 0 & 0 & 0 & 1 & -3 \\ 0 & 0 & 0 & 0 & 0 \end{pmatrix} = A_2$$

对行最简形矩阵施以初等列变换,可化为一种形式最简单的矩阵,称为标准形. 例如

$$\boldsymbol{A} = \begin{bmatrix} 1 & 0 & 0 & 1 & 1 \\ 0 & 1 & 0 & -1 & 2 \\ 0 & 0 & 1 & 1 & 2 \\ 0 & 0 & 0 & 0 & 0 \end{bmatrix} \overset{\substack{c4 - c1 + c2 \\ c5 - 2c1 - 2c3}}{\sim} \begin{bmatrix} 1 & 0 & 0 & 0 & 0 \\ 0 & 1 & 0 & 0 & 0 \\ 0 & 0 & 1 & 0 & 0 \\ 0 & 0 & 0 & 0 & 0 \end{bmatrix} = \boldsymbol{B}$$

矩阵 $\boldsymbol{B}$ 称为矩阵 $\boldsymbol{A}$ 的标准形,其特点是:$\boldsymbol{B}$ 的左上角是一个单位矩阵,其余元素全为 0.

定理 2.3 对于 $m \times n$ 矩阵 $\boldsymbol{A}$,总可经过初等变换(行变换和列变换)把它化为标准形

$$\boldsymbol{B} = \begin{bmatrix} \boldsymbol{E}_r & \boldsymbol{O} \\ \boldsymbol{O} & \boldsymbol{O} \end{bmatrix}_{m \times n}$$

此标准形由 m, n, r 三个数完全确定,其中 r 就是 $\boldsymbol{E}_r$ 中非零行的行数.

证 如果所有的 a_{ij} 都等于零,则 $\boldsymbol{A}$ 已是标准形 $\boldsymbol{B}$ 的形式(此时 $r=0$);如果至少有一个元素不等于零,不妨假设 $a_{11} \neq 0$ (如 $a_{11}=0$,可以对矩阵进行初等变换,使左上角元素不为 0).用 $-\dfrac{a_{i1}}{a_{11}}$ 乘第一行加于第 i 行上($i=2,\cdots,m$),用乘 $-\dfrac{a_{1j}}{a_{11}}$ 所得矩阵的第一列加于第 j 列上($j=2,\cdots,n$),然后以 $\dfrac{1}{a_{11}}$ 乘第一行,于是矩阵 $\boldsymbol{A}$ 化为

$$\boldsymbol{A}_1 = \begin{bmatrix} 1 & 0 & \cdots & 0 \\ 0 & a'_{22} & \cdots & a'_{2n} \\ \vdots & \vdots & \vdots & \vdots \\ 0 & a'_{m2} & \cdots & a'_{mn} \end{bmatrix} = \begin{bmatrix} \boldsymbol{E} & 0 \\ 0 & \boldsymbol{B}_1 \end{bmatrix}.$$

如果 $\boldsymbol{B}_1=0$，则 $\boldsymbol{A}$ 已化为标准形 $\boldsymbol{B}$；如果 $\boldsymbol{B}_1\neq 0$，则按上述方法继续，最后总可以化为标准形 $\boldsymbol{B}$ 的形式.

例 2.22 化矩阵 $\boldsymbol{A}$

$$\boldsymbol{A}=\begin{bmatrix}1 & 2 & 0 & 1\\ 2 & 1 & 1 & 2\\ 1 & -1 & 1 & 1\end{bmatrix}$$

为矩阵标准形 $\boldsymbol{B}$ 的形式.

解

$$\boldsymbol{A}=\begin{bmatrix}1 & 2 & 0 & 1\\ 2 & 1 & 1 & 2\\ 1 & -1 & 1 & 1\end{bmatrix}\overset{r_2-2r_1,r_3-r_1}{\sim}\begin{bmatrix}1 & 2 & 0 & 1\\ 0 & -3 & 1 & 0\\ 0 & -3 & 1 & 0\end{bmatrix}$$

$$\overset{\substack{r_3-r_2\\ r_3\times\left(-\frac{1}{3}\right)}}{\sim}\begin{bmatrix}1 & 2 & 0 & 1\\ 0 & 1 & -\frac{1}{3} & 0\\ 0 & 0 & 0 & 0\end{bmatrix}\underset{\substack{c_4-c_1\\ c_3+\frac{1}{3}c_2}}{\overset{c_2-2c_1}{\sim}}\begin{bmatrix}1 & 0 & 0 & 0\\ 0 & 1 & 0 & 0\\ 0 & 0 & 0 & 0\end{bmatrix}$$

二、初等矩阵

定义 2.18 由单位矩阵 $\boldsymbol{E}$ 经过一次初等变换得到的矩阵称为初等矩阵.

1.初等倍乘矩阵

$$\boldsymbol{E}_{i(k)}=\begin{bmatrix}1 & & & & & \\ & \ddots & & & & \\ & & 1 & & & \\ & & & k & \cdots & \cdots & \cdots \\ & & & & 1 & & \\ & & & & & \ddots & \\ & & & & & & 1\end{bmatrix}\text{第 } i \text{ 行}$$

其中 $k\neq 0$.

2. 初等互换矩阵

$$
\boldsymbol{E}_{i,j}=\begin{bmatrix}
1 & & & & & & & & & & \\
 & \ddots & & & & & & & & & \\
 & & 1 & & & & & & & & \\
 & & & 0 & \cdots & \cdots & \cdots & 1 & \cdots & \cdots & \cdots \\
 & & & \vdots & 1 & & & \vdots & & & \\
 & & & \vdots & & \ddots & & \vdots & & & \\
 & & & \vdots & & & 1 & \vdots & & & \\
 & & & 1 & \cdots & \cdots & \cdots & 0 & \cdots & \cdots & \cdots \\
 & & & & & & & & 1 & & \\
 & & & & & & & & & \ddots & \\
 & & & & & & & & & & 1
\end{bmatrix}
\begin{matrix}
\\ \\ \\ \text{第 } i \text{ 行} \\ \\ \\ \\ \text{第 } j \text{ 行} \\ \\ \\ \\
\end{matrix}
$$

3. 初等倍加矩阵

$$
\boldsymbol{E}_{i,j(k)}=\begin{bmatrix}
1 & & & & & & & & & & \\
 & \ddots & & & & & & & & & \\
 & & 1 & & & & & & & & \\
 & & & 1 & \cdots & \cdots & \cdots & k & \cdots & \cdots & \cdots \\
 & & & \vdots & 1 & & & \vdots & & & \\
 & & & \vdots & & \ddots & & \vdots & & & \\
 & & & \vdots & & & 1 & \vdots & & & \\
 & & & 0 & \cdots & \cdots & \cdots & 1 & \cdots & \cdots & \cdots \\
 & & & & & & & & 1 & & \\
 & & & & & & & & & \ddots & \\
 & & & & & & & & & & 1
\end{bmatrix}
\begin{matrix}
\\ \\ \\ \text{第 } i \text{ 行} \\ \\ \\ \\ \text{第 } j \text{ 行} \\ \\ \\ \\
\end{matrix}
$$

初等矩阵具有下面的性质：

性质 1 初等矩阵的转置仍为初等矩阵.

性质 2 初等矩阵都是可逆矩阵，且其逆矩阵仍为初等矩阵.

因为，

$$\det \boldsymbol{E}_{i(k)}=k,\det \boldsymbol{E}_{ij}=-1,\det \boldsymbol{E}_{i,j(k)}=1$$

所以 $\boldsymbol{E}_{i(k)},\boldsymbol{E}_{i,j},\boldsymbol{E}_{i,j(k)}$ 都是可逆矩阵。它们的逆矩阵分别为

$$\boldsymbol{E}_{i(k)}^{-1}=\boldsymbol{E}_{i(\frac{1}{k})},\boldsymbol{E}_{i,j}^{-1}=\boldsymbol{E}_{i,j},\boldsymbol{E}_{i,j(k)}^{-1}=\boldsymbol{E}_{i,j(-k)}$$

定理 2.4 对一个 $s\times n$ 矩阵 $\boldsymbol{A}$ 作一初等行变换就相当于在 $\boldsymbol{A}$ 的左边乘上相应的 $s\times s$ 初等矩阵;对 $\boldsymbol{A}$ 作一初等列变换就相当于在 $\boldsymbol{A}$ 的右边乘上相应的 $n\times n$ 初等矩阵.

证 我们以行变换的情形进行讨论,列变换的情形可类似证明.

设 $\boldsymbol{B}=(b_{ij})_{s\times s}$ 为任意一个 $s\times s$ 矩阵,$\boldsymbol{A}_1,\boldsymbol{A}_2,\cdots,\boldsymbol{A}_s$ 为 A 的行向量组,由矩阵的分块乘法得

$$B\boldsymbol{A}=\begin{bmatrix} b_{11}\boldsymbol{A}_1+b_{12}\boldsymbol{A}_2+\cdots b_{1s}\boldsymbol{A}_s \\ b_{21}\boldsymbol{A}_1+b_{22}\boldsymbol{A}_2+\cdots b_{2s}\boldsymbol{A}_s \\ \vdots \\ b_{s1}\boldsymbol{A}_1+b_{s2}\boldsymbol{A}_2+\cdots b_{ss}\boldsymbol{A}_s \end{bmatrix}$$

令 $\boldsymbol{B}=\boldsymbol{E}_{(i,j)}$,得

$$\boldsymbol{E}_{ij}\boldsymbol{A}=\begin{bmatrix} \boldsymbol{A}_1 \\ \vdots \\ \boldsymbol{A}_j \\ \vdots \\ \boldsymbol{A}_i \\ \vdots \\ \boldsymbol{A}_s \end{bmatrix}$$

这相当于把 $\boldsymbol{A}$ 的 i 行与 j 行互换;

令 $\boldsymbol{B}=\boldsymbol{E}_{i(k)}$,得

$$\boldsymbol{E}_{i(k)}\boldsymbol{A}=\begin{bmatrix} \boldsymbol{A}_1 \\ \vdots \\ k\boldsymbol{A}_i \\ \vdots \\ \boldsymbol{A}_s \end{bmatrix}$$

这相当于用 k 乘 $\boldsymbol{A}$ 的第 i 行;

令 $\boldsymbol{B}=\boldsymbol{E}_{i,j(k)}$,得

$$\boldsymbol{E}_{i,j(k)}\boldsymbol{A}=\begin{bmatrix}\boldsymbol{A}_1\\ \vdots\\ \boldsymbol{A}_i+k\boldsymbol{A}_j\\ \vdots\\ \boldsymbol{A}_j\\ \vdots\\ \boldsymbol{A}_s\end{bmatrix}$$

这相当于把 $\boldsymbol{A}$ 的第 j 行的 k 倍加到第 i 行.

所以说矩阵的初等变换实际上是矩阵的一种乘法运算.

例 2.23 设

$$\boldsymbol{A}=\begin{bmatrix}1&2&-1\\1&3&0\\-1&1&2\end{bmatrix}$$

求 $\boldsymbol{E}_{1(-2)}\boldsymbol{A}$,$\boldsymbol{A}\boldsymbol{E}_{1(-2)}$.

解

$$\boldsymbol{E}_{1(-2)}\boldsymbol{A}=\begin{bmatrix}-2&0&0\\0&1&0\\0&0&1\end{bmatrix}\begin{bmatrix}1&2&-1\\1&3&0\\-1&1&2\end{bmatrix}=\begin{bmatrix}-2&-4&2\\1&3&0\\-1&1&2\end{bmatrix}$$

$$\boldsymbol{A}\boldsymbol{E}_{1(-2)}=\begin{bmatrix}1&2&-1\\1&3&0\\-1&1&2\end{bmatrix}\begin{bmatrix}-2&0&0\\0&1&0\\0&0&1\end{bmatrix}=\begin{bmatrix}-2&2&-1\\-2&3&0\\2&1&2\end{bmatrix}$$

三、运用初等行变换求逆矩阵

根据定理 2.3,任意一个矩阵 $\boldsymbol{A}=(a_{ij})$ 经过若干次初等变换,可化为如下形式的矩阵 $\boldsymbol{B}$,即

$$B=\begin{bmatrix}1 & & & & & \\ & \vdots & & & & \\ & & 1 & & & \\ & & & 0 & & \\ & & & & \ddots & \\ & & & & & 0\end{bmatrix}=\begin{bmatrix}\boldsymbol{E}_r & \boldsymbol{O}\\ \boldsymbol{O} & \boldsymbol{O}\end{bmatrix}$$

其中 $\boldsymbol{E}_r$ 是 r 阶单位方阵.

结合定理 2.4,由于对 $\boldsymbol{A}$ 进行初等变换化成了矩阵 $\boldsymbol{B}$,相当于有初等矩阵 $\boldsymbol{P}_1,\boldsymbol{P}_2,\cdots,\boldsymbol{P}_s,\boldsymbol{Q}_1,\boldsymbol{Q}_2,\cdots,\boldsymbol{Q}_t$,满足

$$\boldsymbol{P}_s\boldsymbol{P}_{s-1}\cdots\boldsymbol{P}_1\boldsymbol{A}\boldsymbol{Q}_1\cdots\boldsymbol{Q}_{t-1}\boldsymbol{Q}_t=\boldsymbol{B}$$

于是有以下结论:

定理 2.5　如果 $\boldsymbol{A}$ 为可逆矩阵,则矩阵 $\boldsymbol{A}=(a_{ij})$ 经过若干次初等变换变成单位矩阵 $\boldsymbol{E}$.

利用定理 2.5 可知,存在初等矩阵 $\boldsymbol{P}_i(i=1,2,\cdots,s),\boldsymbol{Q}_j(j=1,2,\cdots,t)$ 对可逆矩阵 $\boldsymbol{A}$ 有

$$\boldsymbol{P}_s\boldsymbol{P}_{s-1}\cdots\boldsymbol{P}_1\boldsymbol{A}\boldsymbol{Q}_1\cdots\boldsymbol{Q}_{t-1}\boldsymbol{Q}_t=E \tag{2-6}$$

即

$$\boldsymbol{P}_s\boldsymbol{P}_{s-1}\cdots P_1A=\boldsymbol{Q}_t^{-1}\cdots\boldsymbol{Q}_2^{-1}\boldsymbol{Q}_1^{-1}$$

利用式(2-6),等式左右两边依次左乘 $\boldsymbol{Q}_t,\boldsymbol{Q}_{t-1},\cdots\boldsymbol{Q}_2,\boldsymbol{Q}_1$ 有

$$\boldsymbol{E}=\boldsymbol{Q}_1\boldsymbol{Q}_2\cdots\boldsymbol{Q}_t\boldsymbol{P}_s\boldsymbol{P}_{s-1}\cdots\boldsymbol{P}_1\boldsymbol{A} \tag{2-7}$$

对式(2-7)两边同时右乘 $\boldsymbol{A}^{-1}$,得

$$\boldsymbol{E}\boldsymbol{A}^{-1}=\boldsymbol{Q}_1\boldsymbol{Q}_2\cdots\boldsymbol{Q}_t\boldsymbol{P}_s\boldsymbol{P}_{s-1}\cdots\boldsymbol{P}_1\boldsymbol{A}\boldsymbol{A}^{-1}$$

$$\boldsymbol{A}^{-1}=\boldsymbol{Q}_1\boldsymbol{Q}_2\cdots\boldsymbol{Q}_t\boldsymbol{P}_s\boldsymbol{P}_{s-1}\cdots\boldsymbol{P}_1\boldsymbol{E} \tag{2-8}$$

比较式(2-7)和式(2-8)可得:对 $\boldsymbol{A}$ 进行一系列初等行变换化成 $\boldsymbol{E}$ 时,对 $\boldsymbol{E}$ 进行同样的这一系列初等行变换就得到 $\boldsymbol{A}^{-1}$.由此得到求逆矩阵的另一种方法:作 $n\times 2n$ 矩阵 $[\boldsymbol{A}\,\vdots\,\boldsymbol{E}]$,用初等行变换把它的左边一半化成单位矩阵 $\boldsymbol{E}$,这时右边的一半就是 $\boldsymbol{A}^{-1}$,即

$$[\boldsymbol{A}\,\vdots\,\boldsymbol{E}]\xrightarrow{\text{初等行变换}}[\boldsymbol{E}\,\vdots\,\boldsymbol{A}^{-1}]$$

类似地,对 $2n\times n$ 的矩阵 $\begin{pmatrix}\boldsymbol{A}\\\boldsymbol{E}\end{pmatrix}$ 进行初等列变换,化为 $\begin{pmatrix}\boldsymbol{E}\\\boldsymbol{A}^{-1}\end{pmatrix}$ 时,即将 $\boldsymbol{A}$ 化为 $\boldsymbol{E}$ 的同时也将 $\boldsymbol{E}$ 化为 $\boldsymbol{A}^{-1}$.

例 2.24 求矩阵 $\boldsymbol{A}=\begin{bmatrix}1&0&1\\2&1&0\\-3&2&-5\end{bmatrix}$ 的逆矩阵.

解 作 3×6 矩阵 $(\boldsymbol{A}\vdots\boldsymbol{E})$

$$(\boldsymbol{A}\vdots\boldsymbol{E})=\begin{bmatrix}1&0&1&1&0&0\\2&1&0&0&1&0\\-3&2&-5&0&0&1\end{bmatrix}\overset{\substack{r_2-2r_1\\r_3+3r_1}}{\sim}\begin{bmatrix}1&0&1&1&0&0\\0&1&-2&-2&1&0\\0&2&-2&3&0&1\end{bmatrix}$$

$$\overset{\substack{r_3-2r_2\\r_1-0.5r_3}}{\sim}\begin{bmatrix}1&0&0&-\frac{5}{2}&1&-\frac{1}{2}\\0&1&0&5&-1&1\\0&0&2&7&-2&1\end{bmatrix}$$

$$\overset{r_3\times\frac{1}{2}}{\sim}\begin{bmatrix}1&0&0&-\frac{5}{2}&1&-\frac{1}{2}\\0&1&0&5&-1&1\\0&0&1&\frac{7}{2}&-1&\frac{1}{2}\end{bmatrix}.$$

于是得到

$$\boldsymbol{A}^{-1}=\begin{bmatrix}-\frac{5}{2}&1&-\frac{1}{2}\\5&-1&1\\\frac{7}{2}&-1&\frac{1}{2}\end{bmatrix}.$$

如果不知道矩阵 $\boldsymbol{A}$ 是否可逆,可按上述方法去做,只要 $n\times 2n$ 矩阵左边子块有一行(列)的元素为零,则 $\boldsymbol{A}$ 不可逆.

例 2.25 某药厂生产三种中成药,每件中成药的生产要经过3个车间加工.3个车间每周的工时、每件中成药在各车间需要的工时数如下表所示,问三种中成药每周的产量各是多少?

	中成药 1	中成药 2	中成药 3	车间工时(时 / 周)
车间 1	1	1	2	40
车间 2	3	2	3	75
车间 3	1	1	1	28

解 设三种中成药每周的产量分别为 x_1,x_2,x_3,则由题意得

$$\begin{cases} x_1+x_2+2x_3=40 \\ 3x_1+2x_2+3x_3=75 \\ x_1+x_2+x_3=28 \end{cases}$$

得矩阵方程

$$\begin{bmatrix} 1 & 1 & 2 \\ 3 & 2 & 3 \\ 1 & 1 & 1 \end{bmatrix}\begin{bmatrix} x_1 \\ x_2 \\ x_3 \end{bmatrix}=\begin{bmatrix} 40 \\ 75 \\ 28 \end{bmatrix}$$

记

$$\boldsymbol{A}=\begin{bmatrix} 1 & 1 & 2 \\ 3 & 2 & 3 \\ 1 & 1 & 1 \end{bmatrix}$$

作 3×6 矩阵

$$(\boldsymbol{A} \vdots \boldsymbol{E})=\begin{bmatrix} 1 & 1 & 2 & 1 & 0 & 0 \\ 3 & 2 & 3 & 0 & 1 & 0 \\ 1 & 1 & 1 & 0 & 0 & 1 \end{bmatrix} \underset{r_3-r_1}{\overset{r_2-3r_1}{\sim}} \begin{bmatrix} 1 & 1 & 2 & 1 & 0 & 0 \\ 0 & -1 & -3 & -3 & 1 & 0 \\ 0 & 0 & -1 & -1 & 0 & 1 \end{bmatrix}$$

$$\underset{r_3\times(-1)}{\overset{r_2\times(-1)}{\sim}} \begin{bmatrix} 1 & 1 & 2 & 1 & 0 & 0 \\ 0 & 1 & 3 & 3 & -1 & 0 \\ 0 & 0 & 1 & 1 & 0 & -1 \end{bmatrix} \underset{\substack{r_1-2r_3 \\ r_1-r_2}}{\overset{r_2-3r_3}{\sim}} \begin{bmatrix} 1 & 0 & 0 & -1 & 1 & -1 \\ 0 & 1 & 0 & 0 & -1 & 3 \\ 0 & 0 & 1 & 1 & 0 & -1 \end{bmatrix}$$

由此可以得出

$$x=\boldsymbol{A}^{-1}b=\begin{bmatrix} -1 & 1 & -1 \\ 0 & -1 & 3 \\ 1 & 0 & -1 \end{bmatrix}\begin{bmatrix} 40 \\ 75 \\ 28 \end{bmatrix}=\begin{bmatrix} 7 \\ 9 \\ 12 \end{bmatrix}$$

所以三种中成药每周的产量分别为 7 件,9 件,12 件.

例 2.26* 密码模型 密码学中将信息代码称为密码，尚未转换成密码的文字信息称为明文，由密码表示的信息称为密文. 从明文到密文的过程称为加密，反之为解密. 若要发出信息 action，现需要利用矩阵乘法给出加密方法和加密后得到的密文，并给出相应的解密方法.

【模型假设】(1) 假定每个字母都对应一个非负整数，空格和 26 个英文字母依次对应整数 0 ~ 26(见下表).

表 2－1 空格及字母的整数代码表

空格	A	B	C	D	E	F	G	H	I	J	K	L	M
0	1	2	3	4	5	6	7	8	9	10	11	12	13
N	O	P	Q	R	S	T	U	V	W	X	Y	Z	
14	15	16	17	18	19	20	21	22	23	24	25	26	

(2) 假设将单词中从左到右，每 3 个字母分为一组，并将对应的 3 个整数排成三维的行向量，加密后仍为三维的行向量，其分量仍为整数.

【模型建立】设三维向量 x 为明文，要选一个矩阵 $\boldsymbol{A}$ 使密文 $y=x\boldsymbol{A}$，还要确保接收方能由 y 准确地解出 x. 因此 $\boldsymbol{A}$ 必须是一个 3 阶可逆矩阵. 这样就可以由 $y=x\boldsymbol{A}$ 得 $x=y\boldsymbol{A}^{-1}$. 为了避免小数引起误差，并且确保 y 也是整数向量，$\boldsymbol{A}$ 和 $\boldsymbol{A}^{-1}$ 的元素应该都是整数. 注意到，当整数矩阵 $|\boldsymbol{A}|=\pm 1$ 时，$\boldsymbol{A}^{-1}$ 也是整数矩阵. 因此原问题转化为

(1) 把 *action* 翻译成两个行向量：x_1，x_2.

(2) 构造一个行列式 =(1 的整数矩阵 $\boldsymbol{A}$(当然不能取 $\boldsymbol{A}=\boldsymbol{E}$).

(3) 计算 $x_1\boldsymbol{A}$ 和 $x_2\boldsymbol{A}$.

(4) 计算 $\boldsymbol{A}^{-1}$.

【模型求解】(1) 由上述假设可见 $x_1=[1\quad 3\quad 20]$，$x_2=[9\quad 15\quad 14]$.

(2) 对 3 阶单位矩阵 $\boldsymbol{E}=\begin{bmatrix}1&0&0\\0&1&0\\0&0&1\end{bmatrix}$ 进行几次适当的初等变换(比如把某一行的整数被加到另一行，或交换某两行)，根据行列式的性质可知，这样得到的矩阵 $\boldsymbol{A}$ 的行列式为 1 或(1. 例如 $\boldsymbol{A}=\begin{bmatrix}1&1&0\\2&1&1\\3&2&2\end{bmatrix}$，$|\boldsymbol{A}|=-1$.

$$(3)\ y_1=x_1\boldsymbol{A}=[1\quad 3\quad 20]\begin{bmatrix}1&1&0\\2&1&1\\3&2&2\end{bmatrix}=[67\quad 44\quad 43]$$

$$y_2=x_2\boldsymbol{A}=[9\quad 15\quad 14]\begin{bmatrix}1&1&0\\2&1&1\\3&2&2\end{bmatrix}=[81\quad 52\quad 43]$$

$$(4)\ [\boldsymbol{A}\quad \boldsymbol{E}]=\begin{bmatrix}1&1&0&1&0&0\\2&1&1&0&1&0\\3&2&2&0&0&1\end{bmatrix}\xrightarrow{\text{初等行变换}}\begin{bmatrix}1&0&0&0&2&-1\\0&1&0&1&-2&1\\0&0&1&-1&-1&1\end{bmatrix}$$

可得

$$\boldsymbol{A}^{-1}=\begin{pmatrix}0&2&-1\\1&-2&1\\-1&-1&1\end{pmatrix}.$$

这就是说，接收方收到的密文是$[67\quad 44\quad 43]$,$[81\quad 52\quad 43]$. 要还原成明文，只要计算

$$[67\quad 44\quad 43]\boldsymbol{A}^{-1}=[1\quad 3\quad 20]$$

$$[81\quad 52\quad 43]\boldsymbol{A}^{-1}=[9\quad 15\quad 14].$$

再对照表 2-1“翻译”成单词 action 即为明文.

§5　特殊矩阵及其运算

为了进一步展开对矩阵的讨论，下面介绍几类常用的特殊矩阵及其运算.

本节提及的特殊矩阵原则上都是指 n 阶方阵.

一、对角矩阵

定义 2.19　若 n 阶方阵 $\boldsymbol{A}=(a_{ij})$ 中的元素满足条件

$$a_{ij}=0, i\neq j\ (i,j=1,2,\cdots,n)$$

则称 $\boldsymbol{A}$ 为 n 阶对角矩阵或对角阵，即

$$\boldsymbol{A}=\begin{bmatrix} a_{11} & & & \\ & a_{22} & & \\ & & \ddots & \\ & & & a_{nn} \end{bmatrix}$$

(此记法表示对角线以外未标明的元素均为0).简记为 $\boldsymbol{A}=diag(a_{11},a_{22},\cdots,a_{nn})$.

例如,$\boldsymbol{A}=\begin{bmatrix} 1 & 0 & 0 \\ 0 & 3 & 0 \\ 0 & 0 & 5 \end{bmatrix}$为对角阵.

特别地,当 $a_{ii}=a(i=1,2,\cdots,n)$,则称对角阵 $\boldsymbol{A}$ 为 n 阶数量矩阵.即

$$\boldsymbol{A}=\begin{bmatrix} a & & & \\ & a & & \\ & & \ddots & \\ & & & a \end{bmatrix}$$

例如, $\boldsymbol{A}=\begin{bmatrix} 3 & 0 & 0 \\ 0 & 3 & 0 \\ 0 & 0 & 3 \end{bmatrix}$为数量矩阵.

对角矩阵具有下列性质:

(1) 对角矩阵 $\boldsymbol{A}$ 的转置矩阵 $\boldsymbol{A}^T$ 仍是对角矩阵,并且 $\boldsymbol{A}=\boldsymbol{A}^T$;

(2) 两个同阶对角矩阵的和仍是对角矩阵;

(3) 数与对角矩阵的乘积仍是对角矩阵;

(4) 两个同阶对角矩阵的乘积仍是对角矩阵,而且它们的乘法满足乘法交换律;

(5) 对角矩阵 $\boldsymbol{A}$ 可逆的充要条件是主对角线上的元素全不为零,即 $a_{ii}\neq 0(i=1,2,\cdots,n)$,此时

$$\boldsymbol{A}^{-1}=\begin{bmatrix} a_{11}^{-1} & 0 & \cdots & 0 \\ 0 & a_{22}^{-1} & \cdots & 0 \\ \vdots & \vdots & & \vdots \\ 0 & 0 & \cdots & a_{nn}^{-1} \end{bmatrix}$$

例 2.27　设

$$A=\begin{bmatrix}a_1&0&0\\0&a_2&0\\0&0&a_3\end{bmatrix},B=\begin{bmatrix}b_1&0&0\\0&b_2&0\\0&0&b_3\end{bmatrix}$$

求 $\boldsymbol{AB}$ 和 $\boldsymbol{BA}$.

解

$$\boldsymbol{AB}=\begin{bmatrix}a_1&0&0\\0&a_2&0\\0&0&a_3\end{bmatrix}\begin{bmatrix}b_1&0&0\\0&b_2&0\\0&0&b_3\end{bmatrix}$$

$$=\begin{bmatrix}a_1b_1&0&0\\0&a_2b_2&0\\0&0&a_3b_3\end{bmatrix}=\begin{bmatrix}b_1a_1&0&0\\0&b_2a_2&0\\0&0&b_3a_3\end{bmatrix}$$

$$=\begin{bmatrix}b_1&0&0\\0&b_2&0\\0&0&b_3\end{bmatrix}\begin{bmatrix}a_1&0&0\\0&a_2&0\\0&0&a_3\end{bmatrix}=\boldsymbol{BA}$$

二、三角形矩阵

定义 2.20　形如

$$A=\begin{bmatrix}a_{11}&0&\cdots&0\\a_{21}&a_{22}&\cdots&0\\\vdots&\vdots&&\vdots\\a_{n1}&a_{n2}&\cdots&a_{nn}\end{bmatrix}$$

的矩阵称为下三角形矩阵，形如

$$A=\begin{bmatrix}a_{11}&a_{12}&\cdots&a_{1n}\\0&a_{22}&\cdots&a_{2n}\\\vdots&\vdots&&\vdots\\0&0&\cdots&a_{nn}\end{bmatrix}$$

的矩阵称为上三角形矩阵.

上(下)三角形矩阵统称为三角形矩阵.

由矩阵的运算规律易知，三角形矩阵具有下列性质：

(1) 两个同阶上(下)三角形矩阵之和、差仍是上(下)三角形矩阵；

(2) 数与上(下)三角形矩阵的乘积仍是上(下)三角形矩阵；

(3) 两个同阶上(下)三角形矩阵的乘积仍是上(下)三角形矩阵.

例 2.28 设

$$\boldsymbol{A}=\begin{bmatrix}1&2&3\\0&4&5\\0&0&6\end{bmatrix},\boldsymbol{B}=\begin{bmatrix}1&-1&0\\0&2&1\\0&0&3\end{bmatrix}$$

求 $\boldsymbol{AB}$.

解

$$\boldsymbol{AB}=\begin{bmatrix}1&2&3\\0&4&5\\0&0&6\end{bmatrix}\begin{bmatrix}1&-1&0\\0&2&1\\0&0&3\end{bmatrix}$$

$$=\begin{bmatrix}1&3&11\\0&8&19\\0&0&18\end{bmatrix}$$

三、阶梯形矩阵

定义 2.21 若矩阵 $\boldsymbol{A}$ 满足两条件：(1) 若有零行(元素全为0的行)，则零行应在最下方；(2) 非零首元(即非零行的第一个不为零的元素) 的列标号随行标号的增加而严格递增，则称此矩阵 $\boldsymbol{A}$ 为阶梯形矩阵.

例如

$$\boldsymbol{A}=\begin{bmatrix}1&0&1&1\\0&2&0&-1\\0&0&3&1\\0&0&0&0\end{bmatrix}$$

称为阶梯形矩阵.

定义 2.22 若阶梯形矩阵 $\boldsymbol{A}$ 满足两条件：(1) 非零首元素所在的列除了非零首元素外，其余元素全为 0；(2) 非零首元素都为 1，则称此矩阵 $\boldsymbol{A}$ 为行最简形矩阵.

例如

$$A=\begin{bmatrix}1&0&0&1\\0&1&0&-1\\0&0&1&1\\0&0&0&0\end{bmatrix}$$

称为最简形矩阵.

四、对称矩阵和反对称矩阵

定义 2.23 若 n 阶方阵 $\boldsymbol{A}=(a_{ij})$ 中的元素满足

$$a_{ij}=a_{ji},(i,j=1,2,\cdots,n)$$

则称 $\boldsymbol{A}$ 为对称矩阵.

由定义可知,对称矩阵中的每一元素均满足 $a_{ij}=a_{ji}(i,j=1,2,\cdots,n)$.显然,对角矩阵、数量矩阵、单位矩阵都是对称矩阵.

例如

$$A=\begin{bmatrix}1&0&-1\\0&2&1\\-1&1&3\end{bmatrix}$$

为对称矩阵.

定义 2.24 如果矩阵 $\boldsymbol{A}=(a_{ij})$ 满足 $\boldsymbol{A}^T=-\boldsymbol{A}$,那么称 $\boldsymbol{A}$ 是反对称矩阵.

由定义可知, 反对称矩阵主对角线上的元素一定为零, 其余元素均有 $a_{ij}=-a_{ji}(i\neq j)$.

对称矩阵和反对称矩阵具有下列性质:

(1) 对称(反对称)的和、差仍然是对称(反对称)矩阵;

(2) 数乘对称(反对称)矩阵仍然是对称(反对称)矩阵.

注意 两个对称(反对称)矩阵的乘积不一定是对称(反对称)矩阵.

例如

$$A=\begin{bmatrix}1&-1\\-1&2\end{bmatrix},B=\begin{bmatrix}1&1\\1&1\end{bmatrix}$$

都是对称矩阵,但是它们的乘积矩阵

$$AB=\begin{bmatrix}1&-1\\-1&2\end{bmatrix}\begin{bmatrix}1&1\\1&1\end{bmatrix}=\begin{bmatrix}0&0\\1&1\end{bmatrix}$$

却不是对称矩阵.又如

$$C=\begin{bmatrix}0&1\\-1&0\end{bmatrix},D=\begin{bmatrix}0&-1\\1&0\end{bmatrix}$$

都是反对称矩阵,但是它们的乘积矩阵

$$CD=\begin{bmatrix}0&1\\-1&0\end{bmatrix}\begin{bmatrix}0&-1\\1&0\end{bmatrix}=\begin{bmatrix}1&0\\0&1\end{bmatrix}$$

却不是反对称矩阵.

总习题二

1.填空题:

(1) 设$\boldsymbol{A}$、$\boldsymbol{B}$是2个三阶方阵,且$\det\boldsymbol{A}=-2,\det\boldsymbol{B}=-1$,则$\det(-2\boldsymbol{A}^2\boldsymbol{B})=$________;

(2) 若$\boldsymbol{A}=\begin{bmatrix}2&3\\5&7\end{bmatrix}$,则$\boldsymbol{A}^{-1}$________;

(3) 设$\boldsymbol{A}=\begin{bmatrix}1&2\\4&0\\-1&3\end{bmatrix},\boldsymbol{B}=\begin{bmatrix}-1&2&0\\3&-1&1\end{bmatrix}$,则$(\boldsymbol{A}+\boldsymbol{B}^T)^T=$________;

(4) 若矩阵$\boldsymbol{A}$满足________,则称$\boldsymbol{A}$是对称矩阵;

(5) 若$\boldsymbol{A}$是$m\times n$矩阵,$\boldsymbol{B}$是$p\times m$矩阵,则$\boldsymbol{A}^TB^T$是________矩阵.

2.单项选择题:

(1) 设$\boldsymbol{A}$是$m\times n$矩阵,$\boldsymbol{B}$是$s\times t$矩阵,若矩阵乘积$\boldsymbol{AB}$有意义,则必须满足(　　);

(A)$m=t$;　　(B)$n=s$;　　(C)$m=s$;　　(D)$n=t$.

(2) 设$\boldsymbol{A}$、$\boldsymbol{B}$均是n阶方阵,满足等式$\boldsymbol{AB}=\boldsymbol{O}$,则必有(　　);

(A)$\boldsymbol{A}=\boldsymbol{O}$或$\boldsymbol{B}=\boldsymbol{O}$;　　(B)$A+B=0$;

(C)$\det\boldsymbol{A}=0$ 或 $\det\boldsymbol{B}=0$；　　(D)$\boldsymbol{BA}=\boldsymbol{O}$.

(3) 设 n 阶方阵 $\boldsymbol{A}$ 的行列式是 $\det\boldsymbol{A}$，则 $k\boldsymbol{A}$(k 为非零整数) 的行列式为(　　).

(A)$k^n\det\boldsymbol{A}$；　　(B)$k\det\boldsymbol{A}$；

(C)$-k\det\boldsymbol{A}$；　　(D)$|k|\det\boldsymbol{A}$.

3.判断题：

(1) 若 $\boldsymbol{A}$ 是 2×3 矩阵，$\boldsymbol{B}$ 是 3×2 矩阵，则 $\boldsymbol{AB}$ 是 2×2 矩阵.

(2) 若 $\boldsymbol{A}$ 是 n 阶对称矩阵，则 $\boldsymbol{A}^2$ 也是对称矩阵.

(3)n 阶矩阵 $\boldsymbol{A}$ 为零矩阵的充分必要条件是 $\det\boldsymbol{A}=0$.

4.设 $\boldsymbol{A}=\begin{bmatrix}1&-2&4\\0&7&2\end{bmatrix}$，$\boldsymbol{B}=\begin{bmatrix}3&0&5\\-3&4&4\end{bmatrix}$，求 $\boldsymbol{A}+3\boldsymbol{B}$，$2\boldsymbol{A}-\boldsymbol{B}$.

5.设矩阵

$$\boldsymbol{A}=\begin{bmatrix}1&1&2\\1&1&-1\\2&-1&1\end{bmatrix};\boldsymbol{B}=\begin{bmatrix}1&2&3\\-1&-2&2\\0&3&-1\end{bmatrix}$$

求 $3\boldsymbol{AB}-2\boldsymbol{A}^T$ 及 $(\boldsymbol{AB})^T$.

6.计算下列矩阵乘积：

(1)$\begin{bmatrix}1&4\\3&2\end{bmatrix}\begin{bmatrix}3&1\\-1&2\end{bmatrix}$　　(2)$\begin{bmatrix}3&1&1\\2&1&2\\1&2&3\end{bmatrix}\begin{bmatrix}1&1&-1\\2&-1&1\\1&0&1\end{bmatrix}$

(3)$\begin{bmatrix}2&1\\1&-3\\1&5\end{bmatrix}\begin{bmatrix}1\\-2\end{bmatrix}$　　(4)$\begin{bmatrix}1&2&2\end{bmatrix}\begin{bmatrix}2&1&1\\0&4&-1\\1&3&0\end{bmatrix}$.

7.设 $\boldsymbol{A}=\begin{bmatrix}\lambda&2&0\\0&\lambda&2\\0&0&\lambda\end{bmatrix}$，求 $\boldsymbol{A}^n$(n 为正整数).

8.设 $\boldsymbol{A}=\begin{bmatrix}1&0\\\lambda&1\end{bmatrix}$，求 $\boldsymbol{A}^k$(k 为正整数).

9.设 $\boldsymbol{A}=\begin{bmatrix}-1&6&9\\0&3&2\\0&0&3\end{bmatrix}$,$\boldsymbol{B}=\begin{bmatrix}4&2&7\\0&1&-1\\0&0&-3\end{bmatrix}$,求 $|\boldsymbol{AB}|$,$|\boldsymbol{A}+\boldsymbol{B}|$,$|2\boldsymbol{AB}^T|$.

10.求下列矩阵的逆矩阵:

(1)$\boldsymbol{A}=\begin{bmatrix}2&1\\5&3\end{bmatrix}$;　　(2)$\boldsymbol{A}=\begin{bmatrix}1&2&3\\2&2&1\\3&4&3\end{bmatrix}$;

(3)$\boldsymbol{A}=\begin{bmatrix}1&-1&1\\1&1&3\\2&-3&2\end{bmatrix}$;　　(4)$\boldsymbol{A}=\begin{bmatrix}5&2&0&0\\2&1&0&0\\0&0&4&-2\\0&0&1&3\end{bmatrix}$

(5)$\boldsymbol{A}=\begin{bmatrix}1&1&1&1\\1&1&-1&1\\1&-1&1&-1\\1&-1&-1&1\end{bmatrix}$;

(6)$\boldsymbol{A}=\begin{bmatrix}5&0&0\\0&3&1\\0&2&1\end{bmatrix}$

11.求证:若 $\boldsymbol{A}$、$\boldsymbol{B}$、$\boldsymbol{C}$ 为同阶方阵且均可逆,则 $\boldsymbol{ABC}$ 也可逆,且

$$(\boldsymbol{ABC})^{-1}=\boldsymbol{C}^{-1}\boldsymbol{B}^{-1}\boldsymbol{A}^{-1}.$$

12. 分块矩阵 $D=\begin{pmatrix}\boldsymbol{A}&\boldsymbol{C}\\O&\boldsymbol{B}\end{pmatrix}$,其中 $\boldsymbol{A}$ 和 $\boldsymbol{B}$ 分别为 r 阶与 k 阶可逆方阵,$\boldsymbol{C}$ 是 $r\times k$ 矩阵,$\boldsymbol{O}$ 是 $k\times r$ 零矩阵.证明 $\boldsymbol{D}$ 可逆,并求 $\boldsymbol{D}^{-1}$.

13.利用初等行变换求下列矩阵的逆矩阵:

(1)$\begin{bmatrix}1&2\\3&4\end{bmatrix}$;　　(2)$\boldsymbol{A}=\begin{bmatrix}4&7\\1&2\end{bmatrix}$;

(3) $\begin{bmatrix}1 & 1 & 1\\2 & -1 & 1\\1 & 2 & 0\end{bmatrix}$；　　(4) $\begin{bmatrix}1 & 2 & 3 & 4\\0 & 1 & 2 & 3\\0 & 0 & 1 & 2\\0 & 0 & 0 & 1\end{bmatrix}$；

(5) $\begin{bmatrix}1 & 2 & -1\\3 & 4 & -2\\5 & -4 & 1\end{bmatrix}$；

(6) $\begin{bmatrix}0 & 2 & 1\\-1 & 1 & 4\\2 & -1 & -3\end{bmatrix}$；

(7) $\begin{bmatrix}0 & 1 & 2\\1 & 1 & 4\\2 & -1 & 0\end{bmatrix}$.

14.求解下列矩阵方程

(1) $\begin{pmatrix}1 & 2 & -1\\3 & 4 & -2\\2 & 2 & -2\end{pmatrix}\boldsymbol{X}=\begin{pmatrix}1\\0\\-1\end{pmatrix}$；

(2) $\begin{pmatrix}1 & 4\\-1 & 2\end{pmatrix}\boldsymbol{X}\begin{pmatrix}2 & 1 & -1\\2 & 1 & 0\\1 & -1 & 1\end{pmatrix}=\begin{pmatrix}1 & -1 & 3\\4 & 3 & 2\end{pmatrix}$；

(3) $\boldsymbol{A}=\begin{pmatrix}2 & 1 & 0\\1 & 2 & 1\\0 & 1 & 2\end{pmatrix}$，$\boldsymbol{C}=\begin{pmatrix}1 & 2\\3 & 4\\2 & 1\end{pmatrix}$，$\boldsymbol{AX}=\boldsymbol{X}+\boldsymbol{C}$；

(4) 设 $\boldsymbol{A}=\begin{bmatrix}4 & 2 & 3\\1 & 1 & 0\\-1 & 2 & 3\end{bmatrix}$，$\boldsymbol{AB}=\boldsymbol{A}+2\boldsymbol{B}$，求 $\boldsymbol{B}$.

第三章 向量组与矩阵的秩

向量是研究代数问题的重要工具，在很多实际问题中，往往需要研究更多维的向量。例如，描述卫星的运行状况需要知道卫星的位置(x,y,z)、速度分量 v_x,v_y,v_z 以及时间t 等.本章将引入 n 维向量的概念，定义向量的线性运算，并在此基础上讨论向量组的线性相关性，研究向量组与矩阵的秩、向量空间等问题.这将为以后利用向量的线性关系来分析线性方程组解的存在性，化二次型为标准形等奠定理论基础.

§1 n维向量

在平面几何中，坐标平面上每个点可以用坐标来表示位置，点的坐标是一个有序实数对(x,y).一个 n 元方程

$$a_1x_1+a_2x_2+\cdots+a_nx_n=b$$

可以用一个 $n+1$ 元有序数组

$$(a_1,a_2,\cdots,a_n,b)$$

来表示.$1\times n$ 矩阵和$n\times 1$ 矩阵也可以看作有序数组.一个企业一年中从1月到12月每月的产值也可用一个有序数组$(a_1,a_2,\cdots,a_{12})$来表示.有序数组的应用非常广泛，下面对它们进行深入的讨论.

定义 3.1 n 个数组成的有序数组

$$(a_1,a_2,\cdots,a_n) \tag{3-1}$$

或

$$\begin{bmatrix} a_1 \\ a_2 \\ \vdots \\ a_n \end{bmatrix} \tag{3-2}$$

称为一个 n 维向量,简称向量.

向量通常用希腊字母 $\boldsymbol{\alpha},\boldsymbol{\beta},\boldsymbol{\gamma},\cdots$ 表示.(3-1)式称为一个行向量,(3-2)式称为一个列向量.数 $a_1,a_2,\cdots,a_n$ 称为这个向量的分量.a_i 称为这个向量的第 i 个分量或坐标.分量都是实数的向量称为实向量;分量是复数的向量称为复向量.

实际上,n 维行向量可以看成 $1\times n$ 矩阵,n 维列向量也常看成 $n\times 1$ 矩阵.下面我们只讨论实向量.

定义 3.2　分量全为零的向量称为零向量,记为 $\mathbf{0}$,即

$$\mathbf{0}=(0,0,\cdots,0)$$

若 $\boldsymbol{\alpha}=(a_1,a_2,\cdots,a_n)$,则称 $(-a_1,-a_2,\cdots,-a_n)$ 为 $\boldsymbol{\alpha}$ 的负向量,记为 $-\boldsymbol{\alpha}$.

定义 3.3　设 $\boldsymbol{\alpha},\boldsymbol{\beta}$ 都是 n 维向量,

$$\boldsymbol{\alpha}=(a_1,a_2,\cdots,a_n),\boldsymbol{\beta}=(b_1,b_2,\cdots,b_n)$$

如果 $\boldsymbol{\alpha}$ 和 $\boldsymbol{\beta}$ 对应的分量都相等,即

$$a_i=b_i,i=1,2,\cdots,n$$

就称这两个向量相等,记为 $\boldsymbol{\alpha}=\boldsymbol{\beta}$.

定义 3.4　设 $\boldsymbol{\alpha},\boldsymbol{\beta}$ 都是 n 维向量,

$$\boldsymbol{\alpha}=(a_1,a_2,\cdots,a_n),\boldsymbol{\beta}=(b_1,b_2,\cdots,b_n)$$

则向量 $(a_1+b_1,a_2+b_2,\cdots,a_n+b_n)$ 叫作向量 $\boldsymbol{\alpha}$ 与 $\boldsymbol{\beta}$ 的和向量,记作 $\boldsymbol{\alpha}+\boldsymbol{\beta}$,即

$$\boldsymbol{\alpha}+\boldsymbol{\beta}=(a_1+b_1,a_2+b_2,\cdots,a_n+b_n)$$

向量 $\boldsymbol{\alpha}$ 与 $\boldsymbol{\beta}$ 的差向量可以定义为 $\boldsymbol{\alpha}+(-\boldsymbol{\beta})$,即

$$\boldsymbol{\alpha}-\boldsymbol{\beta}=\boldsymbol{\alpha}+(-\boldsymbol{\beta})=(a_1-b_1,a_2-b_2,\cdots,a_n-b_n)$$

定义 3.5　设 $\boldsymbol{\alpha}=(a_1,a_2,\cdots,a_n)$ 是 n 维向量,λ 是一个数,那么向量 $(\lambda a_1,\lambda a_2,\cdots,\lambda a_n)$ 叫作数 λ 与向量 $\boldsymbol{\alpha}$ 的数量乘积(简称数乘),记为 $\lambda\boldsymbol{\alpha}$,即

$$\lambda\boldsymbol{\alpha}=(\lambda a_1,\lambda a_2,\cdots,\lambda a)$$

向量的和、差及数乘运算统称为向量的线性运算。向量的线性运算满足下列运算

规律

性质1 设$\boldsymbol{\alpha},\boldsymbol{\beta},\boldsymbol{\gamma}$都是$n$维向量,$\lambda,\mu$是常数,则

(1)$\boldsymbol{\alpha}+\boldsymbol{\beta}=\boldsymbol{\beta}+\boldsymbol{\alpha}$

(2)$(\boldsymbol{\alpha}+\boldsymbol{\beta})+\boldsymbol{\gamma}=\boldsymbol{\alpha}+(\boldsymbol{\beta}+\boldsymbol{\gamma})$

(3)$\boldsymbol{\alpha}+0=\boldsymbol{\alpha}$

(4)$\boldsymbol{\alpha}+(-\boldsymbol{\alpha})=0$

(5)$1\cdot\boldsymbol{\alpha}=\boldsymbol{\alpha}$

(6)$\lambda(\mu\boldsymbol{\alpha})=(\lambda\mu)\boldsymbol{\alpha}$

(7)$\lambda(\boldsymbol{\alpha}+\boldsymbol{\beta})=\lambda\boldsymbol{\alpha}+\lambda\boldsymbol{\beta}$

(8)$(\lambda+\mu)\boldsymbol{\alpha}=\lambda\boldsymbol{\alpha}+\mu\boldsymbol{\alpha}$

由于n维行向量也可以看成1行n列的矩阵,n维列向量可以看成n行1列的矩阵。n维向量的线性运算与矩阵的运算是基本一致的。

§2 线性相关与线性无关

通常把维数相同的一组向量简称为一个向量组.很多情况下,对矩阵或方程组的讨论都归结于对它们的行向量组或列向量组的讨论.

一、向量组的线性组合

考察线性方程组

$$\begin{cases}a_{11}x_1+a_{12}x_2+\cdots+a_{1n}x_n=b_1\\ a_{21}x_1+a_{22}x_2+\cdots+a_{2n}x_n=b_2\\ \cdots\cdots\\ a_{m1}x_1+a_{m2}x_2+\cdots+a_{mn}x_n=b_m\end{cases}\tag{3-3}$$

令
$$\boldsymbol{\alpha}_j=\begin{pmatrix}a_{1j}\\a_{2j}\\\vdots\\a_{mj}\end{pmatrix}(j=1,2,\cdots,n),\boldsymbol{\beta}=\begin{pmatrix}b_1\\b_2\\\vdots\\b_m\end{pmatrix}$$

则线性方程组(3-3)可表为如下向量形式：

$$\boldsymbol{\alpha}_1x_1+\boldsymbol{\alpha}_2x_2+\cdots+\boldsymbol{\alpha}_nx_n=\boldsymbol{\beta} \tag{3-4}$$

于是，线性方程组(3-3)是否有解，就相当于是否存在一组数 $k_1,k_2,\cdots,k_n$ 使得下列线性关系式成立：

$$\boldsymbol{\beta}=k_1\boldsymbol{\alpha}_1+k_2\boldsymbol{\alpha}_2+\cdots+k_n\boldsymbol{\alpha}_n.$$

定义 3.6　对于 n 维行(列)向量 $\boldsymbol{\alpha}_1,\boldsymbol{\alpha}_2,\cdots,\boldsymbol{\alpha}_m,\boldsymbol{\beta}$，如果存在一组数 $\lambda_1,\lambda_2,\cdots,\lambda_m$，使

$$\boldsymbol{\beta}=\lambda_1\boldsymbol{\alpha}_1+\lambda_2\boldsymbol{\alpha}_2+\cdots+\lambda_m\boldsymbol{\alpha}_m$$

则称向量 $\boldsymbol{\beta}$ 是向量组 $\boldsymbol{\alpha}_1,\boldsymbol{\alpha}_2,\cdots,\boldsymbol{\alpha}_m$ 的一个线性组合，或称向量 $\boldsymbol{\beta}$ 可以由向量组 $\boldsymbol{\alpha}_1,\boldsymbol{\alpha}_2,\cdots,\boldsymbol{\alpha}_m$ 线性表示(或线性表出).

注：(1)$\boldsymbol{\beta}$ 能由向量组 $\boldsymbol{\alpha}_1,\boldsymbol{\alpha}_2,\cdots,\boldsymbol{\alpha}_s$ 唯一线性表示的充分必要条件是线性方程组 $\boldsymbol{\alpha}_1x_1+\boldsymbol{\alpha}_2x_2+\cdots+\boldsymbol{\alpha}_sx_s=\boldsymbol{\beta}$ 有唯一解；

(2)$\boldsymbol{\beta}$ 能由向量组 $\boldsymbol{\alpha}_1,\boldsymbol{\alpha}_2,\cdots,\boldsymbol{\alpha}_s$ 线性表示且表示不唯一的充分必要条件是线性方程组 $\boldsymbol{\alpha}_1x_1+\boldsymbol{\alpha}_2x_2+\cdots+\boldsymbol{\alpha}_sx_s=\boldsymbol{\beta}$ 有无穷多个解；

(3)$\boldsymbol{\beta}$ 不能由向量组 $\boldsymbol{\alpha}_1,\boldsymbol{\alpha}_2,\cdots,\boldsymbol{\alpha}_s$ 线性表示的充分必要条件是线性方程组 $\boldsymbol{\alpha}_1x_1+\boldsymbol{\alpha}_2x_2+\cdots+\boldsymbol{\alpha}_sx_s=\boldsymbol{\beta}$ 无解；

例 3.1　设 $\boldsymbol{\alpha}_1=(1,1,1,1)$，$\boldsymbol{\alpha}_2=(1,1,-1,-1)$，$\boldsymbol{\alpha}_3=(1,-1,1,-1)$，$\boldsymbol{\alpha}_4=(1,-1,-1,1)$，$\boldsymbol{\beta}=(1,2,1,1)$.$\boldsymbol{\beta}$ 是向量组 $\boldsymbol{\alpha}_1,\boldsymbol{\alpha}_2,\boldsymbol{\alpha}_3,\boldsymbol{\alpha}_4$ 的线性组合？若是，请写出详细的表达式.

解　令

$$\boldsymbol{\beta}=k_1\boldsymbol{\alpha}_1+k_2\boldsymbol{\alpha}_2+k_3\boldsymbol{\alpha}_3+k_4\boldsymbol{\alpha}_4$$

可得

$$\begin{cases}k_1+k_2+k_3+k_4=1\\k_1+k_2-k_3-k_4=2\\k_1-k_2+k_3-k_4=1\\k_1-k_2-k_3+k_4=1\end{cases}$$

由于

$$D=\begin{vmatrix}1 & 1 & 1 & 1\\ 1 & 1 & -1 & -1\\ 1 & -1 & 1 & -1\\ 1 & -1 & -1 & 1\end{vmatrix}=-16\neq 0,$$

根据克莱姆法则可得

$$k_1=\frac{5}{4},k_2=\frac{1}{4},k_3=k_4=-\frac{1}{4}$$

所以

$$\boldsymbol{\beta}=\frac{5}{4}\boldsymbol{\alpha}_1+\frac{1}{4}\boldsymbol{\alpha}_2-\frac{1}{4}\boldsymbol{\alpha}_3-\frac{1}{4}\boldsymbol{\alpha}_4$$

即 $\boldsymbol{\beta}$ 是向量组 $\boldsymbol{\alpha}_1,\boldsymbol{\alpha}_2,\boldsymbol{\alpha}_3,\boldsymbol{\alpha}_4$ 的线性组合.

定义 3.7 已知 n 维行(列)向量组 $\boldsymbol{\alpha}_1,\boldsymbol{\alpha}_2,\cdots,\boldsymbol{\alpha}_m$，如果存在不全为零的一组数 $\lambda_1,\lambda_2,\cdots,\lambda_m$,使

$$\lambda_1\boldsymbol{\alpha}_1+\lambda_2\boldsymbol{\alpha}_2+\cdots+\lambda_m\boldsymbol{\alpha}_m=0 \tag{3-4}$$

则称向量组 $\boldsymbol{\alpha}_1,\boldsymbol{\alpha}_2,\cdots,\boldsymbol{\alpha}_m$ 线性相关,否则称向量组线性无关.

例 3.2 判断向量组

$$\begin{cases}\boldsymbol{\varepsilon}_1=(1,0,\cdots,0)\\ \boldsymbol{\varepsilon}_2=(0,1,\cdots,0)\\ \quad\cdots\cdots\\ \boldsymbol{\varepsilon}_n=(0,0,\cdots,1)\end{cases}$$

的线性相关性.

解 对任意的常数 $\lambda_1,\lambda_2,\cdots,\lambda_n$ 有

$$\lambda_1\boldsymbol{\varepsilon}_1+\lambda_2\boldsymbol{\varepsilon}_2+\cdots+\lambda_n\boldsymbol{\varepsilon}_n=(\lambda_1,\lambda_2,\cdots\lambda_n)$$

由于

$$\lambda_1\boldsymbol{\varepsilon}_1+\lambda_2\boldsymbol{\varepsilon}_2+\cdots+\lambda_n\boldsymbol{\varepsilon}_n=0$$

所以

$$(\lambda_1,\lambda_2,\cdots\lambda_n)=0$$

$$\lambda_1=\lambda_2=\cdots=\lambda_n=0.$$

由此可见 $\boldsymbol{\varepsilon}_1,\boldsymbol{\varepsilon}_2,\cdots,\boldsymbol{\varepsilon}_n$ 线性无关.

一般地称向量 $\boldsymbol{\varepsilon}_1,\boldsymbol{\varepsilon}_2,\cdots,\boldsymbol{\varepsilon}_n$ 为基本单位向量.

例 3.3　判断向量组

$$\boldsymbol{\alpha}_1=(1,1,1),\boldsymbol{\alpha}_2=(0,2,5),\boldsymbol{\alpha}_3=(1,3,6)$$

的线性相关性.

解　设 $\lambda_1,\lambda_2,\lambda_3$ 为任意的常数

$$\lambda_1\boldsymbol{\alpha}_1+\lambda_2\boldsymbol{\alpha}_2+\lambda_3\boldsymbol{\alpha}_3=(\lambda_1+\lambda_3,\lambda_1+2\lambda_2+3\lambda_3,\lambda_1+5\lambda_2+6\lambda_3)$$

由于

$$\lambda_1\boldsymbol{\alpha}_1+\lambda_2\boldsymbol{\alpha}_2+\lambda_3\boldsymbol{\alpha}_3=0$$

所以

$$\begin{cases}\lambda_1+\lambda_3=0\\\lambda_1+2\lambda_2+3\lambda_3=0\\\lambda_1+5\lambda_2+6\lambda_3=0\end{cases}$$

解得

$$\lambda_1=1,\lambda_2=1,\lambda_3=-1$$

因此

$$\boldsymbol{\alpha}_1+\boldsymbol{\alpha}_2-\boldsymbol{\alpha}_3=0$$

综上所述 $\boldsymbol{\alpha}_1,\boldsymbol{\alpha}_2,\boldsymbol{\alpha}_3$ 线性相关.

例 3.4　设向量组 $\boldsymbol{\alpha}_1,\boldsymbol{\alpha}_2,\boldsymbol{\alpha}_3$ 线性无关,$\boldsymbol{\beta}_1=\boldsymbol{\alpha}_1+\boldsymbol{\alpha}_2,\boldsymbol{\beta}_2=\boldsymbol{\alpha}_2+\boldsymbol{\alpha}_3,\boldsymbol{\beta}_3=\boldsymbol{\alpha}_1+\boldsymbol{\alpha}_3$,试证向量组 $\boldsymbol{\beta}_1,\boldsymbol{\beta}_2,\boldsymbol{\beta}_3$ 也线性无关.

证　对任意的常数 $\lambda_1,\lambda_2,\lambda_3$ 有

$$\lambda_1\boldsymbol{\beta}_1+\lambda_2\boldsymbol{\beta}_2+\lambda_3\boldsymbol{\beta}_3=(\lambda_1+\lambda_3)\boldsymbol{\alpha}_1+(\lambda_1+\lambda_2)\boldsymbol{\alpha}_2+(\lambda_2+\lambda_3)\boldsymbol{\alpha}_3$$

设

$$\lambda_1\boldsymbol{\beta}_1+\lambda_2\boldsymbol{\beta}_2+\lambda_3\boldsymbol{\beta}_3=0$$

由于 $\boldsymbol{\alpha}_1,\boldsymbol{\alpha}_2,\boldsymbol{\alpha}_3$ 线性无关，故

$$\begin{cases}\lambda_1+\lambda_3=0\\\lambda_1+\lambda_2=0\\\lambda_2+\lambda_3=0\end{cases}$$

解方程组可得当且仅当 $\lambda_1,\lambda_2,\lambda_3$ 全为 0 才成立,即：

$$\lambda_1=\lambda_2=\lambda_3=0$$

所以 $\boldsymbol{\beta}_1,\boldsymbol{\beta}_2,\boldsymbol{\beta}_3$ 线性无关.

定理 3.1 向量组 $\boldsymbol{\alpha}_1,\boldsymbol{\alpha}_2,\cdots,\boldsymbol{\alpha}_m(m\geqslant 2)$ 线性相关的充要条件是向量组中至少有一个向量可以由其余 $m-1$ 个向量线性表示.

证 必要性.设 $\boldsymbol{\alpha}_1,\boldsymbol{\alpha}_2,\cdots,\boldsymbol{\alpha}_m$ 线性相关,则存在 m 个不全为零的数 $\lambda_1,\lambda_2,\cdots,\lambda_m$,使

$$\lambda_1\boldsymbol{\alpha}_1+\lambda_2\boldsymbol{\alpha}_2+\cdots+\lambda_m\boldsymbol{\alpha}_m=0$$

不妨设 $\lambda_1\neq 0$,于是

$$\boldsymbol{\alpha}_1=-\frac{\lambda_2}{\lambda_1}\boldsymbol{\alpha}_2-\frac{\lambda_3}{\lambda_1}\boldsymbol{\alpha}_3-\cdots-\frac{\lambda_m}{\lambda_1}\boldsymbol{\alpha}_m$$

故 $\boldsymbol{\alpha}_1$ 可以由 $\boldsymbol{\alpha}_2,\boldsymbol{\alpha}_3,\cdots,\boldsymbol{\alpha}_m$ 线性表示.

充分性.不妨设 $\boldsymbol{\alpha}_1$ 可以由 $\boldsymbol{\alpha}_2,\boldsymbol{\alpha}_3,\cdots,\boldsymbol{\alpha}_m$ 线性表示,即

$$\boldsymbol{\alpha}_1=\lambda_2\boldsymbol{\alpha}_2+\lambda_3\boldsymbol{\alpha}_3+\cdots+\lambda_m\boldsymbol{\alpha}_m$$

则存在不全为零的数 $1,-\lambda_2,-\lambda_3\cdots,-\lambda_m$,使

$$1\cdot\boldsymbol{\alpha}_1-\lambda_2\boldsymbol{\alpha}_2-\lambda_3\boldsymbol{\alpha}_3-\cdots-\lambda_m\boldsymbol{\alpha}_m=0$$

因此向量组 $\boldsymbol{\alpha}_1,\boldsymbol{\alpha}_2,\cdots,\boldsymbol{\alpha}_m$ 是线性相关的.证毕.

定理 3.2 设 $\boldsymbol{\alpha}_1,\boldsymbol{\alpha}_2,\cdots,\boldsymbol{\alpha}_m$ 线性无关,而 $\boldsymbol{\alpha}_1,\boldsymbol{\alpha}_2,\cdots,\boldsymbol{\alpha}_m,\boldsymbol{\beta}$ 线性相关,则 $\boldsymbol{\beta}$ 能由 $\boldsymbol{\alpha}_1,\boldsymbol{\alpha}_2,\cdots,\boldsymbol{\alpha}_m$ 线性表示,且表示法是唯一的.

证 假设 $\boldsymbol{\alpha}_1,\boldsymbol{\alpha}_2,\cdots,\boldsymbol{\alpha}_m,\boldsymbol{\beta}$ 线性相关,则存在一组不全为零的数 $\lambda_1,\lambda_2,\cdots,\lambda_m,\lambda$,使得

$$\lambda_1\boldsymbol{\alpha}_1+\lambda_2\boldsymbol{\alpha}_2+\cdots+\lambda_m\boldsymbol{\alpha}_m+\lambda\boldsymbol{\beta}=0$$

若 $\lambda=0$,则 $\lambda_1,\lambda_2,\cdots,\lambda_m$ 不全为零,且

$$\lambda_1\boldsymbol{\alpha}_1+\lambda_2\boldsymbol{\alpha}_2+\cdots+\lambda_m\boldsymbol{\alpha}_m=0$$

这与 $\boldsymbol{\alpha}_1,\boldsymbol{\alpha}_2,\cdots,\boldsymbol{\alpha}_m$ 线性无关相矛盾.因此 $\lambda\neq 0$,故

$$\boldsymbol{\beta}=-\frac{1}{\lambda}(\lambda_1\boldsymbol{\alpha}_1+\lambda_2\boldsymbol{\alpha}_2+\cdots+\lambda_m\boldsymbol{\alpha}_m)$$

即 $\boldsymbol{\beta}$ 可以由向量 $\boldsymbol{\alpha}_1,\boldsymbol{\alpha}_2,\cdots,\boldsymbol{\alpha}_m$ 线性表示.

再证唯一性.设有下列任意两个线性表示式

$$\boldsymbol{\beta}=\lambda_1\boldsymbol{\alpha}_1+\lambda_2\boldsymbol{\alpha}_2+\cdots+\lambda_m\boldsymbol{\alpha}_m$$

$$\boldsymbol{\beta}=k_1\boldsymbol{\alpha}_1+k_2\boldsymbol{\alpha}_2+\cdots+k_m\boldsymbol{\alpha}_m$$

两式相减得

$$(\lambda_1-k_1)\boldsymbol{\alpha}_1+(\lambda_2-k_2)\boldsymbol{\alpha}_2+\cdots+(\lambda_m-k_m)\boldsymbol{\alpha}_m=0$$

由于$\boldsymbol{\alpha}_1,\boldsymbol{\alpha}_2,\cdots,\boldsymbol{\alpha}_m$线性无关,所以必有

$$\lambda_1-k_1=0,\lambda_2-k_2=0,\cdots,\lambda_m-k_m=0$$

即

$$\lambda_1=k_1,\lambda_2=k_2,\cdots,\lambda_m=k_m$$

所以$\boldsymbol{\beta}$由$\boldsymbol{\alpha}_1,\boldsymbol{\alpha}_2,\cdots,\boldsymbol{\alpha}_m$线性表示的表示方法是唯一的.

推论 1　若向量组含有零向量,则向量组必线性相关.

性质 1　在向量组$\boldsymbol{\alpha}_1,\boldsymbol{\alpha}_2,\cdots,\boldsymbol{\alpha}_m$中,若有部分向量构成的向量组线性相关,则全体向量组也线性相关;反之,若全体向量组线性无关,则任意部分向量组也线性无关.

证　不妨设$\boldsymbol{\alpha}_1,\boldsymbol{\alpha}_2,\cdots,\boldsymbol{\alpha}_r(1\leqslant r\leqslant m)$线性相关,那么存在不全为零的数$\lambda_1,\lambda_2,\cdots,\lambda_r$,使得

$$\lambda_1\boldsymbol{\alpha}_1+\lambda_2\boldsymbol{\alpha}_2+\cdots+\lambda_r\boldsymbol{\alpha}_r=0$$

从而

$$\lambda_1\boldsymbol{\alpha}_1+\lambda_2\boldsymbol{\alpha}_2+\cdots+\lambda_r\boldsymbol{\alpha}_r+0\cdot\boldsymbol{\alpha}_{r+1}+\cdots+0\cdot\boldsymbol{\alpha}_m=0$$

因为$\lambda_1,\lambda_2,\cdots,\lambda_r$不全为零,所以$\lambda_1,\lambda_2,\cdots,\lambda_r,0,\cdots,0$不全为零.故全体向量组$\boldsymbol{\alpha}_1,\boldsymbol{\alpha}_2,\cdots,\boldsymbol{\alpha}_m$也线性相关.

剩下的结论用反证法立即可知.

定理 3.3　$n+1$个n维向量$\boldsymbol{\alpha}_1,\boldsymbol{\alpha}_2,\cdots,\boldsymbol{\alpha}_{n+1}$必线性相关.

证　对每个向量$\boldsymbol{\alpha}_i$增加0作为第$n+1$个分量,得到$n+1$维向量$\boldsymbol{\beta}_1,\boldsymbol{\beta}_2,\cdots,\boldsymbol{\beta}_{n+1}$.由于向量组$\boldsymbol{\beta}_1,\boldsymbol{\beta}_2,\cdots,\boldsymbol{\beta}_{n+1}$组成的行列式等于0,因此向量组$\boldsymbol{\beta}_1,\boldsymbol{\beta}_2,\cdots,\boldsymbol{\beta}_{n+1}$线性相关,由$\boldsymbol{\alpha}_i$与$\boldsymbol{\beta}_i$的关系,可得$\boldsymbol{\alpha}_1,\boldsymbol{\alpha}_2,\cdots,\boldsymbol{\alpha}_{n+1}$也线性相关.

推论　当$m>n$时,m个n维向量线性相关.

定理 3.4　设n维向量组$\boldsymbol{\alpha}_1,\boldsymbol{\alpha}_2,\cdots,\boldsymbol{\alpha}_m$

$$\boldsymbol{\alpha}_i=\begin{pmatrix}a_{1i}\\a_{2i}\\\vdots\\a_{ni}\end{pmatrix}i=1,2,\cdots,m$$

$r(r<n)$ 维向量组 $\boldsymbol{\beta}_1,\boldsymbol{\beta}_2,\cdots,\boldsymbol{\beta}_m$

$$\boldsymbol{\beta}_i=\begin{pmatrix}a_{1i}\\a_{2i}\\\vdots\\a_{ri}\end{pmatrix}\quad i=1,2,\cdots,m$$

则(1) 若 $\boldsymbol{\alpha}_1,\boldsymbol{\alpha}_2,\cdots,\boldsymbol{\alpha}_m$ 线性相关,则 $\boldsymbol{\beta}_1,\boldsymbol{\beta}_2,\cdots,\boldsymbol{\beta}_m$ 也线性相关;

(2) 若 $\boldsymbol{\beta}_1,\boldsymbol{\beta}_2,\cdots,\boldsymbol{\beta}_m$ 线性无关,则 $\boldsymbol{\alpha}_1,\boldsymbol{\alpha}_2,\cdots,\boldsymbol{\alpha}_m$ 也线性无关.

证 (1)$\boldsymbol{\alpha}_1,\boldsymbol{\alpha}_2,\cdots,\boldsymbol{\alpha}_m$ 线性相关,则存在一组不全为零的常数 $k_1,k_2,\cdots,k_m$,使

$$k_1\boldsymbol{\alpha}_1+k_2\boldsymbol{\alpha}_2+\cdots+k_m\boldsymbol{\alpha}_m=0$$

则

$$a_{11}k_1+a_{12}k_2+\cdots+a_{1m}k_m=0$$
$$a_{21}k_1+a_{22}k_2+\cdots+a_{2m}k_m=0$$
$$\cdots\cdots$$
$$a_{r1}k_1+a_{r2}k_2+\cdots+a_{rm}k_m=0$$
$$\cdots\cdots$$
$$a_{n1}k_1+a_{n2}k_2+\cdots+a_{nm}k_m=0$$

由前 r 个等式可知

$$k_1\boldsymbol{\beta}_1+k_2\boldsymbol{\beta}_2+\cdots+k_m\boldsymbol{\beta}_m=0$$

故 $\boldsymbol{\beta}_1,\boldsymbol{\beta}_2,\cdots,\boldsymbol{\beta}_m$ 也线性相关.

(2) 逆否命题显然成立.

例 3.5 设 n 维向量 $\varepsilon_i=(0,\cdots,0,1,0,\cdots,0)$,其中第 i 个分量为1,其余分量为0,$\boldsymbol{\beta}=(b_1,b_2,\cdots,b_n)$ 为任一 n 维向量,则 $\boldsymbol{\beta}$ 可以由 $\varepsilon_1,\varepsilon_2,\cdots,\varepsilon_n$ 线性表示.

证 因为

$$\boldsymbol{\beta}=b_1\varepsilon_1+b_2\varepsilon_2+\cdots+b_n\varepsilon_n$$

故 $\boldsymbol{\beta}$ 可以由 $\varepsilon_1,\varepsilon_2,\cdots,\varepsilon_n$ 线性表示.

例 3.6 两个向量 $\boldsymbol{\alpha}=(a_1,a_2,\cdots,a_n)$,$\boldsymbol{\beta}=(b_1,b_2,\cdots,b_n)$ 线性相关的充要条件是 $\boldsymbol{\alpha}=k\boldsymbol{\beta}$ 或 $\boldsymbol{\beta}=k\boldsymbol{\alpha}$,即 $\boldsymbol{\alpha}$ 与 $\boldsymbol{\beta}$ 的分量对应成比例.

证 由定理3.1可知,$\boldsymbol{\alpha}$ 与 $\boldsymbol{\beta}$ 线性相关的充要条件是:$\boldsymbol{\alpha}$ 可以由 $\boldsymbol{\beta}$ 线性表示或 $\boldsymbol{\beta}$ 可以由

$\boldsymbol{\alpha}$ 线性表示，所以两个向量 $\boldsymbol{\alpha}$ 与 $\boldsymbol{\beta}$ 线性相关的充要条件是 $\boldsymbol{\alpha}=k\boldsymbol{\beta}$ 或 $\boldsymbol{\beta}=k\boldsymbol{\alpha}$，即 $\boldsymbol{\alpha}$ 与 $\boldsymbol{\beta}$ 的分量对应成比例.

例 3.7　设 $\boldsymbol{\alpha}_1,\boldsymbol{\alpha}_2,\boldsymbol{\alpha}_3$ 线性无关，证明 $\boldsymbol{\alpha}_1,\boldsymbol{\alpha}_1+\boldsymbol{\alpha}_2,\boldsymbol{\alpha}_1+\boldsymbol{\alpha}_2+\boldsymbol{\alpha}_3$ 也线性无关

证　设有一组数 k_1,k_2,k_3，使

$$k_1\boldsymbol{\alpha}_1+k_2(\boldsymbol{\alpha}_1+\boldsymbol{\alpha}_2)+k_3(\boldsymbol{\alpha}_1+\boldsymbol{\alpha}_2+\boldsymbol{\alpha}_3)=0 \tag{3-6}$$

即

$$(k_1+k_2+k_3)\boldsymbol{\alpha}_1+(k_2+k_3)\boldsymbol{\alpha}_2+k_3\boldsymbol{\alpha}_3=0$$

因为 $\boldsymbol{\alpha}_1,\boldsymbol{\alpha}_2,\boldsymbol{\alpha}_3$ 线性无关，所以

$$\begin{cases} k_1+k_2+k_3=0 \\ k_2+k_3=0 \\ k_3=0 \end{cases}$$

这是三个方程三个未知数的齐次线性方程组，它的系数行列式

$$\boldsymbol{D}=\begin{vmatrix} 1 & 1 & 1 \\ 0 & 1 & 1 \\ 0 & 0 & 1 \end{vmatrix}=1\neq 0$$

所以由克莱姆法则可知，此方程组只有零解，即

$$k_1=k_2=k_3=0$$

这表明只有当 k_1,k_2,k_3 全为零时，(3-6)式才成立，即 $\boldsymbol{\alpha}_1,\boldsymbol{\alpha}_1+\boldsymbol{\alpha}_2,\boldsymbol{\alpha}_1+\boldsymbol{\alpha}_2+\boldsymbol{\alpha}_3$ 也线性无关.

例 3.8　设向量组 $\boldsymbol{\alpha}_1,\boldsymbol{\alpha}_2,\boldsymbol{\alpha}_3$ 线性相关，向量组 $\boldsymbol{\alpha}_2,\boldsymbol{\alpha}_3,\boldsymbol{\alpha}_4$ 线性无关，证明

(1)$\boldsymbol{\alpha}_1$ 能由部分向量组 $\boldsymbol{\alpha}_2,\boldsymbol{\alpha}_3$ 线性表示；

(2)$\boldsymbol{\alpha}_4$ 不能由向量组 $\boldsymbol{\alpha}_1,\boldsymbol{\alpha}_2,\boldsymbol{\alpha}_3$ 线性表示.

证明　(1) 因为向量组 $\boldsymbol{\alpha}_2,\boldsymbol{\alpha}_3,\boldsymbol{\alpha}_4$ 线性无关，所以部分向量组 $\boldsymbol{\alpha}_2,\boldsymbol{\alpha}_3$ 线性无关；由于向量组 $\boldsymbol{\alpha}_1,\boldsymbol{\alpha}_2,\boldsymbol{\alpha}_3$ 线性相关，所以 $\boldsymbol{\alpha}_1$ 能由 $\boldsymbol{\alpha}_2,\boldsymbol{\alpha}_3$ 线性表示；

(2) 用反证法. 假设向量 $\boldsymbol{\alpha}_4$ 可以由向量组 $\boldsymbol{\alpha}_1,\boldsymbol{\alpha}_2,\boldsymbol{\alpha}_3$ 线性表示，且由(1) 可知 $\boldsymbol{\alpha}_1$ 能由部分向量组 $\boldsymbol{\alpha}_2,\boldsymbol{\alpha}_3$ 线性表示，所以 $\boldsymbol{\alpha}_4$ 可以由向量组 $\boldsymbol{\alpha}_2,\boldsymbol{\alpha}_3$ 线性表示，这与向量组 $\boldsymbol{\alpha}_2,\boldsymbol{\alpha}_3,\boldsymbol{\alpha}_4$ 线性无关矛盾. 因此 $\boldsymbol{\alpha}_4$ 不能由向量组 $\boldsymbol{\alpha}_1,\boldsymbol{\alpha}_2,\boldsymbol{\alpha}_3$ 线性表示.

§3　极大线性无关组与等价向量组

根据第二节性质1可知:若向量组线性无关,则任意部分向量均线性无关.若向量组线性相关,那么是否能找到向量个数最多的线性无关向量组?为了研究这些问题,我们需要引入极大线性无关组和向量组的秩的概念.

一、极大线性无关组

定义 3.8　设向量组 $\boldsymbol{A}$,如果:

(1)$\boldsymbol{A}$ 中有 r 个向量 $\boldsymbol{\alpha}_1,\boldsymbol{\alpha}_2,\cdots,\boldsymbol{\alpha}_r$ 线性无关;

(2)$\boldsymbol{A}$ 中任一向量都可以由 $\boldsymbol{\alpha}_1,\boldsymbol{\alpha}_2,\cdots,\boldsymbol{\alpha}_r$ 线性表示.

则称 $\boldsymbol{\alpha}_1,\boldsymbol{\alpha}_2,\cdots,\boldsymbol{\alpha}_r$ 是向量组 $\boldsymbol{A}$ 的一个极大线性无关组(或极大无关组).

向量组的极大线性无关组具有以下性质:

性质 1　一向量组的极大线性无关组与向量组本身等价.

性质 2　一向量组的任意两个极大线性无关组都等价.

性质 3　一向量组的极大线性无关组都含有相同个数的向量.

性质3表明向量组的极大线性无关组可以不唯一,但是极大无关组中所含向量的个数都相同,且与极大线性无关组的选择无关.

例 3.9　全体 n 维实向量构成的向量组记作 $\boldsymbol{R}^n$,求 $\boldsymbol{R}^n$ 的一个极大线性无关组.

解　由于 n 维单位向量组 $\boldsymbol{\varepsilon}_1,\boldsymbol{\varepsilon}_2,\cdots,\boldsymbol{\varepsilon}_n$ 线性无关,又任一 n 维向量 $\boldsymbol{\alpha}=(a_1,a_2,\cdots,a_n)$ 都可表示为

$$\boldsymbol{\alpha}=a_1\boldsymbol{\varepsilon}_1+a_2\boldsymbol{\varepsilon}_2+\cdots+a_n\boldsymbol{\varepsilon}_n$$

因此,$\boldsymbol{\varepsilon}_1,\boldsymbol{\varepsilon}_2,\cdots,\boldsymbol{\varepsilon}_n$ 是 R^n 的一个极大线性无关组.

例 3.10　试找出向量组

$$\boldsymbol{\alpha}_1=(1,0,1,-1),\boldsymbol{\alpha}_2=(1,-1,-1,0),\boldsymbol{\alpha}_3=(2,-1,0,-1)$$

的一个极大线性无关组.

解　由于 $\boldsymbol{\alpha}_1$ 与 $\boldsymbol{\alpha}_2$ 的分向量不对应成比例,所以向量组 $\boldsymbol{\alpha}_1,\boldsymbol{\alpha}_2$ 线性无关.

又因为 $\boldsymbol{\alpha}_3=\boldsymbol{\alpha}_1+\boldsymbol{\alpha}_2$，所以向量组 $\boldsymbol{\alpha}_1,\boldsymbol{\alpha}_2,\boldsymbol{\alpha}_3$ 线性相关.且

$$\boldsymbol{\alpha}_1=\boldsymbol{\alpha}_1+0\cdot\boldsymbol{\alpha}_2,\boldsymbol{\alpha}_2=0\cdot\boldsymbol{\alpha}_1+\boldsymbol{\alpha}_2,\boldsymbol{\alpha}_3=\boldsymbol{\alpha}_1+\boldsymbol{\alpha}_2$$

即向量组 $\boldsymbol{\alpha}_1,\boldsymbol{\alpha}_2,\boldsymbol{\alpha}_3$ 中的任一向量都可由向量组 $\boldsymbol{\alpha}_1,\boldsymbol{\alpha}_2$ 线性表示，因此 $\boldsymbol{\alpha}_1,\boldsymbol{\alpha}_2$ 是向量组 $\boldsymbol{\alpha}_1,\boldsymbol{\alpha}_2,\boldsymbol{\alpha}_3$ 的一个极大线性无关组.

二、等价向量组

定义 3.9　设向量组 $\boldsymbol{A}:\boldsymbol{\alpha}_1,\boldsymbol{\alpha}_2,\cdots,\boldsymbol{\alpha}_s;\boldsymbol{B}:\boldsymbol{\beta}_1,\boldsymbol{\beta}_2,\cdots,\boldsymbol{\beta}_t$.若 $\boldsymbol{B}$ 中任一向量都可以由 $\boldsymbol{A}$ 中的向量线性表示，则称 $\boldsymbol{B}$ 可以由 $\boldsymbol{A}$ 线性表示.如果 $\boldsymbol{B}$ 可以由 $\boldsymbol{A}$ 线性表示，而且 $\boldsymbol{A}$ 也可以由 $\boldsymbol{B}$ 线性表示，则称 $\boldsymbol{A}$ 与 $\boldsymbol{B}$ 等价.

定理 3.5　如果线性无关的向量组 $\boldsymbol{A}:\boldsymbol{\alpha}_1,\boldsymbol{\alpha}_2,\cdots,\boldsymbol{\alpha}_s$ 可以由向量组 $\boldsymbol{B}:\boldsymbol{\beta}_1,\boldsymbol{\beta}_2,\cdots,\boldsymbol{\beta}_t$ 线性表示，则 $s\leqslant t$.

证　反证法，假设 $s>t$，由于 $\boldsymbol{A}$ 可以由 $\boldsymbol{B}$ 线性表示，故 $\boldsymbol{\alpha}_1,\boldsymbol{\alpha}_2,\cdots,\boldsymbol{\alpha}_s$ 中的每一个向量都可以由 $\boldsymbol{\beta}_1,\boldsymbol{\beta}_2,\cdots,\boldsymbol{\beta}_t$ 线性表示，所以可设

$$\boldsymbol{\alpha}_j=\sum_{i=1}^{t}k_{ij}\boldsymbol{\beta}_i(j=1,2,\cdots,s)$$

则

$$\begin{aligned}x_1\boldsymbol{\alpha}_1+x_2\boldsymbol{\alpha}_2+\cdots+x_s\boldsymbol{\alpha}_s&=\sum_{j=1}^{s}(x_j\sum_{i=1}^{t}k_{ij}\boldsymbol{\beta}_i)\\&=\sum_{i=1}^{t}(\sum_{j=1}^{s}k_{ij}x_j)\boldsymbol{\beta}_i=0\end{aligned}$$

由于

$$\sum_{j=1}^{s}k_{ij}x_j=0(i=1,2,\cdots,t)$$

是一个关于 $x_1,x_2,\cdots,x_s$ 的齐次线性方程组，因为未知数个数 s 大于方程个数 t，所以有非零解.即存在不全为零的数 $x_1,x_2,\cdots,x_s$，使

$$x_1\boldsymbol{\alpha}_1+x_2\boldsymbol{\alpha}_2+\cdots+x_s\boldsymbol{\alpha}_s=0$$

这与 $\boldsymbol{\alpha}_1,\boldsymbol{\alpha}_2,\cdots,\boldsymbol{\alpha}_s$ 线性无关矛盾.从而假设不成立，故 $s\leqslant t$.

推论 1　设两个线性无关的向量组 $\boldsymbol{A}:\boldsymbol{\alpha}_1,\boldsymbol{\alpha}_2,\cdots,\boldsymbol{\alpha}_s$ 和 $\boldsymbol{B}:\boldsymbol{\beta}_1,\boldsymbol{\beta}_2,\cdots,\boldsymbol{\beta}_t$.如果 $\boldsymbol{A}$ 与 $\boldsymbol{B}$ 等价，则 $s=t$.

例 3.11　向量组 $\boldsymbol{A}:\boldsymbol{\alpha}_1=(1,0,0),\boldsymbol{\alpha}_2=(0,1,0),\boldsymbol{\alpha}_3=(0,0,1)$

与向量组 $\boldsymbol{B}:\boldsymbol{\beta}_1=(1,0,0),\boldsymbol{\beta}_2=(1,1,0),\boldsymbol{\beta}_3=(1,1,1)$ 是否等价？

解 (1) 由于

$$\boldsymbol{\alpha}_1=\boldsymbol{\beta}_1,\boldsymbol{\alpha}_2=\boldsymbol{\beta}_2-\boldsymbol{\beta}_1,\boldsymbol{\alpha}_3=\boldsymbol{\beta}_3-\boldsymbol{\beta}_2$$

向量组 $\boldsymbol{A}$ 可由向量组 $\boldsymbol{B}$ 线性表示

(2) 由于

$$\boldsymbol{\beta}_1=\boldsymbol{\alpha}_1,\boldsymbol{\beta}_2=\boldsymbol{\alpha}_1+\boldsymbol{\alpha}_2,\boldsymbol{\beta}_3=\boldsymbol{\alpha}_1+\boldsymbol{\alpha}_2+\boldsymbol{\alpha}_3$$

向量组 $\boldsymbol{B}$ 可由向量组 $\boldsymbol{A}$ 线性表示

因此,向量组 A 与向量组 B 等价.

§4 向量组的秩与矩阵的秩

一、向量组的秩

由向量组的极大线性无关组定义可知,一个向量组的任意两个极大线性无关组必等价,又由第三节性质 3 可知,极大线性无关组所含向量的个数相同.

定义 3.10 向量组 $\boldsymbol{A}$ 的极大线性无关组中所含向量的个数称为这个向量组的秩,记作 $rank(\boldsymbol{A})$,简记为 $r(\boldsymbol{A})$.

例如:单位向量组 $\boldsymbol{\varepsilon}_1,\boldsymbol{\varepsilon}_2,\cdots,\boldsymbol{\varepsilon}_n$ 是 $\boldsymbol{R}^n$ 的极大线性无关组,因此 $\boldsymbol{R}^n$ 的秩 $r(\boldsymbol{R}^n)=n$.

例 3.12 求向量组 $\boldsymbol{A}$:$\boldsymbol{\alpha}_1=(1,0,1,-1)$,$\boldsymbol{\alpha}_2=(1,-1,-1,0)$,$\boldsymbol{\alpha}_3=(2,-1,0,-1)$ 的秩.

解 根据例 3.10,$\boldsymbol{\alpha}_1=(1,0,1,-1)$,$\boldsymbol{\alpha}_2=(1,-1,-1,0)$ 为向量组 $\boldsymbol{A}$ 的一个极大线性无关组,

因此 $r(\boldsymbol{A})=2$.

定理 3.6 如果向量组 $\boldsymbol{A}$ 可以由向量组 $\boldsymbol{B}$ 线性表示,则 $r(\boldsymbol{A})\leqslant r(\boldsymbol{B})$.

证 记 $s=r(\boldsymbol{A})$,$t=r(\boldsymbol{B})$.设向量组 $\boldsymbol{A}$ 的一个极大线性无关组为 $\boldsymbol{\alpha}_1,\boldsymbol{\alpha}_2,\cdots,\boldsymbol{\alpha}_s$;向量组 $\boldsymbol{B}$ 的一个极大线性无关组为 $\boldsymbol{\beta}_1,\boldsymbol{\beta}_2,\cdots,\boldsymbol{\beta}_t$,由于向量组 $\boldsymbol{A}$ 可以由向量组 $\boldsymbol{B}$ 线性表示,则向量组 $\boldsymbol{\alpha}_1,\boldsymbol{\alpha}_2,\cdots,\boldsymbol{\alpha}_s$ 也可以由向量组 $\boldsymbol{B}$ 线性表示,又由于向量组 $\boldsymbol{B}$ 可以由 $\boldsymbol{\beta}_1,\boldsymbol{\beta}_2,\cdots,\boldsymbol{\beta}_t$ 线性表示.所以 $\boldsymbol{\alpha}_1,\boldsymbol{\alpha}_2,\cdots,\boldsymbol{\alpha}_s$ 也可以由 $\boldsymbol{\beta}_1,\boldsymbol{\beta}_2,\cdots,\boldsymbol{\beta}_t$ 线性表示,由定理 3.5 知,$s\leqslant t$.即,$r(\boldsymbol{A})\leqslant r(\boldsymbol{B})$.

推论 2　向量组 $\boldsymbol{A}$ 与向量组 $\boldsymbol{B}$ 等价，则 $r(\boldsymbol{A})=r(\boldsymbol{B})$.

二、矩阵的秩

对于矩阵 $\boldsymbol{A}$，我们把它的每一行(列)称为 $\boldsymbol{A}$ 的一个行(列)向量.

定义 3.11　设矩阵 $\boldsymbol{A}$，$\boldsymbol{A}$ 的行(列)向量组的秩称为 $\boldsymbol{A}$ 的行(列)秩.

阶梯形矩阵

$$\boldsymbol{A}=\begin{pmatrix} a_{11} & a_{12} & a_{13} & a_{14} & a_{15} \\ 0 & 0 & a_{23} & a_{24} & a_{25} \\ 0 & 0 & 0 & a_{34} & a_{35} \\ 0 & 0 & 0 & 0 & 0 \end{pmatrix}$$

其中 $a_{11}\neq 0, a_{23}\neq 0, a_{34}\neq 0$，则 $\boldsymbol{A}$ 的行秩 $=3$，列秩 $=3$. 这是因为：

若把 $\boldsymbol{A}$ 按行分块为

$$\boldsymbol{A}=\begin{pmatrix} \boldsymbol{\alpha}_1 \\ \boldsymbol{\alpha}_2 \\ \boldsymbol{\alpha}_3 \\ \boldsymbol{\alpha}_4 \end{pmatrix}$$

则由 $x_1\boldsymbol{\alpha}_1+x_2\boldsymbol{\alpha}_2+x_3\boldsymbol{\alpha}_3=0$ 容易推出，数 x_1,x_2,x_3 必须全为零，所以 $\boldsymbol{\alpha}_1,\boldsymbol{\alpha}_2,\boldsymbol{\alpha}_3$ 线性无关，而 $\boldsymbol{\alpha}_4=0$. 所以 $\boldsymbol{A}$ 的行秩等于 3.

若再把 $\boldsymbol{A}$ 按列分块为

$$A=(\boldsymbol{\beta}_1,\boldsymbol{\beta}_2,\boldsymbol{\beta}_3,\boldsymbol{\beta}_4,\boldsymbol{\beta}_5)$$

同样，由 $y_1\boldsymbol{\beta}_1+y_3\boldsymbol{\beta}_3+y_4\boldsymbol{\beta}_4=0$ 可推出 $y_1=y_3=y_4=0$，故 $\boldsymbol{\beta}_1,\boldsymbol{\beta}_3,\boldsymbol{\beta}_4$ 线性无关，又易证 $\boldsymbol{\beta}_1,\boldsymbol{\beta}_2,\boldsymbol{\beta}_3,\boldsymbol{\beta}_4,\boldsymbol{\beta}_5$ 中任意 4 个向量都线性相关(因为 $\boldsymbol{\beta}_i$ 的第四个分量都为零，又由于任意 4 个三维向量都线性相关)，所以，$\boldsymbol{\beta}_1,\boldsymbol{\beta}_3,\boldsymbol{\beta}_4$ 是向量组 $\boldsymbol{\beta}_1,\boldsymbol{\beta}_2,\boldsymbol{\beta}_3,\boldsymbol{\beta}_4,\boldsymbol{\beta}_5$ 的一个极大线性无关组，因此 $\boldsymbol{A}$ 的列秩也等于 3.

由此可得一般的结论：阶梯形矩阵的行秩等于列秩，其值等于阶梯形矩阵的非零行的行数.

定理 3.7　如果对矩阵 $\boldsymbol{A}$ 作初等行变换将其化为 $\boldsymbol{B}$，则 $\boldsymbol{B}$ 的行秩等于 $\boldsymbol{A}$ 的行秩.

证　只需证明每做一次倍乘、倍加和对换行变换，矩阵的行秩都不变.

设 $\boldsymbol{A}$ 是 $m\times n$ 矩阵，$\boldsymbol{A}$ 的 m 个行向量记为 $\boldsymbol{\alpha}_1,\boldsymbol{\alpha}_2,\cdots,\boldsymbol{\alpha}_m$.

(1) 对换$\boldsymbol{A}$的某两行位置,所得到的矩阵$\boldsymbol{B}$的m个行向量仍是$\boldsymbol{A}$的m个行向量,显然$\boldsymbol{B}$的行秩等于$\boldsymbol{A}$的行秩.

(2) 把$\boldsymbol{A}$的第i行乘非零常数c得矩阵$\boldsymbol{B}$,则$\boldsymbol{B}$的m个行向量为$\boldsymbol{\alpha}_1,\boldsymbol{\alpha}_2,\cdots,c\boldsymbol{\alpha}_i,\cdots,\boldsymbol{\alpha}_m$.显然$\boldsymbol{B}$的行向量组与$\boldsymbol{A}$的行向量组是等价的.

(3) 把$\boldsymbol{A}$的第i行乘非零常数c加到$\boldsymbol{A}$的第j行得矩阵$\boldsymbol{B}$

$$\boldsymbol{A}=\begin{pmatrix}\boldsymbol{\alpha}_1\\ \vdots\\ \boldsymbol{\alpha}_i\\ \vdots\\ \boldsymbol{\alpha}_j\\ \vdots\\ \boldsymbol{\alpha}_m\end{pmatrix}\xrightarrow{r_j+cr_i}\begin{pmatrix}\boldsymbol{\alpha}_1\\ \vdots\\ \boldsymbol{\alpha}_i\\ \vdots\\ c\boldsymbol{\alpha}_i+\boldsymbol{\alpha}_j\\ \vdots\\ \boldsymbol{\alpha}_m\end{pmatrix}=\begin{pmatrix}\boldsymbol{\beta}_1\\ \vdots\\ \boldsymbol{\beta}_i\\ \vdots\\ \boldsymbol{\beta}_j\\ \vdots\\ \boldsymbol{\beta}_m\end{pmatrix}=\boldsymbol{B}$$

显然,$\boldsymbol{B}$的行向量组可以由$\boldsymbol{A}$的行向量组线性表示.

由于

$$c\boldsymbol{\alpha}_i+\boldsymbol{\alpha}_j=\boldsymbol{\beta}_j$$

可得

$$\boldsymbol{\alpha}_j=\boldsymbol{\beta}_j-c\boldsymbol{\alpha}_i=\boldsymbol{\beta}_j-c\boldsymbol{\beta}_i$$

因此矩阵$\boldsymbol{A}$的行向量组可以由矩阵$\boldsymbol{B}$的行向量组线性表示,矩阵$\boldsymbol{A}$与$\boldsymbol{B}$等价,则$\boldsymbol{A}$与$\boldsymbol{B}$的行秩也相等.

初等行变换也不改变矩阵的列秩,这是因为:

定理 3.8 对矩阵$\boldsymbol{A}$作初等行变换将其化为$\boldsymbol{B}$,则$\boldsymbol{A}$与$\boldsymbol{B}$的任何对应的列向量组有相同的线性相关性.即

$$\boldsymbol{A}=(\boldsymbol{\alpha}_1,\boldsymbol{\alpha}_2,\cdots\boldsymbol{\alpha}_n)\xrightarrow{\text{初等行变换}}(\boldsymbol{\beta}_1,\boldsymbol{\beta}_2,\cdots\boldsymbol{\beta}_n)=\boldsymbol{\beta}$$

则向量组$\boldsymbol{\alpha}_{i1},\boldsymbol{\alpha}_{i2},\cdots,\boldsymbol{\alpha}_{i_r}$与$\boldsymbol{\beta}_{i1},\boldsymbol{\beta}_{i2},\cdots,\boldsymbol{\beta}_{i_r}(1\leqslant i_1<i_2<\cdots<i_r\leqslant n)$有相同的线性相关性.

证 对矩阵$\boldsymbol{A}$作初等行变换化为$\boldsymbol{B}$,就是用若干个初等矩阵$\boldsymbol{P}_1,\boldsymbol{P}_2,\cdots,\boldsymbol{P}_s$左乘$\boldsymbol{A}$使之等于$\boldsymbol{B}$.记$\boldsymbol{P}=\boldsymbol{P}_s\boldsymbol{P}_{s-1}\cdots\boldsymbol{P}_2\boldsymbol{P}_1$,则

$$\boldsymbol{PA}=\boldsymbol{B}$$

从而

$$\boldsymbol{P\alpha}_j=\boldsymbol{\beta}_j,j=1,2,\cdots,n$$

取

$$\boldsymbol{A}_1=(\boldsymbol{\alpha}_{i_1},\boldsymbol{\alpha}_{i_2},\cdots,\boldsymbol{\alpha}_{i_r}),\boldsymbol{B}_1=(\boldsymbol{\beta}_{i_1},\boldsymbol{\beta}_{i_2},\cdots,\boldsymbol{\beta}_{i_r})$$

则 $\boldsymbol{PA}_1=\boldsymbol{B}_1$，记

$$\boldsymbol{X}_1=\begin{pmatrix}x_{i_1}\\x_{i_2}\\\vdots\\x_{i_r}\end{pmatrix}$$

故对于线性方程组

$$\boldsymbol{B}_1\boldsymbol{X}_1=\boldsymbol{PA}_1\boldsymbol{X}_1=0$$

因为矩阵 $\boldsymbol{P}$ 为可逆矩阵，所以

$$\boldsymbol{B}_1\boldsymbol{X}_1=0 \text{ 与 } \boldsymbol{A}_1\boldsymbol{X}_1=0$$

是同解的齐次线性方程组.

$\boldsymbol{A}_1\boldsymbol{X}_1=0$，即为

$$x_{i_1}\boldsymbol{\alpha}_{i_1}+x_{i_2}\boldsymbol{\alpha}_{i_2}+\cdots+x_{i_r}\boldsymbol{\alpha}_{i_r}=0$$

$\boldsymbol{B}_1\boldsymbol{X}_1=0$，即为

$$x_{i_1}\boldsymbol{\beta}_{i_1}+x_{i_2}\boldsymbol{\beta}_{i_2}+\cdots+x_{i_r}\boldsymbol{\beta}_{i_r}=0$$

由于上述两方程是同解方程，所以 $\boldsymbol{\alpha}_{i_1},\boldsymbol{\alpha}_{i_2},\cdots,\boldsymbol{\alpha}_{i_r}$ 与 $\boldsymbol{\beta}_{i_1},\boldsymbol{\beta}_{i_2},\cdots,\boldsymbol{\beta}_{i_r}$ 有相同的线性相关性.

定理 3.8 为求向量组的秩及其极大线性无关组提供了一个简便而有效的方法.

例 3.13　求向量组 $\boldsymbol{A}$：

$\boldsymbol{\alpha}_1=(1,3,0,5),\boldsymbol{\alpha}_2=(1,2,1,4),\boldsymbol{\alpha}_3=(1,1,2,3),\boldsymbol{\alpha}_4=(0,1,2,4),\boldsymbol{\alpha}_5=(1,-3,0,-7)$

的秩和它的一个极大线性无关组，并把其余向量用该极大无关组线性表示.

解　以 $\boldsymbol{\alpha}_1^T,\boldsymbol{\alpha}_2^T,\boldsymbol{\alpha}_3^T,\boldsymbol{\alpha}_4^T,\boldsymbol{\alpha}_5^T$ 为列作矩阵 $\boldsymbol{A}$，并对 $\boldsymbol{A}$ 作初等行变换

$$\boldsymbol{A}=\begin{pmatrix}1&1&1&0&1\\3&2&1&1&-3\\0&1&2&2&0\\5&4&3&4&-7\end{pmatrix}\xrightarrow[r_4-5r_1]{r_2-3r_1}\begin{pmatrix}1&1&1&0&1\\0&-1&-2&1&-6\\0&1&2&2&0\\0&-1&-2&4&-12\end{pmatrix}$$

$$\xrightarrow[r_4-r_2]{r_3+r_2}\begin{pmatrix}1&1&1&0&1\\0&-1&-2&1&-6\\0&0&0&3&-6\\0&0&0&3&-6\end{pmatrix}\xrightarrow[\frac{1}{3}r_3]{\substack{r_4-r_3\\(-1)r_2}}\begin{pmatrix}1&1&1&0&1\\0&1&2&-1&6\\0&0&0&1&-2\\0&0&0&0&0\end{pmatrix}$$

$$\xrightarrow{r_2+r_3}\begin{pmatrix}1&1&1&0&1\\0&1&2&0&4\\0&0&0&1&-2\\0&0&0&0&0\end{pmatrix}\xrightarrow{r_1-r_2}\begin{pmatrix}1&0&-1&0&-3\\0&1&2&0&4\\0&0&0&1&-2\\0&0&0&0&0\end{pmatrix}=\boldsymbol{B}$$

记 $\boldsymbol{B}=(\boldsymbol{\beta}_1,\boldsymbol{\beta}_2,\boldsymbol{\beta}_3,\boldsymbol{\beta}_4,\boldsymbol{\beta}_5)$.

容易看出矩阵 $\boldsymbol{B}$ 的列向量 $\boldsymbol{\beta}_1,\boldsymbol{\beta}_2,\boldsymbol{\beta}_4$ 线性无关,而 $\boldsymbol{\beta}_3,\boldsymbol{\beta}_5$ 可由 $\boldsymbol{\beta}_1,\boldsymbol{\beta}_2,\boldsymbol{\beta}_4$ 线性表示

$$\boldsymbol{\beta}_3=-\boldsymbol{\beta}_1+2\boldsymbol{\beta}_2,\boldsymbol{\beta}_5=-3\boldsymbol{\beta}_1+4\boldsymbol{\beta}_2-2\boldsymbol{\beta}_4$$

因此,$\boldsymbol{\alpha}_1,\boldsymbol{\alpha}_2,\boldsymbol{\alpha}_4$ 是向量组 $\boldsymbol{\alpha}_1,\boldsymbol{\alpha}_2,\boldsymbol{\alpha}_3,\boldsymbol{\alpha}_4,\boldsymbol{\alpha}_5$ 的一个极大线性无关组,且

$$\boldsymbol{\alpha}_3=-\boldsymbol{\alpha}_1+2\boldsymbol{\alpha}_2,\boldsymbol{\alpha}_5=-3\boldsymbol{\alpha}_1+4\boldsymbol{\alpha}_2-2\boldsymbol{\alpha}_4$$

显然,$\boldsymbol{\alpha}_1,\boldsymbol{\alpha}_2,\boldsymbol{\alpha}_3,\boldsymbol{\alpha}_4,\boldsymbol{\alpha}_5$ 的秩为 3.

例 3.14 求向量组

$\boldsymbol{\alpha}_1=(1,4,1,0,2),\boldsymbol{\alpha}_2=(2,5,-1,-3,2),\boldsymbol{\alpha}_3=(0,2,2,-1,0),\boldsymbol{\alpha}_4=(-1,2,5,6,2)$

的一个极大无关组,并将其余向量用该极大无关组线性表示.

解 把向量组按列排成矩阵 $\boldsymbol{A}$,利用初等行变换把 $\boldsymbol{A}$ 化为行最简形矩阵 $\boldsymbol{B}$.

$$\boldsymbol{A}=\begin{bmatrix}1&2&0&-1\\4&5&2&2\\1&-1&2&5\\0&-3&-1&6\\2&2&0&2\end{bmatrix}\xrightarrow{\substack{r_2-4r_1\\r_3-r_1\\r_5-2r_1}}\begin{bmatrix}1&2&0&-1\\0&-3&2&6\\0&-3&2&6\\0&-3&-1&6\\0&-2&0&4\end{bmatrix}$$

$$\xrightarrow{\substack{r_3-r_2\\r_4-r_2\\r_5-\frac{2}{3}r_2}}\begin{bmatrix}1&2&0&-1\\0&-3&2&6\\0&0&0&0\\0&0&-3&0\\0&0&-\frac{4}{3}&0\end{bmatrix}\xrightarrow{\substack{(-\frac{1}{3})r_2\\(-\frac{1}{3})r_4\\r_5+\frac{4}{3}r_4}}\begin{bmatrix}1&2&0&-1\\0&1&-\frac{2}{3}&-2\\0&0&0&0\\0&0&1&0\\0&0&0&0\end{bmatrix}$$

$$\xrightarrow{r_3 \leftrightarrow r_4} \begin{bmatrix} 1 & 2 & 0 & -1 \\ 0 & 1 & -\frac{2}{3} & -2 \\ 0 & 0 & 1 & 0 \\ 0 & 0 & 0 & 0 \\ 0 & 0 & 0 & 0 \end{bmatrix} \xrightarrow[r_1 - 2r_2]{r_2 + \frac{2}{3}r_3} \begin{bmatrix} 1 & 0 & 0 & 3 \\ 0 & 1 & 0 & -2 \\ 0 & 0 & 1 & 0 \\ 0 & 0 & 0 & 0 \\ 0 & 0 & 0 & 0 \end{bmatrix} = \boldsymbol{B}$$

由此可知 $\boldsymbol{B}$ 的第 1,2,3 列线性无关，所以对应的矩阵 $\boldsymbol{A}$ 的第 1,2,3 列也线性无关，即 $\boldsymbol{\alpha}_1,\boldsymbol{\alpha}_2,\boldsymbol{\alpha}_3$ 是该向量组的一个极大线性无关组.

由矩阵 $\boldsymbol{B}$ 易得

$$\boldsymbol{\alpha}_4 = 3\boldsymbol{\alpha}_1 - 2\boldsymbol{\alpha}_2$$

求向量组的极大无关组时，无论是行向量组还是列向量组，都可以按列排成矩阵并进行初等行变换化为最简形矩阵.

由定理 3.7 和定理 3.8 知：初等行变换既不改变矩阵的行秩也不改变矩阵的列秩；同理可证，初等列变换也不改变矩阵的行秩和列秩.总之，初等变换不改变矩阵的行秩和列秩.由于矩阵总可以通过初等变换化为阶梯矩阵，而阶梯矩阵的行秩等于它的列秩，因此可以得到下面的定理.

定理 3.9　矩阵的行秩等于其列秩.

由于矩阵的行秩与列秩相等，所以我们给出下面的定义：

定义 3.12　矩阵的行秩和列秩统称为矩阵 $\boldsymbol{A}$ 的秩，记作：$r(\boldsymbol{A})$ 或秩($\boldsymbol{A}$).

由于 n 阶可逆矩阵总可以通过初等变换化为单位矩阵，所以 n 阶可逆矩阵的秩为 n. 因此 n 阶矩阵 $\boldsymbol{A}$ 可逆的充要条件是：$r(\boldsymbol{A}) = n$.

定理 3.10　n 阶矩阵 $\boldsymbol{A}$ 的秩等于 n 的充要条件是 $\boldsymbol{A}$ 为非奇异矩阵(即 $|\boldsymbol{A}| \neq 0$).

三、矩阵的非零子式与秩的关系

定义 3.13　矩阵 $\boldsymbol{A} = (a_{ij})_{m\times n}$ 的任意 k 行($i_1,i_2,\cdots,i_k$ 行)和任意 k 列($j_1,j_2,\cdots,j_k$ 列)的交点的 k^2 个元素按原顺序排列成的 k 阶行列式

$$\begin{vmatrix} a_{i_1j_1} & a_{i_1j_2} & \cdots & a_{i_1j_k} \\ a_{i_2j_1} & a_{i_2j_2} & \cdots & a_{i_2j_k} \\ \cdots & \cdots & \cdots & \cdots \\ a_{i_kj_1} & a_{i_kj_2} & \cdots & a_{i_kj_k} \end{vmatrix}$$

称为$\boldsymbol{A}$的k阶子行列式,简称$\boldsymbol{A}$的k阶子式.当k阶子式为零(不等于零)时,称为k阶零子式(非零子式).当$i_1=j_1,i_2=j_2,\cdots,i_k=j_k$时,称为$\boldsymbol{A}$的$k$阶主子式.

如果矩阵$\boldsymbol{A}$存在r阶非零子式,而所有的$r+1$阶子式(如果有$r+1$阶子式)都等于零,则矩阵$\boldsymbol{A}$的非零子式的最高阶数为r,因为由所有的$r+1$阶子式都等于零可推出所有更高阶的子式都等于零.

例 3.15 在矩阵

$$\boldsymbol{A}=\begin{bmatrix} 1 & 1 & 2 & 0 & 1 \\ 0 & 1 & 0 & -1 & 0 \\ 0 & 0 & -1 & 1 & 1 \\ 0 & 0 & 0 & 0 & 0 \end{bmatrix}$$

中,选取第1、2、3行和第1、2、3列交点上的元素,按顺序组成三阶行列式

$$\boldsymbol{D}_3=\begin{vmatrix} 1 & 1 & 2 \\ 0 & 1 & 0 \\ 0 & 0 & -1 \end{vmatrix}=-1\neq 0$$

是一个3阶非零子式,$\boldsymbol{A}$共有3阶子式的个数为$C_4^3\cdot C_5^3=40$.

由于矩阵$\boldsymbol{A}$的第4行元素都为0,故所有4阶子式都为0.由此矩阵$\boldsymbol{A}$的非零子式的最高阶数为3.

定理 3.11 矩阵$\boldsymbol{A}$的非零子式的最高阶数等于矩阵$\boldsymbol{A}$的秩$r(\boldsymbol{A})$.

证 设$r(\boldsymbol{A})=r$,即$\boldsymbol{A}$的行秩为r.

不妨设$\boldsymbol{A}$的前r个行向量线性无关,把$\boldsymbol{A}$的前r行作成的矩阵记作$\boldsymbol{A}_1$,则$\boldsymbol{A}_1$的列秩$=\boldsymbol{A}_1$的行秩$=r$.不妨再设$\boldsymbol{A}_1$的前r个列向量线性无关,则由定理3.10可知,$\boldsymbol{A}$的左上角的r阶主子式为非零子式.又因为$\boldsymbol{A}$的任意$r+1$个行向量线性相关,因此在$\boldsymbol{A}$的任意$r+1$个行中做成的任一个$r+1$阶子式都是零子式.故$\boldsymbol{A}$的非零子式的最高阶数等于r.

综上所述,关于矩阵的秩我们可得:矩阵的秩=矩阵的行秩=矩阵的列秩=矩阵的非

零子式的最高阶数；初等变换不改变矩阵秩.

根据定理 3.11，本例中矩阵 A 的秩 $r(\boldsymbol{A})=3$.

例 3.16　已知矩阵 $\boldsymbol{A}=\begin{bmatrix} a & 1 & 1 & 1 \\ 1 & a & 1 & 1 \\ 1 & 1 & a & 1 \\ 1 & 1 & 1 & a \end{bmatrix}$，且秩为 3，求 a 的值.

解　$r(\boldsymbol{A})=3$，即 $\boldsymbol{A}$ 中非零子式的最高阶数为 3，故有

$$|\boldsymbol{A}|=\begin{vmatrix} a & 1 & 1 & 1 \\ 1 & a & 1 & 1 \\ 1 & 1 & a & 1 \\ 1 & 1 & 1 & a \end{vmatrix}=(a+3)\begin{vmatrix} 1 & 1 & 1 & 1 \\ 1 & a & 1 & 1 \\ 1 & 1 & a & 1 \\ 1 & 1 & 1 & a \end{vmatrix}$$

$$=(a+3)\begin{vmatrix} 1 & 1 & 1 & 1 \\ 0 & a-1 & 0 & 0 \\ 0 & 0 & a-1 & 0 \\ 0 & 0 & 0 & a-1 \end{vmatrix}=(a+3)(a-1)^3=0$$

由此得 $a=-3$ 或 $a=1$.

当 $a=1$ 时，则 $r(\boldsymbol{A})=1$；而当 $a=-3$ 时，$\boldsymbol{A}$ 的左上角的 3 阶子式为

$$\begin{vmatrix} -3 & 1 & 1 \\ 1 & -3 & 1 \\ 1 & 1 & -3 \end{vmatrix}=-16\neq 0$$

即 $\boldsymbol{A}$ 中存在非零的 3 阶子式，且不存在更高阶的非零子式，故当且仅当 $a=-3$ 时，$r(\boldsymbol{A})=3$.

*三、矩阵秩的常用性质

关于矩阵的秩，有下面几个常用的性质：

性质 1　$r(\boldsymbol{A}+\boldsymbol{B})\leqslant r(\boldsymbol{A})+r(\boldsymbol{B})$

证　设 $\boldsymbol{A}$、$\boldsymbol{B}$ 均是 $m\times n$ 矩阵，$r(\boldsymbol{A})=s$，$r(\boldsymbol{B})=t$，将 $\boldsymbol{A}$、$\boldsymbol{B}$ 按列分块为

$$\boldsymbol{A}=(\boldsymbol{\alpha}_1,\boldsymbol{\alpha}_2,\cdots,\boldsymbol{\alpha}_n),\boldsymbol{B}=(\boldsymbol{\beta}_1,\boldsymbol{\beta}_2,\cdots,\boldsymbol{\beta}_n)$$

则

$$\boldsymbol{A}+\boldsymbol{B}=(\boldsymbol{\alpha}_1+\boldsymbol{\beta}_1,\boldsymbol{\alpha}_2+\boldsymbol{\beta}_2,\cdots,\boldsymbol{\alpha}_n+\boldsymbol{\beta}_n)$$

不妨设 $\boldsymbol{A}$ 和 $\boldsymbol{B}$ 的列向量组的极大线性无关组分别为 $\boldsymbol{\alpha}_1,\boldsymbol{\alpha}_2,\cdots,\boldsymbol{\alpha}_s$ 和 $\boldsymbol{\beta}_1,\boldsymbol{\beta}_2,\cdots,\boldsymbol{\beta}_t$，于是 $\boldsymbol{A}+\boldsymbol{B}$ 的列向量可以由 $\boldsymbol{\alpha}_1,\boldsymbol{\alpha}_2,\cdots,\boldsymbol{\alpha}_s,\boldsymbol{\beta}_1,\boldsymbol{\beta}_2,\cdots,\boldsymbol{\beta}_t$ 线性表示，所以

$$r(\boldsymbol{A}+\boldsymbol{B})=\boldsymbol{A}+\boldsymbol{B}\text{ 的列秩}\leqslant\text{秩}(\boldsymbol{\alpha}_1,\boldsymbol{\alpha}_2,\cdots,\boldsymbol{\alpha}_s,\boldsymbol{\beta}_1,\boldsymbol{\beta}_2,\cdots,\boldsymbol{\beta}_t)\leqslant s+t$$

性质 2 $r(\boldsymbol{AB})\leqslant\min(r(\boldsymbol{A}),r(\boldsymbol{B}))$

证 设 $\boldsymbol{A}$、$\boldsymbol{B}$ 分别是 $m\times n$，$n\times s$ 矩阵.

$$\boldsymbol{A}=(a_{ij})_{m\times n},\boldsymbol{B}=(b_{jk})_{n\times s}$$

将 $\boldsymbol{A}$ 按列分块

$$\boldsymbol{A}=(\boldsymbol{\alpha}_1,\boldsymbol{\alpha}_2,\cdots,\boldsymbol{\alpha}_n)$$

则

$$\boldsymbol{AB}=(\boldsymbol{\alpha}_1,\boldsymbol{\alpha}_2,\cdots,\boldsymbol{\alpha}_n)\begin{pmatrix}b_{11}&b_{12}&\cdots&b_{1s}\\b_{21}&b_{22}&\cdots&b_{2s}\\\cdots&\cdots&\cdots&\cdots\\b_{n1}&b_{n2}&\cdots&b_{ns}\end{pmatrix}$$

故 $\boldsymbol{AB}$ 的列向量可由 $\boldsymbol{A}$ 的列向量 $\boldsymbol{\alpha}_1,\boldsymbol{\alpha}_2,\cdots,\boldsymbol{\alpha}_n$ 线性表示，故

$$r(\boldsymbol{AB})=\boldsymbol{AB}\text{ 的列秩}\leqslant\boldsymbol{A}\text{ 的列秩}=r(\boldsymbol{A})$$

类似地，将 $\boldsymbol{B}$ 按行分块，可得

$$r(\boldsymbol{AB})\leqslant r(\boldsymbol{B})$$

性质 3 设 $\boldsymbol{A}$ 是 $m\times n$ 矩阵，$\boldsymbol{P}$、$\boldsymbol{Q}$ 分别是 m 阶、n 阶可逆矩阵，则

$$r(\boldsymbol{A})=r(\boldsymbol{PA})=r(\boldsymbol{AQ})=r(\boldsymbol{PAQ})$$

证 由于可逆矩阵 $\boldsymbol{P}$、$\boldsymbol{Q}$ 可以表示为若干个初等矩阵的乘积，而初等变换不改变矩阵的秩，故结论成立.

§5 向量空间

在本章第一节中定义了 n 维向量，并规定了加法和数乘运算.本节我们在向量的线性运算基础上，进一步引进向量空间的概念.

定义 3.14　设V为n维向量组成的集合.如果V非空,且对于向量加法及数乘运算封闭,即对任意的$\boldsymbol{\alpha},\boldsymbol{\beta}\in \boldsymbol{V}$和常数$k$都有

$$\boldsymbol{\alpha}+\boldsymbol{\beta}\in V, k\boldsymbol{\alpha}\in \boldsymbol{V},$$

就称集合$\boldsymbol{V}$为一个向量空间.

例 3.17　n维向量的全体$\boldsymbol{R}^n$构成一个向量空间.特别地,三维向量可以用有向线段来表示,所以$\boldsymbol{R}^3$也可以看作以坐标原点为起点的有向线段的全体.

例 3.18　集合$\boldsymbol{V}=\{\boldsymbol{X}\mid \boldsymbol{X}=(0,x_2,\cdots,x_n),x_2,\cdots,x_n\in \boldsymbol{R}\}$是一个向量空间.因为若$\boldsymbol{\alpha}=(0,a_2,\cdots,a_n)\in \boldsymbol{V},\boldsymbol{\beta}=(0,b_2,\cdots,b_n)\in \boldsymbol{V}$,则$\boldsymbol{\alpha}+\boldsymbol{\beta}=(0,a_2+b_2,\cdots,a_n+b_n)\in \boldsymbol{V}$,

$$\lambda\boldsymbol{\alpha}=(0,\lambda\boldsymbol{\alpha}_2,\cdots,\lambda\boldsymbol{\alpha}_n)\in \boldsymbol{B}.$$

例 3.19　集合$\boldsymbol{V}=\{\boldsymbol{X}\mid \boldsymbol{X}=(1,x_2,\cdots,x_n),x_2,\cdots,x_n\in \boldsymbol{R}\}$不是向量空间,因为$\boldsymbol{\alpha}=(1,a_2,\cdots,a_n)\in \boldsymbol{V}$,而$2\boldsymbol{\alpha}=(2,2a_2,\cdots,2a_n)\notin \boldsymbol{V}$.

例 3.20　设$\boldsymbol{\alpha},\boldsymbol{\beta}$为两个已知的$n$维向量,集合

$$\boldsymbol{V}=\{\boldsymbol{X}\mid \boldsymbol{X}=\lambda\boldsymbol{\alpha}+\mu\boldsymbol{\beta},\lambda,\mu\in \boldsymbol{R}\}$$

是一个向量空间.因为若$\boldsymbol{X}_1=\lambda_1\boldsymbol{\alpha}+\mu_1\boldsymbol{\beta},\boldsymbol{X}_2=\lambda_2\boldsymbol{\alpha}+\mu_2\boldsymbol{\beta}$,则有

$$\boldsymbol{X}_1+\boldsymbol{X}_2=(\lambda_1+\lambda_2)\boldsymbol{\alpha}+(\mu_1+\mu_2)\boldsymbol{\beta}\in \boldsymbol{V}$$

$$k\boldsymbol{X}_1=(k\lambda_1)\boldsymbol{\alpha}+(k\mu_1)\boldsymbol{\beta}\in \boldsymbol{V}$$

这个向量空间称为由向量$\boldsymbol{\alpha},\boldsymbol{\beta}$所生成的向量空间.

一般地,由向量$\boldsymbol{\alpha}_1,\boldsymbol{\alpha}_2,\cdots,\boldsymbol{\alpha}_m$所生成的向量空间为

$$\boldsymbol{V}=\{\boldsymbol{X}\mid \boldsymbol{X}=\lambda_1\boldsymbol{\alpha}_1+\lambda_2\boldsymbol{\alpha}_2+\cdots+\lambda_m\boldsymbol{\alpha}_m,\lambda_1,\lambda_2,\cdots,\lambda_m\in \boldsymbol{R}\}$$

例 3.21　设$\boldsymbol{\alpha}_1,\boldsymbol{\alpha}_2,\cdots,\boldsymbol{\alpha}_m$为一个$n$维向量组,它们的线性组合

$$\boldsymbol{V}=\{k_1\boldsymbol{\alpha}_1+k_2\boldsymbol{\alpha}_2+\cdots+k_m\boldsymbol{\alpha}_m\mid k_1,k_2,\cdots,k_m\in \boldsymbol{R}\}$$

构成一个向量空间.这个向量空间称为由$\boldsymbol{\alpha}_1,\boldsymbol{\alpha}_2,\cdots,\boldsymbol{\alpha}_m$所生成的向量空间,记为$\boldsymbol{L}(\boldsymbol{\alpha}_1,\boldsymbol{\alpha}_2,\cdots,\boldsymbol{\alpha}_m)$.

定义 3.15　设有向量空间$\boldsymbol{V}_1,\boldsymbol{V}_2$,如果$\boldsymbol{V}_1\subset \boldsymbol{V}_2$,就称$\boldsymbol{V}_1$是$\boldsymbol{V}_2$的子空间.

例如,向量空间$\boldsymbol{V}=\{\boldsymbol{X}\mid \boldsymbol{X}=(0,x_2,\cdots,x_n),x_2,\cdots,x_n\in \boldsymbol{R}\}$是$\boldsymbol{R}^n$的子空间.

定义 3.15　设$\boldsymbol{\alpha}_1,\boldsymbol{\alpha}_2,\cdots,\boldsymbol{\alpha}_r$是向量空间$\boldsymbol{V}$的向量,且满足

(1)$\boldsymbol{\alpha}_1,\boldsymbol{\alpha}_2,\cdots,\boldsymbol{\alpha}_r$线性无关;

(2)$\boldsymbol{V}$ 中任一向量都可以由 $\boldsymbol{\alpha}_1,\boldsymbol{\alpha}_2,\cdots,\boldsymbol{\alpha}_r$ 线性表示.

则称 $\boldsymbol{\alpha}_1,\boldsymbol{\alpha}_2,\cdots,\boldsymbol{\alpha}_r$ 为向量空间 $\boldsymbol{V}$ 的一个基,r 称为向量空间 $\boldsymbol{V}$ 的维数,并称 $\boldsymbol{V}$ 为 r 维向量空间.

只含零向量的集合也是一个向量空间,它没有基,它的维数规定为 0.

若把向量空间 $\boldsymbol{V}$ 看作向量组,则 $\boldsymbol{V}$ 的基就是向量组的极大线性无关组,$\boldsymbol{V}$ 的维数就是向量组的秩.当 $\boldsymbol{V}$ 由 n 维向量组成时,它的维数不会超过 n.

n 维单位向量 $\boldsymbol{\varepsilon}_1,\boldsymbol{\varepsilon}_2,\cdots,\boldsymbol{\varepsilon}_n$ 是 $\boldsymbol{R}^n$ 的一个基,所以 $\boldsymbol{R}^n$ 的维数为 n.易知任何 n 个线性无关的 n 维向量与 $\boldsymbol{\varepsilon}_1,\boldsymbol{\varepsilon}_2,\cdots,\boldsymbol{\varepsilon}_n$ 等价,所以任何 n 个线性无关的 n 维向量都是向量空间 $\boldsymbol{R}^n$ 的一个基.

定义 3.16 设 $\boldsymbol{\alpha}_1,\boldsymbol{\alpha}_2,\cdots,\boldsymbol{\alpha}_r$ 是向量空间 $\boldsymbol{V}$ 的一个基,$\boldsymbol{\alpha}\in\boldsymbol{V}$,若

$$\boldsymbol{\alpha}=x_1\boldsymbol{\alpha}_1+x_2\boldsymbol{\alpha}_2+\cdots+x_r\boldsymbol{\alpha}_r$$

则称有序数组$(x_1,x_2,\cdots,x_r)$为向量 $\boldsymbol{\alpha}$ 在基 $\boldsymbol{\alpha}_1,\boldsymbol{\alpha}_2,\cdots,\boldsymbol{\alpha}_r$ 下的坐标,记为$(x_1,x_2,\cdots,x_r)$或$(x_1,x_2,\cdots,x_r)^T$.

显然,向量空间的基不是唯一的,但向量在给定基下的坐标是唯一的.

例如,n 维向量 $\boldsymbol{\alpha}=(a_1,a_2,\cdots,a_n)$ 在基 $\boldsymbol{\varepsilon}_1,\boldsymbol{\varepsilon}_2,\cdots,\boldsymbol{\varepsilon}_n$ 下的坐标为$(a_1,a_2,\cdots,a_n)$.

例 3.22 求 n 维向量 $\boldsymbol{\alpha}=(a_1,a_2,\cdots,a_n)^T$ 在基 $\boldsymbol{\beta}_1=(1,-1,0,\cdots,0)^T,\boldsymbol{\beta}_2=(0,1,-1,\cdots,0)^T,\cdots,\boldsymbol{\beta}_{n-1}=(0,\cdots,0,1,-1)^T,\boldsymbol{\beta}_n=(0,\cdots,0,1)^T$ 下的坐标.

解 设

$$\boldsymbol{\alpha}=x_1\boldsymbol{\beta}_1+x_2\boldsymbol{\beta}_2+\cdots+x_n\boldsymbol{\beta}_n=(\boldsymbol{\beta}_1,\boldsymbol{\beta}_2,\cdots,\boldsymbol{\beta}_n)\begin{pmatrix}x_1\\x_2\\\vdots\\x_n\end{pmatrix}$$

即

$$\begin{pmatrix}1&0&\cdots&0&0\\-1&1&\cdots&0&0\\0&-1&\cdots&0&0\\\cdots&\cdots&\cdots&\cdots&\cdots\\0&0&\cdots&1&0\\0&0&\cdots&-1&1\end{pmatrix}\begin{pmatrix}x_1\\x_2\\x_3\\\vdots\\x_{n-1}\\x_n\end{pmatrix}=\begin{pmatrix}a_1\\a_2\\a_3\\\vdots\\a_{n-1}\\a_n\end{pmatrix}$$

即

$$\begin{cases} x_1 = a_1 \\ -x_1 + x_2 = a_2 \\ -x_2 + x_3 = a_3 \\ \cdots\cdots\cdots\cdots \\ -x_{n-1} + x_n = a_n \end{cases}$$

解得

$$\begin{cases} x_1 = a_1 \\ x_2 = a_1 + a_2 \\ x_3 = a_1 + a_2 + a_3 \\ \cdots\cdots\cdots\cdots \\ x_n = a_1 + a_2 + \cdots + a_n \end{cases}$$

所以 $\boldsymbol{\alpha}$ 在基 $\boldsymbol{\beta}_1,\boldsymbol{\beta}_2,\cdots,\boldsymbol{\beta}_n$ 下的坐标为$(a_1, a_1+a_2, \cdots, a_1+a_2+\cdots+a_n)$.

例 3.23　设

$$\boldsymbol{A} = (\boldsymbol{\alpha}_1, \boldsymbol{\alpha}_2, \boldsymbol{\alpha}_3) = \begin{bmatrix} 2 & 2 & -1 \\ 2 & -1 & 2 \\ -1 & 2 & 2 \end{bmatrix}$$

$$\boldsymbol{B} = (\boldsymbol{\beta}_1, \boldsymbol{\beta}_2) = \begin{bmatrix} 1 & 4 \\ 0 & 3 \\ -4 & 2 \end{bmatrix}$$

验证 $\boldsymbol{\alpha}_1,\boldsymbol{\alpha}_2,\boldsymbol{\alpha}_3$ 是 $\boldsymbol{R}^3$ 的一个基并将 $\boldsymbol{\beta}_1,\boldsymbol{\beta}_2$ 用这个基线性表出.

解　由

$$|\boldsymbol{A}| \neq 0$$

可以知道 $\boldsymbol{\alpha}_1,\boldsymbol{\alpha}_2,\boldsymbol{\alpha}_3$ 线性无关,因此 $\boldsymbol{\alpha}_1,\boldsymbol{\alpha}_2,\boldsymbol{\alpha}_3$ 是 $\boldsymbol{R}^3$ 的一个基.

设

$$\boldsymbol{\beta}_1 = x_{11}\boldsymbol{\alpha}_1 + x_{21}\boldsymbol{\alpha}_2 + x_{31}\boldsymbol{\alpha}_3$$

$$\boldsymbol{\beta}_2 = x_{12}\boldsymbol{\alpha}_1 + x_{22}\boldsymbol{\alpha}_2 + x_{32}\boldsymbol{\alpha}_3$$

即

$$(\boldsymbol{\beta}_1,\boldsymbol{\beta}_2)=(\boldsymbol{\alpha}_1,\boldsymbol{\alpha}_2,\boldsymbol{\alpha}_3)\begin{bmatrix}x_{11} & x_{12}\\ x_{21} & x_{22}\\ x_{31} & x_{32}\end{bmatrix}$$

那么

$$\begin{bmatrix}x_{11} & x_{12}\\ x_{21} & x_{22}\\ x_{31} & x_{32}\end{bmatrix}=\boldsymbol{A}^{-1}(\boldsymbol{\beta}_1,\boldsymbol{\beta}_2)=\boldsymbol{A}^{-1}\boldsymbol{B}.$$

如果 $\boldsymbol{P}_1,\boldsymbol{P}_2,\cdots,\boldsymbol{P}_l$ 为初等矩阵,使

$$\boldsymbol{P}_1\boldsymbol{P}_2\cdots\boldsymbol{P}_l\boldsymbol{A}=\boldsymbol{E},$$

则

$$\boldsymbol{A}^{-1}=\boldsymbol{P}_1\boldsymbol{P}_2\cdots\boldsymbol{P}_l$$

且

$$\begin{bmatrix}x_{11} & x_{12}\\ x_{21} & x_{22}\\ x_{31} & x_{32}\end{bmatrix}=\boldsymbol{P}_1\boldsymbol{P}_2\cdots\boldsymbol{P}_l\boldsymbol{B}.$$

因此只需对矩阵

$$(\boldsymbol{A}\ \vdots\ \boldsymbol{B})$$

作初等行变换,当把 $\boldsymbol{A}$ 变为 $\boldsymbol{E}$ 时,$\boldsymbol{B}$ 就变成了 $\boldsymbol{A}^{-1}\boldsymbol{B}$.

$$(\boldsymbol{A}\ \vdots\ \boldsymbol{B})=\left[\begin{array}{ccc:cc}2 & 2 & -1 & 1 & 4\\ 2 & -1 & 2 & 0 & 3\\ -1 & 2 & 2 & -4 & 2\end{array}\right]$$

$$\xrightarrow{r(1,3)}\left[\begin{array}{ccc:cc}-1 & 2 & 2 & -4 & 2\\ 2 & -1 & 2 & 0 & 3\\ 2 & 2 & -1 & 1 & 4\end{array}\right]$$

$$\xrightarrow[r(3+1(2))]{r(2+1(2))}\left[\begin{array}{ccc:cc}-1 & 2 & 2 & -4 & 2\\ 0 & 3 & 6 & -8 & 7\\ 0 & 6 & 3 & -7 & 8\end{array}\right]$$

$$\xrightarrow[r(3+2(-2))]{r(1(-1))}\left[\begin{array}{ccc:cc}1 & -2 & -2 & 4 & -2\\ 0 & 3 & 6 & -8 & 7\\ 0 & 0 & -9 & 9 & -6\end{array}\right]$$

$$\xrightarrow[r(1+3(2))]{\substack{r(3(-\frac{1}{9}))\\ r(2+3(-6))}}\left[\begin{array}{ccc:cc}1 & -2 & 0 & 2 & -\frac{2}{3}\\ 0 & 3 & 0 & -2 & 3\\ 0 & 0 & 1 & -1 & \frac{2}{3}\end{array}\right]$$

$$\xrightarrow[r(1+2(2))]{r(2(\frac{1}{3}))}\left[\begin{array}{ccc:cc}1 & 0 & 0 & \frac{2}{3} & \frac{4}{3}\\ 0 & 1 & 0 & -\frac{2}{3} & 1\\ 0 & 0 & 1 & -1 & \frac{2}{3}\end{array}\right]$$

所以

$$\boldsymbol{\beta}_1=\frac{2}{3}\boldsymbol{\alpha}_1-\frac{2}{3}\boldsymbol{\alpha}_2-\boldsymbol{\alpha}_3,\boldsymbol{\beta}_2=\frac{4}{3}\boldsymbol{\alpha}_1+\boldsymbol{\alpha}_2+\frac{2}{3}\boldsymbol{\alpha}_3.$$

总习题三

1.填空题

(1) 设向量组 $\boldsymbol{\alpha}_1=\begin{pmatrix}1\\1\\2\\1\end{pmatrix},\boldsymbol{\alpha}_2=\begin{pmatrix}1\\0\\0\\2\end{pmatrix},\boldsymbol{\alpha}_3=\begin{pmatrix}-1\\-4\\-8\\k\end{pmatrix}$,线性相关,则 $k=$________.

(2) 设向量组 $\boldsymbol{\alpha}_1=\begin{pmatrix}a\\0\\c\end{pmatrix},\boldsymbol{\alpha}_2=\begin{pmatrix}b\\c\\0\end{pmatrix},\boldsymbol{\alpha}_3=\begin{pmatrix}0\\a\\b\end{pmatrix}$,线性无关,则 a,b,c 必满足关系式________.

(3) 设向量组 $\boldsymbol{\alpha}_1=\begin{pmatrix}1+\lambda\\1\\1\end{pmatrix},\boldsymbol{\alpha}_2=\begin{pmatrix}1\\1+\lambda\\1\end{pmatrix},\boldsymbol{\alpha}_3=\begin{pmatrix}1\\1\\1+\lambda\end{pmatrix}$,的秩为2,则 $\lambda=$________.

(4) 向量组$\boldsymbol{\alpha}_1,\boldsymbol{\alpha}_2,\boldsymbol{\alpha}_3$线性无关,则向量组$\boldsymbol{\beta}_1=\boldsymbol{\alpha}_1+\boldsymbol{\alpha}_2,\boldsymbol{\beta}_2=\boldsymbol{\alpha}_1+2\boldsymbol{\alpha}_2+\boldsymbol{\alpha}_3,\boldsymbol{\beta}_3=\boldsymbol{\alpha}_2+4\boldsymbol{\alpha}_3$,是线性________.

(5) 向量组$\boldsymbol{\alpha}_1,\boldsymbol{\alpha}_2,\boldsymbol{\alpha}_3$的秩为2,则$\boldsymbol{\beta}_1=\boldsymbol{\alpha}_1+\boldsymbol{\alpha}_2,\boldsymbol{\beta}_2=\boldsymbol{\alpha}_2+\boldsymbol{\alpha}_3,\boldsymbol{\beta}_3=\boldsymbol{\alpha}_2+\boldsymbol{\alpha}_1$的秩为________.

(6) 设三阶矩阵$A=\begin{pmatrix}1&2&-2\\2&1&2\\3&0&4\end{pmatrix}$,向量$\boldsymbol{\alpha}=\begin{pmatrix}a\\1\\1\end{pmatrix}$,且满足$4\boldsymbol{\alpha}$与$\boldsymbol{\alpha}$线性相关,则$\boldsymbol{\alpha}$=________.

(7) 设$\boldsymbol{\alpha}_1=\begin{pmatrix}1\\1\\k\end{pmatrix},\boldsymbol{\alpha}_2=\begin{pmatrix}1\\k\\1\end{pmatrix},\boldsymbol{\alpha}_3=\begin{pmatrix}k\\1\\1\end{pmatrix}$是$\boldsymbol{R}^3$的基,则$k$满足关系式________.

(8) 已知三维线性空间的一组基为$\boldsymbol{\alpha}_1=\begin{pmatrix}1\\1\\0\end{pmatrix},\boldsymbol{\alpha}_2=\begin{pmatrix}1\\0\\1\end{pmatrix},\boldsymbol{\alpha}_3=\begin{pmatrix}0\\1\\1\end{pmatrix}$,则向量$\boldsymbol{\beta}=\begin{pmatrix}2\\0\\0\end{pmatrix}$在这组基下的坐标是________.

2.选择题

(1) 设$\boldsymbol{\alpha}_1,\boldsymbol{\alpha}_2,\cdots\boldsymbol{\alpha}_m$为一组$n$维向量,则下列说法正确的是(　　)

(A) 若$\boldsymbol{\alpha}_1,\boldsymbol{\alpha}_2,\cdots,\boldsymbol{\alpha}_m$不线性相关,则一定线性无关;

(B) 若存在m个全为零的数$k_1,k_2,\cdots,k_m$,使得:$k_1\boldsymbol{\alpha}_1+k_2\boldsymbol{\alpha}_2+\cdots+k_m\boldsymbol{\alpha}_m=0$,则$\boldsymbol{\alpha}_1,\boldsymbol{\alpha}_2,\cdots,\boldsymbol{\alpha}_m$线性无关;

(C) 若存在m个不全为零的数$k_1,k_2,\cdots k_m$,使得:$k_1\boldsymbol{\alpha}_1+k_2\boldsymbol{\alpha}_2+\cdots+k_m\boldsymbol{\alpha}_m=0$,则$\boldsymbol{\alpha}_1,\boldsymbol{\alpha}_2,\cdots,\boldsymbol{\alpha}_m$线性无关;

(D) 若向量组$\boldsymbol{\alpha}_1,\boldsymbol{\alpha}_2,\cdots,\boldsymbol{\alpha}_m$线性相关,则$\boldsymbol{\alpha}_1$可由$\boldsymbol{\alpha}_2,\cdots\boldsymbol{\alpha}_m$线性表示.

(2) 向量组$\boldsymbol{\alpha}_1,\boldsymbol{\alpha}_2,\cdots,\boldsymbol{\alpha}_m$线性相关的充要条件是(　　)

(A)$\boldsymbol{\alpha}_1,\boldsymbol{\alpha}_2,\cdots,\boldsymbol{\alpha}_m$中有一个零向量;

(B)$\boldsymbol{\alpha}_1,\boldsymbol{\alpha}_2,\cdots,\boldsymbol{\alpha}_m$中任意两个向量成比例;

(C)$\boldsymbol{\alpha}_1,\boldsymbol{\alpha}_2,\cdots,\boldsymbol{\alpha}_m$中有一个向量是其余向量的线性组合;

(D)$\boldsymbol{\alpha}_1,\boldsymbol{\alpha}_2,\cdots,\boldsymbol{\alpha}_m$中任意一个向量都是其余向量的线性组合.

(3)n 维向量组 $\boldsymbol{\alpha}_1,\boldsymbol{\alpha}_2,\cdots,\boldsymbol{\alpha}_s(3\leqslant s\leqslant n)$ 线性无关的充要条件是(　　)

(A) 存在一组不全为零的数 $k_1,k_2,\cdots k_s$,使 $\sum_{i=1}^{s}k_i\boldsymbol{\alpha}_i\neq 0$;

(B)$\boldsymbol{\alpha}_1,\boldsymbol{\alpha}_2,\cdots,\boldsymbol{\alpha}_s$ 中任意两个向量都线性无关;

(C)$\boldsymbol{\alpha}_1,\boldsymbol{\alpha}_2,\cdots,\boldsymbol{\alpha}_s$ 存在一个向量不能由其余向量线性表示;

(D)$\boldsymbol{\alpha}_1,\boldsymbol{\alpha}_2,\cdots,\boldsymbol{\alpha}_s$ 中任一个向量不能由其余向量线性表示.

(4) 设向量组(I):$\boldsymbol{\alpha}_1,\boldsymbol{\alpha}_2,\cdots,\boldsymbol{\alpha}_r$; 向量组(II):$\boldsymbol{\alpha}_1,\boldsymbol{\alpha}_2,\cdots,\boldsymbol{\alpha}_r,\boldsymbol{\alpha}_{r+1},\cdots,\boldsymbol{\alpha}_m$, 则必有(　　)

(A)(I) 线性相关 $\Rightarrow$(II) 线性相关;

(B)(I) 线性相关 $\Rightarrow$(II) 线性无关;

(C)(II) 线性相关 $\Rightarrow$(I) 线性相关;

(D)(II) 线性相关 $\Rightarrow$(I) 线性无关.

(5) 已知向量组 $\boldsymbol{\alpha}_1,\boldsymbol{\alpha}_2,\boldsymbol{\alpha}_3,\boldsymbol{\alpha}_4$ 线性无关,则向量组(　　)

(A)$\boldsymbol{\alpha}_1+\boldsymbol{\alpha}_2,\boldsymbol{\alpha}_2+\boldsymbol{\alpha}_3,\boldsymbol{\alpha}_3+\boldsymbol{\alpha}_4,\boldsymbol{\alpha}_4+\boldsymbol{\alpha}_1$ 线性无关;

(B)$\boldsymbol{\alpha}_1-\boldsymbol{\alpha}_2,\boldsymbol{\alpha}_2-\boldsymbol{\alpha}_3,\boldsymbol{\alpha}_3-\boldsymbol{\alpha}_4,\boldsymbol{\alpha}_4-\boldsymbol{\alpha}_1$ 线性无关;

(C)$\boldsymbol{\alpha}_1+\boldsymbol{\alpha}_2,\boldsymbol{\alpha}_2+\boldsymbol{\alpha}_3,\boldsymbol{\alpha}_3+\boldsymbol{\alpha}_4,\boldsymbol{\alpha}_4-\boldsymbol{\alpha}_1$ 线性无关;

(D)$\boldsymbol{\alpha}_1+\boldsymbol{\alpha}_2,\boldsymbol{\alpha}_2+\boldsymbol{\alpha}_3,\boldsymbol{\alpha}_3-\boldsymbol{\alpha}_4,\boldsymbol{\alpha}_4-\boldsymbol{\alpha}_1$ 线性无关.

(6) 设 $\boldsymbol{\beta},\boldsymbol{\alpha}_1,\boldsymbol{\alpha}_2$ 线性相关,$\boldsymbol{\beta},\boldsymbol{\alpha}_2,\boldsymbol{\alpha}_3$ 线性无关,则(　　)

(A)$\boldsymbol{\alpha}_1,\boldsymbol{\alpha}_2,\boldsymbol{\alpha}_3$ 线性相关;

(B)$\boldsymbol{\alpha}_1,\boldsymbol{\alpha}_2,\boldsymbol{\alpha}_3$ 线性无关;

(C)$\boldsymbol{\alpha}_1$ 能由 $\boldsymbol{\beta},\boldsymbol{\alpha}_2,\boldsymbol{\alpha}_3$ 线性表示;

(D)$\boldsymbol{\beta}$ 能由 $\boldsymbol{\alpha}_1,\boldsymbol{\alpha}_2$ 线性表示.

(7) 设向量 $\boldsymbol{\beta}$ 能由向量组 $\boldsymbol{\alpha}_1,\boldsymbol{\alpha}_2,\cdots,\boldsymbol{\alpha}_m$ 线性表示但不能由向量组(I):$\boldsymbol{\alpha}_1,\boldsymbol{\alpha}_2,\cdots,\boldsymbol{\alpha}_{m-1}$ 线性表示,记向量组(II):$\boldsymbol{\alpha}_1,\boldsymbol{\alpha}_2,\cdots,\boldsymbol{\alpha}_{m-1},\boldsymbol{\beta}$,则(　　)

(A)$\boldsymbol{\alpha}_m$ 不能由(I) 线性表示,也不能由(II) 线性表示;

(B)$\boldsymbol{\alpha}_m$ 不能由(I) 线性表示,但能由(II) 线性表示;

(C)$\boldsymbol{\alpha}_m$ 能由(I) 线性表示,也能由(II) 线性表示;

(D)$\boldsymbol{\alpha}_m$ 能由(I) 线性表示,但不能由(II) 线性表示.

(8) 设矩阵 $\boldsymbol{A}$ 为 n 阶方阵,且 $\boldsymbol{R}(\boldsymbol{A})=r<n$,则在 $\boldsymbol{A}$ 的 n 个行向量中(　　)

(A) 任意 r 个行向量线性无关；

(B) 必有 r 个行向量线性无关；

(C) 任意 r 个行向量构成极大无关组；

(D) 任意一个行向量都可以由其中任意 r 个行向量线性表示.

(9) 设矩阵 $\boldsymbol{A}$ 为 n 阶方阵,且 $|\boldsymbol{A}|=0$,则矩阵 A 中(　　)

(A) 必有一列元素全为 0；

(B) 必有 2 列元素对应成比例；

(C) 必有一列向量是其余列向量的线性组合；

(D) 任意一列向量都是其余列向量的线性组合.

(10) 设向量组 $\boldsymbol{\alpha}_1,\boldsymbol{\alpha}_2,\boldsymbol{\alpha}_3$ 线性无关,向量 $\boldsymbol{\beta}_1$ 可由向量组 $\boldsymbol{\alpha}_1,\boldsymbol{\alpha}_2,\boldsymbol{\alpha}_3$ 线性表示,而向量 $\boldsymbol{\beta}_2$ 不能由向量组 $\boldsymbol{\alpha}_1,\boldsymbol{\alpha}_2,\boldsymbol{\alpha}_3$ 线性表示,则对于任意的常数 k,必有(　　)

(A) $\boldsymbol{\alpha}_1,\boldsymbol{\alpha}_2,\boldsymbol{\alpha}_3,k\boldsymbol{\beta}_1+\boldsymbol{\beta}_2$ 线性无关；

(B) $\boldsymbol{\alpha}_1,\boldsymbol{\alpha}_2,\boldsymbol{\alpha}_3,k\boldsymbol{\beta}_1+\boldsymbol{\beta}_2$ 线性相关；

(C) $\boldsymbol{\alpha}_1,\boldsymbol{\alpha}_2,\boldsymbol{\alpha}_3,\boldsymbol{\beta}_1+k\boldsymbol{\beta}_2$ 线性无关；

(D) $\boldsymbol{\alpha}_1,\boldsymbol{\alpha}_2,\boldsymbol{\alpha}_3,\boldsymbol{\beta}_1+k\boldsymbol{\beta}_2$ 线性相关.

3.设 $\boldsymbol{\alpha}_1=\begin{pmatrix}2\\5\\1\\3\end{pmatrix},\boldsymbol{\alpha}_2=\begin{pmatrix}10\\1\\5\\10\end{pmatrix},\boldsymbol{\alpha}_3=\begin{pmatrix}4\\1\\-1\\1\end{pmatrix}$,且 $3(\boldsymbol{\alpha}_1-\boldsymbol{\alpha})+2(\boldsymbol{\alpha}_2+\boldsymbol{\alpha})=5(\boldsymbol{\alpha}_3+\boldsymbol{\alpha})$,求 $\boldsymbol{\alpha}$.

4.讨论下列向量组的线性相关性：

(1) 向量组 1:$\boldsymbol{\alpha}_1=\begin{pmatrix}1\\1\\0\end{pmatrix},\boldsymbol{\alpha}_2=\begin{pmatrix}1\\-1\\0\end{pmatrix},\boldsymbol{\alpha}_3=\begin{pmatrix}1\\1\\-1\end{pmatrix}$

(2) 向量组 2:$\boldsymbol{\beta}_1=\begin{pmatrix}1\\2\\1\\3\end{pmatrix},\boldsymbol{\beta}_2=\begin{pmatrix}4\\-1\\-5\\-6\end{pmatrix},\boldsymbol{\beta}_3=\begin{pmatrix}1\\-3\\-4\\-7\end{pmatrix}$

(3) 向量组 3：$\boldsymbol{\alpha}_1=\begin{pmatrix}2\\-3\\0\end{pmatrix},\boldsymbol{\alpha}_2=\begin{pmatrix}3\\1\\-2\end{pmatrix}$

(4) 向量组 4：$\boldsymbol{\alpha}_1=\begin{pmatrix}1\\2\\-1\\4\end{pmatrix},\boldsymbol{\alpha}_2=\begin{pmatrix}9\\100\\10\\4\end{pmatrix},\boldsymbol{\alpha}_3=\begin{pmatrix}-2\\-4\\2\\-8\end{pmatrix}$

(5) 向量组 5：$\boldsymbol{\alpha}_1=\begin{pmatrix}1\\0\\-2\end{pmatrix},\boldsymbol{\alpha}_2=\begin{pmatrix}3\\2\\0\end{pmatrix},\boldsymbol{\alpha}_3=\begin{pmatrix}-2\\-1\\1\end{pmatrix},\boldsymbol{\alpha}_4=\begin{pmatrix}2\\3\\5\end{pmatrix}$

5.分别求下列向量组的秩及其一个最大的线性无关组：

(1) 向量组 1：$\boldsymbol{\alpha}_1=\begin{pmatrix}1\\2\\4\\0\end{pmatrix},\boldsymbol{\alpha}_2=\begin{pmatrix}4\\11\\15\\-1\end{pmatrix},\boldsymbol{\alpha}_3=\begin{pmatrix}1\\7\\8\\4\end{pmatrix}$

(2) 向量组 2：$\boldsymbol{\alpha}_1=\begin{pmatrix}1\\0\\-1\\1\end{pmatrix},\boldsymbol{\alpha}_2=\begin{pmatrix}1\\1\\0\\1\end{pmatrix},\boldsymbol{\alpha}_3=\begin{pmatrix}-1\\1\\1\\0\end{pmatrix},\boldsymbol{\alpha}_4=\begin{pmatrix}1\\2\\0\\2\end{pmatrix}$

(3) 向量组 3：$\boldsymbol{\alpha}_1=\begin{pmatrix}1\\8\\0\\-1\end{pmatrix},\boldsymbol{\alpha}_2=\begin{pmatrix}-2\\9\\-5\\-3\end{pmatrix},\boldsymbol{\alpha}_3=\begin{pmatrix}4\\7\\5\\1\end{pmatrix},\boldsymbol{\alpha}_4=\begin{pmatrix}7\\6\\10\\3\end{pmatrix},\boldsymbol{\alpha}_5=\begin{pmatrix}3\\-1\\5\\2\end{pmatrix}$

6.设 $\boldsymbol{\alpha}_1=\begin{pmatrix}6\\a+1\\3\end{pmatrix},\boldsymbol{\alpha}_2=\begin{pmatrix}a\\2\\-2\end{pmatrix},\boldsymbol{\alpha}_3=\begin{pmatrix}a\\1\\0\end{pmatrix}$，则：

(1)a 为何值时，向量组 $\boldsymbol{\alpha}_1,\boldsymbol{\alpha}_2$ 线性相关？线性无关？

(2)a 为何值时，向量组 $\boldsymbol{\alpha}_1,\boldsymbol{\alpha}_2,\boldsymbol{\alpha}_3$ 线性相关？线性无关？

7.设向量组 $\boldsymbol{\alpha}_1=\begin{pmatrix}a\\3\\1\end{pmatrix}$,$\boldsymbol{\alpha}_2=\begin{pmatrix}2\\b\\3\end{pmatrix}$,$\boldsymbol{\alpha}_3=\begin{pmatrix}1\\2\\1\end{pmatrix}$,$\boldsymbol{\alpha}_4=\begin{pmatrix}2\\3\\1\end{pmatrix}$ 的秩为 2,求 a,b 的值.

8.设向量组 $\boldsymbol{\alpha}_1,\boldsymbol{\alpha}_2,\boldsymbol{\alpha}_3$ 线性无关,问 l,m 满足什么条件时,$l\boldsymbol{\alpha}_2-\boldsymbol{\alpha}_1,m\boldsymbol{\alpha}_3-\boldsymbol{\alpha}_2,\boldsymbol{\alpha}_1-\boldsymbol{\alpha}_3$ 线性无关.

9.设向量组 $\boldsymbol{\alpha}_1,\boldsymbol{\alpha}_2,\boldsymbol{\alpha}_3$ 线性无关,向量 $\boldsymbol{\beta}_1$ 能由向量组 $\boldsymbol{\alpha}_1,\boldsymbol{\alpha}_2,\boldsymbol{\alpha}_3$ 线性表示,而向量 $\boldsymbol{\beta}_2$ 不能由向量组 $\boldsymbol{\alpha}_1,\boldsymbol{\alpha}_2,\boldsymbol{\alpha}_3$ 线性表示,对任意的实数 k,问

(1) 向量组 $\boldsymbol{\alpha}_1,\boldsymbol{\alpha}_2,\boldsymbol{\alpha}_3,k\boldsymbol{\beta}_1+\boldsymbol{\beta}_2$ 是否线性相关,为什么?

(2) 向量组 $\boldsymbol{\alpha}_1,\boldsymbol{\alpha}_2,\boldsymbol{\alpha}_3,\boldsymbol{\beta}_1+k\boldsymbol{\beta}_2$ 是否线性相关,为什么?

10.设 $\boldsymbol{\beta}_1=\boldsymbol{\alpha}_1,\boldsymbol{\beta}_2=\boldsymbol{\alpha}_1+\boldsymbol{\alpha}_2,\cdots,\boldsymbol{\beta}_r=\boldsymbol{\alpha}_1+\cdots+\boldsymbol{\alpha}_r$,且 $\boldsymbol{\alpha}_1,\boldsymbol{\alpha}_2,\boldsymbol{\alpha}_r$ 线性无关,证明向量组 $\boldsymbol{\beta}_1,\boldsymbol{\beta}_2,\cdots,\boldsymbol{\beta}_r$ 线性无关.

11.设向量 $\boldsymbol{\beta}$ 能由向量组 $\boldsymbol{\alpha}_1,\cdots,\boldsymbol{\alpha}_m$ 线性表示,且表示式唯一,证明 $\boldsymbol{\alpha}_1,\cdots,\boldsymbol{\alpha}_m$ 线性无关.

12.设 n 维单位坐标向量组 $\boldsymbol{\varepsilon}_1,\boldsymbol{\varepsilon}_2,\cdots,\boldsymbol{\varepsilon}_n$ 能由 n 维向量组 $\boldsymbol{\alpha}_1,\boldsymbol{\alpha}_2,\cdots,\boldsymbol{\alpha}_n$ 线性表示,证明向量组 $\boldsymbol{\alpha}_1,\boldsymbol{\alpha}_2,\boldsymbol{\alpha}_n$ 线性无关.

13.$\boldsymbol{\alpha}_1,\boldsymbol{\alpha}_2,\cdots,\boldsymbol{\alpha}_n$ 是 n 维向量组,证明它们线性无关的充分必要条件是:任一 n 维向量都能由它们线性表示.

14 *.设 $\boldsymbol{A}$ 为 n 阶矩阵,$\boldsymbol{\alpha}$ 为 n 为列向量,若存在正整数 k,使得:$\boldsymbol{A}^k\boldsymbol{\alpha}=0$,但是 $\boldsymbol{A}^{k-1}\boldsymbol{\alpha}\neq 0$,证明向量组 $\boldsymbol{\alpha},k\boldsymbol{\alpha},\cdots,\boldsymbol{A}^{k-1}\boldsymbol{\alpha}$ 线性无关.

15 *.设向量组(I):$\boldsymbol{\alpha}_1,\boldsymbol{\alpha}_2,\cdots,\boldsymbol{\alpha}_s$ 的秩为 r_1,向量组(II):$\boldsymbol{\beta}_1,\boldsymbol{\beta}_2,\cdots,\boldsymbol{\beta}_t$,的秩为 r_2,向量组(III):$\boldsymbol{\alpha}_1,\boldsymbol{\alpha}_2,\cdots,\boldsymbol{\alpha}_s,\boldsymbol{\beta}_1,\boldsymbol{\beta}_2,\cdots,\boldsymbol{\beta}_t$ 的秩为 r_3,证明 $\max\{r_1r_2\}\leqslant r_3\leqslant r_1+r_2$.

16 *.设 $\boldsymbol{A}$ 是 $m\times s$ 矩阵,B 是 $m\times t$ 矩阵,证明:$\boldsymbol{R}(\boldsymbol{A}\vdots\boldsymbol{B})\leqslant\boldsymbol{R}(\boldsymbol{A})+\boldsymbol{R}(\boldsymbol{B})$.

17 *.设 $\boldsymbol{A}$,$\boldsymbol{B}$ 都是 $m\times n$ 矩阵,证明:$\boldsymbol{R}(\boldsymbol{A}+\boldsymbol{B})\leqslant\boldsymbol{R}(\boldsymbol{A})+\boldsymbol{R}(\boldsymbol{B})$.

18 *.设 $\boldsymbol{A}$ 是 $m\times s$ 矩阵,$\boldsymbol{B}$ 是 $s\times n$ 矩阵,证明:$\boldsymbol{R}(\boldsymbol{AB})\leqslant\min\{\boldsymbol{R}(\boldsymbol{A}),\boldsymbol{R}(\boldsymbol{B})\}$.

19.求下列矩阵的秩:

(1)$\boldsymbol{A}=\begin{bmatrix}1&7&5&-1&0\\-2&-14&-8&5&1\\-1&-7&-3&4&-1\end{bmatrix}$;　(2)$\boldsymbol{A}=\begin{bmatrix}-1&1&4&0\\3&-2&5&-3\\2&0&-6&4\\0&1&1&2\end{bmatrix}$;

(3)$\boldsymbol{A}=\begin{bmatrix}-1&1&2&4\\1&-1&-3&-1\\3&-3&-7&-9\\-2&2&5&5\end{bmatrix}$；　(4)$\boldsymbol{A}=\begin{bmatrix}3&2&1&1\\1&2&-3&2\\4&4&-2&3\end{bmatrix}$.

20＊.证明由向量组 $\boldsymbol{\alpha}_1=\begin{pmatrix}0\\1\\1\end{pmatrix}$,$\boldsymbol{\alpha}_2=\begin{pmatrix}1\\0\\1\end{pmatrix}$,$\boldsymbol{\alpha}_3=\begin{pmatrix}1\\1\\0\end{pmatrix}$,所生成的向量空间就是 $\boldsymbol{R}^3$.

21＊.证明 $\boldsymbol{\alpha}_1=\begin{pmatrix}1\\3\\5\end{pmatrix}$,$\boldsymbol{\alpha}_2=\begin{pmatrix}6\\3\\2\end{pmatrix}$,$\boldsymbol{\alpha}_3=\begin{pmatrix}3\\1\\0\end{pmatrix}$,为 $\boldsymbol{R}^3$ 的一组基,并求向量 $\boldsymbol{\alpha}=\begin{pmatrix}3\\8\\13\end{pmatrix}$,$\boldsymbol{\beta}=\begin{pmatrix}-2\\2\\8\end{pmatrix}$在这组基下的坐标.

第四章　线性方程组

本章围绕线性方程组 $\boldsymbol{A}x=\boldsymbol{\beta}$ 解是否存在和解的结构等问题展开，采取的方法是消元法和矩阵的初等变换解线性方程组，既要讨论齐次线性方程组 $\boldsymbol{A}x=0$ 只有零解和有非零解的情况又要讨论非齐次线性方程组 $\boldsymbol{A}x=\boldsymbol{\beta}$ 有唯一解和无穷多解的充分必要条件，并求解，研究解的性质与结构.

§4.1　消元法

对于 $\boldsymbol{A}x=\boldsymbol{\beta}$ 方程在未知量较少时消元法是一种有效且基本的方法，接下来我们结合例题来分析用消元法去求 $\boldsymbol{A}x=\boldsymbol{\beta}$ 解.

例 4.1　求解下列线性方程组

$$\begin{cases}3x_1-x_2-x_3-2x_4=-4\\2x_1+3x_2+5x_3+2x_4=-3\\x_1+x_2+2x_3+3x_4=1\\3x_1+5x_2+2x_3-2x_4=-10\end{cases}\tag{4-1}$$

解　方程组(4-1)中，方程一和方程三互换，得：

$$\begin{cases}x_1+x_2+2x_3+3x_4=1\\2x_1+3x_2+5x_3+2x_4=-3\\3x_1-x_2-x_3-2x_4=-4\\3x_1+5x_2+2x_3-2x_4=-10\end{cases}\tag{4-2}$$

方程组(4-2)中，方程二、方程三和方程四分别加上方程一的 -2 倍、-3 倍和 -3

倍，得：

$$\begin{cases}x_1+x_2+2x_3+3x_4=1\\x_2+x_3-4x_4=-5\\-4x_2-7x_3-11x_4=-7\\2x_2-4x_3-11x_4=-13\end{cases}\tag{4-3}$$

方程组(4-3)中，方程三和方程四分别加上方程二的 4 倍和 -2 倍，得：

$$\begin{cases}x_1+x_2+2x_3+3x_4=1\\x_2+x_3-4x_4=-5\\-3x_3-27x_4=-27\\-6x_3-3x_4=-3\end{cases}\tag{4-4}$$

方程组(4-4)中，方程三和方程四的等式左、右两边都乘 $-\frac{1}{3}$，得：

$$\begin{cases}x_1+x_2+2x_3+3x_4=1\\x_2+x_3-4x_4=-5\\x_3+9x_4=9\\2x_3+x_4=1\end{cases}\tag{4-5}$$

方程组(4-5)中，方程四加上方程三的 -2 倍，得：

$$\begin{cases}x_1+x_2+2x_3+3x_4=1\\x_2+x_3-4x_4=-5\\x_3+9x_4=9\\-17x_4=-17\end{cases}\tag{4-6}$$

方程组(4-6)中，方程四的等式左、右两边同时乘以 $-\frac{1}{17}$，得：

$$\begin{cases}x_1+x_2+2x_3+3x_4=1\\x_2+x_3-4x_4=-5\\x_3+9x_4=9\\x_4=1\end{cases}\tag{4-7}$$

方程组(4-7)是有 4 个未知数 4 个有效方程的方程组.由于方程组(4-7)是阶梯形.这样，就只要用由下往上“回代”的方法便能求出解.在方程组(4-7)中，把 $x_4=1$ 代入第三个方程，得 $x_3=0$.把 $x_4=1$，$x_3=0$ 代入第二方程，得 $x_2=-1$.最后，把 $x_4=1$，$x_3=0$，$x_2=-1$ 代入第一个方程，得 $x_1=-1$.于是解得

$$x=\begin{pmatrix}x_1\\x_2\\x_3\\x_4\end{pmatrix}=\begin{pmatrix}-1\\-1\\0\\1\end{pmatrix}$$

消元时，方程组看作一个整体，而是整个方程组的变成另一个方程组.这里用到三种变换，(1) 两个方程交换位置；(2) 某个方程等式左、右两边同时乘以一个不等于 0 的数；(3) 一个方程加上另一个方程的 k 倍.由于变换都是可逆的，所以变换前后的方程组同解.

把方程组的变换等价于矩阵 $\boldsymbol{B}$ 变换，即把方程组的三种不变解等同于转化为矩阵，则可以用初等变换求解.求解线性方程组实际上只要对方程组的系数和常数进行运算，未知数不参与运算.方程组(4-1) 的增广矩阵记为：

$$\boldsymbol{B}=(\boldsymbol{A},b)=\begin{pmatrix}3&-1&-1&-2&-4\\2&3&5&2&-3\\1&1&2&3&1\\3&5&2&-2&-10\end{pmatrix}\overset{r_1\leftrightarrow r_3}{\sim}\begin{pmatrix}1&1&2&3&1\\2&3&5&2&-3\\3&-1&-1&-2&-4\\3&5&2&-2&-10\end{pmatrix}=\boldsymbol{B}_1$$

$$\underset{\substack{r_3-3r_1\\r_4-3r_1}}{\overset{r_2-2r_1}{\sim}}\begin{pmatrix}1&1&2&3&1\\0&1&1&-4&-5\\0&-4&-7&-11&-7\\0&2&-4&-11&-13\end{pmatrix}=\boldsymbol{B}_2\underset{r_4-2r_2}{\overset{r_3+4r_2}{\sim}}\begin{pmatrix}1&1&2&3&1\\0&1&1&-4&-5\\0&0&-3&-27&-27\\0&0&-6&-3&-3\end{pmatrix}=\boldsymbol{B}_3$$

$$\underset{r_4\times\left(-\frac{1}{3}\right)}{\overset{r_3\times\left(-\frac{1}{3}\right)}{\sim}}\begin{pmatrix}1&1&2&3&1\\0&1&1&-4&-5\\0&0&1&9&9\\0&0&2&1&1\end{pmatrix}=\boldsymbol{B}_4\overset{r_4-2r_3}{\sim}\begin{pmatrix}1&1&2&3&1\\0&1&1&-4&-5\\0&0&1&9&9\\0&0&0&-17&-17\end{pmatrix}=\boldsymbol{B}_5$$

$$\overset{r_4\times(-\frac{1}{17})}{\sim}\begin{pmatrix}1&1&2&3&1\\0&1&1&-4&-5\\0&0&1&9&9\\0&0&0&1&1\end{pmatrix}=\boldsymbol{B}_6\overset{r_1-r_2}{\sim}\begin{pmatrix}1&0&1&7&6\\0&1&1&-4&-5\\0&0&1&9&9\\0&0&0&1&1\end{pmatrix}=\boldsymbol{B}_7$$

$$\overset{r_1-r_3}{\underset{r_2-r_3}{\sim}}\begin{pmatrix}1&0&0&-2&-3\\0&1&0&-13&-14\\0&0&1&9&9\\0&0&0&1&1\end{pmatrix}=\boldsymbol{B}_8\overset{r_1+2r_4}{\underset{\substack{r_3+13r_4\\r_3-9r_4}}{\sim}}\begin{pmatrix}1&0&0&0&-1\\0&1&0&0&-1\\0&0&1&0&0\\0&0&0&1&1\end{pmatrix}=\boldsymbol{B}_9$$

由 $\boldsymbol{B}_6$ 对应的方程组通过回代得到解，或者用矩阵的初等行变换来完成，$\boldsymbol{B}_9$ 对应的方程组，即得：

$$x=\begin{pmatrix}x_1\\x_2\\x_3\\x_4\end{pmatrix}=\begin{pmatrix}-1\\-1\\0\\1\end{pmatrix}$$

$\boldsymbol{B}_5$，$\boldsymbol{B}_6$，$\boldsymbol{B}_7$，$\boldsymbol{B}_8$，$\boldsymbol{B}_9$ 是行阶梯形矩阵，其特点是：

画出一条阶梯线，线的下方全为 0.每个台阶只有一行，台阶数即为非零行的行数，阶梯线的竖线的第一个元素为非零的数.例如：

$$\boldsymbol{B}_7=\begin{pmatrix}1&0&1&7&6\\0&1&1&-4&-5\\0&0&1&9&9\\0&0&0&1&1\end{pmatrix}\qquad\boldsymbol{B}_8=\begin{pmatrix}1&0&0&-2&-3\\0&1&0&-13&-14\\0&0&1&9&9\\0&0&0&1&1\end{pmatrix}$$

矩阵 $\boldsymbol{B}_9$ 称为行最简形矩阵，其特点：

非零行的第一个非零元素为 1，且这些非零元素所在列的其他元素全为 0.

$$\boldsymbol{B}_9=\begin{pmatrix}1&0&0&0&-1\\0&1&0&0&-1\\0&0&1&0&0\\0&0&0&1&1\end{pmatrix}$$

矩阵的初等变换，可以把一个矩阵化为阶梯形矩阵或行最简形矩阵.要解线性方程组只要把增广矩阵化为行最简形矩阵即可.

设线性方程组

$$\begin{cases} a_{11}x_1 + a_{12}x_2 + \cdots + a_{1n}x_n = b_1 \\ a_{21}x_1 + a_{22}x_2 + \cdots + a_{2n}x_n = b_2 \\ \qquad\cdots\cdots \\ a_{m1}x_1 + a_{m2}x_2 + \cdots + a_{mn}x_n = b_m \end{cases} \tag{4-8}$$

方程组(4-8)的矩阵形式为：

$$\mathbf{A}x = \boldsymbol{\beta}, \boldsymbol{\beta} = \begin{pmatrix} b_1 \\ b_2 \\ \vdots \\ b_m \end{pmatrix}$$

当 $b_1 = b_2 = \cdots = b_m = 0$ 时，则方程组(4-8)为齐次的；

当 $b_1, b_2, \cdots, b_m$ 不全为 0 时，则方程组(4-8)为非齐次的；

其中 $\mathbf{A} = \begin{pmatrix} a_{11} & a_{12} & \cdots & a_{1n} \\ a_{21} & a_{22} & \cdots & a_{2n} \\ \cdots & \cdots & \cdots & \cdots \\ a_{m1} & a_{m2} & \cdots & a_{mn} \end{pmatrix}$ 称为方程组(4-8)的系数矩阵；

$x = \begin{pmatrix} x_1 \\ x_2 \\ \vdots \\ x_n \end{pmatrix}$ 为未知量矩阵；$\boldsymbol{\beta} = \begin{pmatrix} b_1 \\ b_2 \\ \vdots \\ b_m \end{pmatrix}$ 为常数项矩阵.

$\widetilde{\mathbf{A}} = (\mathbf{A}, \boldsymbol{\beta})$ 为方程组(4-8)的增广矩阵.

例 4.2 解线性方程组

$$\begin{cases} 3x_1 + 5x_2 + 6x_3 - 4x_4 = 0 \\ x_1 + 2x_2 + 4x_3 - 3x_4 = 0 \\ 4x_1 + 5x_2 - 2x_3 + 3x_4 = 0 \\ 3x_1 + 8x_2 + 24x_3 - 19x_4 = 0 \end{cases}$$

解 方程组的系数矩阵化为阶梯形

$$A=\begin{pmatrix}3&5&6&-4\\1&2&4&-3\\4&5&-2&3\\3&8&24&-19\end{pmatrix}\sim\begin{pmatrix}1&2&4&-3\\0&1&6&-5\\0&0&0&0\\0&0&0&0\end{pmatrix}$$

得阶梯形方程组

$$\begin{cases}x_1+2x_2+4x_3-3x_4=0\\x_2+6x_3-5x_4=0\end{cases}$$

方程组的一般解为

$$\begin{cases}x_1=8x_3-7x_4\\x_2=-6x_3+5x_4\\x_3=x_3\\x_4=x_4\end{cases}$$

2. **给自由未知量赋值.**

令 $x_3=1,x_4=0$,得 $\boldsymbol{\eta}_1=(8,-6,1,0)^T$;令 $x_3=0,x_4=1$,得 $\boldsymbol{\eta}_2=(-7,5,0,1)^T$.

可得解为

$$\boldsymbol{X}=k_1\eta_1+k_2\eta_2=k_1\begin{pmatrix}8\\-6\\1\\0\end{pmatrix}+k_2\begin{pmatrix}-7\\5\\0\\1\end{pmatrix},$$

k_1,k_2 任意常数.

例 4.3　求下列齐次线性方程组的解

$$\begin{cases}x_1-x_2+5x_3-x_4=0\\x_1+x_2-2x_3+3x_4=0\\3x_1-x_2+8x_3+x_4=0\\x_1+3x_2-9x_3+7x_4=0\end{cases}$$

解　$\boldsymbol{A}$ 进行变换转化为行最简形矩阵

$$A=\begin{pmatrix}1&-1&5&-1\\1&1&-2&3\\3&-1&8&1\\1&3&-9&7\end{pmatrix}\underset{r_4-r_1}{\overset{r_2-r_1}{\underset{r_3-3r_1}{\sim}}}\begin{pmatrix}1&-1&5&-1\\0&2&-7&4\\0&2&-7&4\\0&4&-14&8\end{pmatrix}$$

$$\underset{r_4-2r_2}{\overset{r_3-r_2}{\sim}}\begin{pmatrix}1&-1&5&-1\\0&2&-7&4\\0&0&0&0\\0&0&0&0\end{pmatrix}\underset{r_1+r_2}{\overset{r_2\times\frac{1}{2}}{\sim}}\begin{pmatrix}1&0&\frac{3}{2}&1\\0&1&-\frac{7}{2}&2\\0&0&0&0\\0&0&0&0\end{pmatrix}$$

下列方程组与原方程组有相同的解

$$\begin{cases}x_1+\dfrac{3}{2}x_3+x_4=0\\x_2-\dfrac{7}{2}x_3+2x_4=0\end{cases}$$

可知

$$\begin{cases}x_1=-\dfrac{3}{2}x_3-x_4\\x_2=\dfrac{7}{2}x_3-2x_4\end{cases}\quad(x_3,x_4\text{ 任意取值})$$

令 $x_3=c_1,x_4=c_2$,把它写成参数形式

$$\begin{cases}x_1=-\dfrac{3}{2}c_1-c_2\\x_2=\dfrac{7}{2}c_1-2c_2\\x_3=c_1\\x_4=c_2\end{cases}\quad c_1,c_2\text{ 为任意实数}$$

或

$$\begin{pmatrix} x_1 \\ x_2 \\ x_3 \\ x_4 \end{pmatrix} = \begin{pmatrix} -\frac{3}{2}c_1 - c_2 \\ \frac{7}{2}c_1 - 2c_2 \\ c_1 \\ c_2 \end{pmatrix} = c_1 \begin{pmatrix} -\frac{3}{2} \\ \frac{7}{2} \\ 1 \\ 0 \end{pmatrix} + c_2 \begin{pmatrix} -1 \\ -2 \\ 0 \\ 1 \end{pmatrix}$$

例 4.4　求下列非齐次方程组的解

$$\begin{cases} x_1 + 5x_2 - x_3 - x_4 = -1 \\ x_1 - 2x_2 + x_3 + 3x_4 = 3 \\ 3x_1 + 8x_2 - x_3 + x_4 = 1 \\ x_1 - 9x_2 + 3x_3 + 7x_4 = 7 \end{cases}$$

解　对矩阵 $\widetilde{\boldsymbol{A}} = (\boldsymbol{A}, \boldsymbol{b})$ 初等行变换变为行阶梯形矩阵

$$(\boldsymbol{A}, \boldsymbol{b}) = \begin{pmatrix} 1 & 5 & -1 & -1 & -1 \\ 1 & -2 & 1 & 3 & 3 \\ 3 & 8 & -1 & 1 & 1 \\ 1 & -9 & 3 & 7 & 7 \end{pmatrix} \underset{\substack{r_3 - 3r_1 \\ r_4 - r_1}}{\overset{r_2 - r_1}{\sim}} \begin{pmatrix} 1 & 5 & -1 & -1 & -1 \\ 0 & -7 & 2 & 4 & 4 \\ 0 & -7 & 2 & 4 & 4 \\ 0 & -14 & 4 & 8 & 8 \end{pmatrix}$$

$$\underset{r_4 - 2r_2}{\overset{r_3 - r_2}{\sim}} \begin{pmatrix} 1 & 5 & -1 & -1 & -1 \\ 0 & -7 & 2 & 4 & 4 \\ 0 & 0 & 0 & 0 & 0 \\ 0 & 0 & 0 & 0 & 0 \end{pmatrix}$$

通过行阶梯形矩阵化为行最简形矩阵

$$\underset{r_1 - 5r_2}{\overset{-\frac{1}{7} \times r_2}{\sim}} \begin{pmatrix} 1 & 0 & \frac{3}{7} & \frac{13}{7} & \frac{13}{7} \\ 0 & 1 & -\frac{2}{7} & -\frac{4}{7} & -\frac{4}{7} \\ 0 & 0 & 0 & 0 & 0 \\ 0 & 0 & 0 & 0 & 0 \end{pmatrix}$$

即得

$$\begin{cases}x_1=-\dfrac{3}{7}x_3-\dfrac{13}{7}x_4+\dfrac{13}{7}\\x_2=\dfrac{2}{7}x_3+\dfrac{4}{7}x_4-\dfrac{4}{7}\\x_3=x_3\\x_4=x_4\end{cases}$$

令 $x_3=c_1,x_4=c_2$,可得

$$\begin{pmatrix}x_1\\x_2\\x_3\\x_4\end{pmatrix}=c_1\begin{pmatrix}-\dfrac{3}{7}\\\dfrac{2}{7}\\1\\0\end{pmatrix}+c_2\begin{pmatrix}-\dfrac{13}{7}\\\dfrac{4}{7}\\0\\1\end{pmatrix}+\begin{pmatrix}\dfrac{13}{7}\\-\dfrac{4}{7}\\0\\0\end{pmatrix}\text{(其中 } c_1,c_2 \text{ 为任意实数)}$$

例 4.5 下图的网络给出了在下午两点钟,某市区部分单行道的交通流量(以每刻钟通过的汽车数量来度量),试确定网络的流量模式.

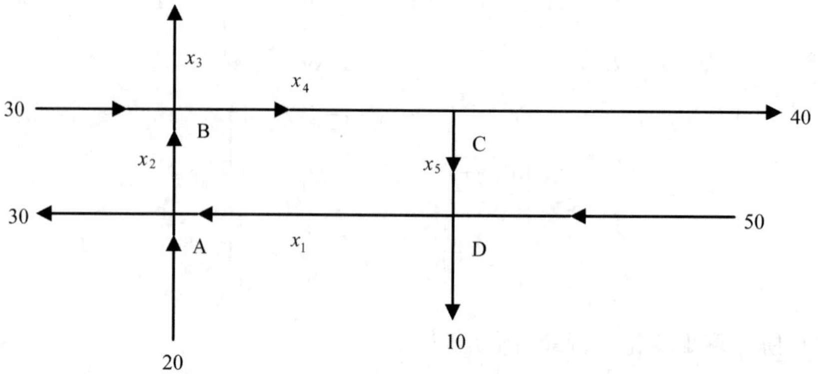

解 根据网络流模型的基本假设,在节点(交叉口)A,B,C,D 处,可以得到下列方程:

$$A:x_1+20=x_2+30,B:x_2+30=x_3+x_4$$

$$C:x_4=x_5+40,D:x_5+50=x_1+10$$

该网络的总流入等于网络的总流出,即

$$20+30+50=30+x_3+40+10,\Rightarrow x_3=20$$

联立以上方程得方程组:

$$\begin{cases} x_1 - x_2 = 10 \\ x_2 - x_3 - x_4 = -30 \\ x_4 - x_5 = 40 \\ x_1 - x_5 = 40 \\ x_3 = 20 \end{cases}$$

取 $x_5 = c$ 为任意常数，则网络的流量模式表示为

$$\begin{cases} x_1 = 40 + c \\ x_2 = 30 + c \\ x_3 = 20 \\ x_4 = 40 + c \\ x_5 = c \end{cases}$$

例 4.6　a 取何值时，方程组

$$\begin{cases} x_1 + x_2 + x_3 = a \\ ax_1 + x_2 + x_3 = 1 \\ x_1 + x_2 + ax_3 = 1 \end{cases}$$

解存在，并求其解.

解　矩阵 $\tilde{\boldsymbol{A}} = (\boldsymbol{A}, \boldsymbol{b})$ 初等行变换变为行阶梯形矩阵

$$(\boldsymbol{A}, \boldsymbol{b}) = \begin{pmatrix} 1 & 1 & 1 & a \\ a & 1 & 1 & 1 \\ 1 & 1 & a & 1 \end{pmatrix} \underset{r3-r1}{\overset{r2-ar1}{\sim}} \begin{pmatrix} 1 & 1 & 1 & a \\ 0 & 1-a & 1-a & 1-a^2 \\ 0 & 0 & a-1 & 1-a \end{pmatrix}$$

当 $a \neq 1$ 时，$\boldsymbol{R}(\boldsymbol{A}) = \boldsymbol{R}(\boldsymbol{A}, \boldsymbol{b}) = 3$，方程组有唯一解：

$$\begin{pmatrix} 1 & 1 & 1 & a \\ 0 & 1-a & 1-a & 1-a^2 \\ 0 & 0 & a-1 & 1-a \end{pmatrix} \underset{r3\times\frac{1}{a-1}}{\overset{r2\times\frac{1}{1-a}}{\sim}} \begin{pmatrix} 1 & 1 & 1 & a \\ 0 & 1 & 1 & 1+a \\ 0 & 0 & 1 & -1 \end{pmatrix}$$

$$\overset{r1-r2}{\sim} \begin{pmatrix} 1 & 0 & 0 & -1 \\ 0 & 1 & 1 & 1+a \\ 0 & 0 & 1 & -1 \end{pmatrix} \overset{r2-r3}{\sim} \begin{pmatrix} 1 & 0 & 0 & -1 \\ 0 & 1 & 0 & a+2 \\ 0 & 0 & 1 & -1 \end{pmatrix}$$

可知：

$$\begin{pmatrix} x_1 \\ x_2 \\ x_3 \end{pmatrix} = \begin{pmatrix} -1 \\ a+2 \\ -1 \end{pmatrix}$$

当 $a=1$ 时，$\boldsymbol{R}(\boldsymbol{A})=\boldsymbol{R}(\boldsymbol{A},\boldsymbol{b})=1<3$，方程组有无穷多组解：

$$\begin{pmatrix} 1 & 1 & 1 & a \\ 0 & 1-a & 1-a & 1-a^2 \\ 0 & 0 & a-1 & 1-a \end{pmatrix} = \begin{pmatrix} 1 & 1 & 1 & 1 \\ 0 & 0 & 0 & 0 \\ 0 & 0 & 0 & 0 \end{pmatrix}$$

得

$$\begin{cases} x_1 = -x_2 - x_3 + 1 \\ x_2 = x_2 \\ x_3 = x_3 \end{cases}$$

令 $x_2=c_1$，$x_3=c_2$，可得

$$\begin{pmatrix} x_1 \\ x_2 \\ x_3 \end{pmatrix} = c_1 \begin{pmatrix} -1 \\ 1 \\ 0 \end{pmatrix} + c_2 \begin{pmatrix} -1 \\ 0 \\ 1 \end{pmatrix} + \begin{pmatrix} 1 \\ 0 \\ 0 \end{pmatrix}$$

§4.2　线性方程组解的判定

接下来我们主要讨论齐次方程和非齐次方程解的存在性以及方程的解.

定理 4.1　齐次线性方程组

$$\begin{cases} a_{11}x_1 + a_{12}x_2 + \cdots\cdots + a_{1n}x_n = 0 \\ a_{21}x_1 + a_{22}x_2 + \cdots\cdots + a_{2n}x_n = 0 \\ \cdots\cdots\cdots\cdots \\ a_{m1}x_1 + a_{m2}x_2 + \cdots\cdots + a_{mn}x_n = 0 \end{cases} \quad (\boldsymbol{A}x=\boldsymbol{0})$$

有非零解的充要条件系数矩阵 $\boldsymbol{A}$ 的秩 $\boldsymbol{R}(\boldsymbol{A})<n$.

定理 4.2　非齐次线性方程组

$$\begin{cases} a_{11}x_1+a_{12}x_2+\cdots\cdots+a_{1n}x_n=b_1 \\ a_{21}x_1+a_{22}x_2+\cdots\cdots+a_{2n}x_n=b_2 \\ \cdots\cdots\cdots\cdots \\ a_{m1}x_1+a_{m2}x_2+\cdots\cdots+a_{mn}x_n=b_m \end{cases} \quad (\boldsymbol{A}x=\boldsymbol{\beta})$$

有解的充要条件是系数矩阵 $\boldsymbol{A}$ 的秩等于增广矩阵 $\widetilde{\boldsymbol{A}}$ 的秩.

通过 $\boldsymbol{A}$ 和增广矩阵 $\widetilde{\boldsymbol{A}}=(\boldsymbol{A},\boldsymbol{\beta})$ 的秩,可以讨论线性方程组是否有解和有解时解是否唯一的问题.

定理 4.3　对于 n 元线性非齐次方程组 $\boldsymbol{A}x=\boldsymbol{\beta}$

(1) 无解的充要条件 $\boldsymbol{R}(\boldsymbol{A})<\boldsymbol{R}(\boldsymbol{A},\boldsymbol{\beta})$;

(2) 有唯一解的充要条件 $\boldsymbol{R}(\boldsymbol{A})=\boldsymbol{R}(\boldsymbol{A},\boldsymbol{\beta})=n$;

(3) 有无数多个解的充分必要条件是 $\boldsymbol{R}(\boldsymbol{A})=\boldsymbol{R}(\boldsymbol{A},\boldsymbol{\beta})<n$.

由定理 4.3,可知求解线性方程组的步骤:

Ⅰ.非齐次线性方程组,把增广矩阵 $\widetilde{\boldsymbol{A}}$ 化为行阶梯形矩阵,从 $\widetilde{\boldsymbol{A}}$ 的行阶梯形矩阵可得出 $\boldsymbol{R}(\boldsymbol{A})$ 和 $\boldsymbol{R}(\boldsymbol{A},\boldsymbol{\beta})$.如果 $\boldsymbol{R}(\boldsymbol{A})<\boldsymbol{R}(\boldsymbol{A},\boldsymbol{\beta})$,则方程组无解.

Ⅱ.如果 $\boldsymbol{R}(\boldsymbol{A})=\boldsymbol{R}(\boldsymbol{A},\boldsymbol{\beta})$,把 $\widetilde{\boldsymbol{A}}$ 化为行最简形矩阵,而齐次线性方程组,则把系数矩阵 $\boldsymbol{A}$ 化为行最简形矩阵.

Ⅲ.如果 $\boldsymbol{R}(\boldsymbol{A})=\boldsymbol{R}(\boldsymbol{A},\boldsymbol{\beta})=r$,把行最简形矩阵中 r 个非零行的第一非零元素所对应的未知数取作非自由未知数,其余 $n-r$ 个未知数取作自由未知数,并令自由未知数分别等于 $c_1,c_2,\cdots,c_{n-r}$,由 $\widetilde{\boldsymbol{A}}$(或 $\boldsymbol{A}$)的行最简形矩阵,即可写出含 $n-r$ 个参数的通解.

例 4.7　利用初等行变换判断下列非齐次线性方程组是否有解.

$$\begin{cases} x_1-x_2+3x_3-x_4=1 \\ 2x_1-x_2-x_3+4x_4=2 \\ 3x_1-2x_2+2x_3+3x_4=3 \\ x_1-4x_3+5x_4=-1 \end{cases}$$

解　对增广矩阵 $\widetilde{\boldsymbol{A}}$ 作初等变换,变为行阶梯形矩阵.

$$\tilde{\boldsymbol{A}}=\begin{pmatrix}1 & -1 & 3 & -1 & 1\\ 2 & -1 & -1 & 4 & 2\\ 3 & -2 & 2 & 3 & 3\\ 1 & 0 & -4 & 5 & -1\end{pmatrix}\underset{r_4-r_1}{\overset{r_2-2r_1}{\underset{r_3-3r_1}{\sim}}}\begin{pmatrix}1 & -1 & 3 & -1 & 1\\ 0 & 1 & -7 & 6 & 0\\ 0 & 1 & -7 & 6 & 0\\ 0 & 1 & -7 & 6 & -2\end{pmatrix}$$

$$\underset{r_4-r_2}{\overset{r_3-r_2}{\sim}}\begin{pmatrix}1 & -1 & 3 & -1 & 1\\ 0 & 1 & -7 & 6 & 0\\ 0 & 0 & 0 & 0 & 0\\ 0 & 0 & 0 & 0 & -2\end{pmatrix}\overset{r_3\leftrightarrow r_4}{\sim}\begin{pmatrix}1 & -1 & 3 & -1 & 1\\ 0 & 1 & -7 & 6 & 0\\ 0 & 0 & 0 & 0 & -2\\ 0 & 0 & 0 & 0 & 0\end{pmatrix}.$$

因为$\boldsymbol{R}(\tilde{\boldsymbol{A}})=3\neq\boldsymbol{R}(\boldsymbol{A})=2$,所以方程组无解.

例 4.8 利用初等行变换判断下列非齐次线性方程组是否有解.

$$\begin{cases}x_1+x_2+x_3+x_4+x_5=1\\ 3x_1+2x_2+x_3+x_4-3x_5=a\\ x_2+2x_3+2x_4+6x_5=3\\ 5x_1+4x_2+3x_3+3x_4-x_5=b\end{cases}.$$

解

$$\tilde{A}=\begin{pmatrix}1 & 1 & 1 & 1 & 1 & 1\\ 3 & 2 & 1 & 1 & -3 & a\\ 0 & 1 & 2 & 2 & 6 & 3\\ 5 & 4 & 3 & 3 & -1 & b\end{pmatrix}\underset{r_4-5r_1}{\overset{r_2-3r_1}{\sim}}\begin{pmatrix}1 & 1 & 1 & 1 & 1 & 1\\ 0 & -1 & -2 & -2 & -6 & a-3\\ 0 & 1 & 2 & 2 & 6 & 3\\ 0 & -1 & -2 & -2 & -6 & b-5\end{pmatrix}$$

$$\overset{r_2\leftrightarrow r_3}{\sim}\begin{pmatrix}1 & 1 & 1 & 1 & 1 & 1\\ 0 & 1 & 2 & 2 & 6 & 3\\ 0 & -1 & -2 & -2 & -6 & a-3\\ 0 & -1 & -2 & -2 & -6 & b-5\end{pmatrix}\underset{r_4+r_2}{\overset{r_3+r_2}{\sim}}\begin{pmatrix}1 & 1 & 1 & 1 & 1 & 1\\ 0 & 1 & 2 & 2 & 6 & 3\\ 0 & 0 & 0 & 0 & 0 & a\\ 0 & 0 & 0 & 0 & 0 & b-2\end{pmatrix}.$$

当$a\neq 0$或$b\neq 2$时,$\boldsymbol{R}(\tilde{\boldsymbol{A}})=3\neq\boldsymbol{R}(\boldsymbol{A})=2$,方程组无解;

当$a=0$且$b=2$时,$\boldsymbol{R}(\tilde{\boldsymbol{A}})=\boldsymbol{R}(\boldsymbol{A})=2<5$,方程组有无穷多组解.

例 4.9 当 a 取何值时，方程组

$$\begin{cases} x_1+x_2-x_3=1 \\ 2x_1+3x_2+ax_3=3 \\ x_1+ax_2+3x_3=2 \end{cases}$$

无解？有唯一解？有无穷多组解？

解 因为

$$|\boldsymbol{A}|=\begin{vmatrix} 1 & 1 & -1 \\ 2 & 3 & a \\ 1 & a & 3 \end{vmatrix}=-(a+3)(a-2)$$

所以，当 $a\neq-3$ 且 $a\neq2$ 时，方程组有唯一解.

当 $a=-3$ 时，对 $\widetilde{\boldsymbol{A}}$ 作初等行变换，变为行阶梯形矩阵：

$$\widetilde{\boldsymbol{A}}=\begin{pmatrix} 1 & 1 & -1 & 1 \\ 2 & 3 & -3 & 3 \\ 1 & -3 & 3 & 2 \end{pmatrix}\overset{r_2-2r_1}{\underset{r_3-r_1}{\sim}}\begin{pmatrix} 1 & 1 & -1 & 1 \\ 0 & 1 & -1 & 1 \\ 0 & -4 & 4 & 1 \end{pmatrix}\overset{r_3+4r_2}{\sim}\begin{pmatrix} 1 & 1 & -1 & 1 \\ 0 & 1 & -1 & 1 \\ 0 & 0 & 0 & 5 \end{pmatrix}.$$

因为 $\boldsymbol{R}(\widetilde{\boldsymbol{A}})=3\neq\boldsymbol{R}(\boldsymbol{A})=2$，故当 $a=-3$ 时，方程组无解.

当 $a=2$ 时，$\widetilde{\boldsymbol{A}}$ 初等行变换，变为行阶梯形矩阵：

$$\widetilde{\boldsymbol{A}}=\begin{pmatrix} 1 & 1 & -1 & 1 \\ 2 & 3 & 2 & 3 \\ 1 & 2 & 3 & 2 \end{pmatrix}\overset{r_2-2r_1}{\underset{r_3-r_1}{\sim}}\begin{pmatrix} 1 & 1 & -1 & 1 \\ 0 & 1 & 4 & 1 \\ 0 & 1 & 4 & 1 \end{pmatrix}\overset{r_3-r_2}{\sim}\begin{pmatrix} 1 & 1 & -1 & 1 \\ 0 & 1 & 4 & 1 \\ 0 & 0 & 0 & 0 \end{pmatrix}.$$

由于 $\boldsymbol{R}(\widetilde{\boldsymbol{A}})=\boldsymbol{R}(\boldsymbol{A})=2<3$，故当 $a=2$ 时，解有无穷多组.

例 4.10 非齐次线性方程组

$$\begin{cases} \lambda x_1+x_2+x_3=\lambda-3 \\ x_1+\lambda x_2+x_3=-2 \\ x_1+x_2+\lambda x_3=-2 \end{cases}$$

当 λ 为何值时，方程组无解、有唯一解、无穷多解.

解

$$|\boldsymbol{A}|=\begin{vmatrix} \lambda & 1 & 1 \\ 1 & \lambda & 1 \\ 1 & 1 & \lambda \end{vmatrix}=(\lambda+2)(\lambda-1)^2.$$

(1) 当 $\lambda \neq 1$ 且 $\lambda \neq -2$ 时，$|\boldsymbol{A}| \neq 0$，方程组有唯一解；

(2)$\lambda = -2$ 时，该方程组的增广矩阵 $\widetilde{\boldsymbol{A}}$ 为

$$\widetilde{\boldsymbol{A}} = \begin{pmatrix} -2 & 1 & 1 & -5 \\ 1 & -2 & 1 & -2 \\ 1 & 1 & -2 & -2 \end{pmatrix} \overset{r_1 \Leftrightarrow r_2}{\underset{\substack{r_2+2r_1 \\ r_3-r_1}}{\sim}} \begin{pmatrix} 1 & -2 & 1 & -2 \\ 0 & -3 & 3 & -9 \\ 0 & 3 & -3 & 0 \end{pmatrix} \overset{r_3+r_2}{\sim} \begin{pmatrix} 1 & -2 & 1 & -2 \\ 0 & -3 & 3 & -9 \\ 0 & 0 & 0 & -9 \end{pmatrix}.$$

因为 $\boldsymbol{R}(\boldsymbol{A}) = 2 \neq \boldsymbol{R}(\widetilde{\boldsymbol{A}}) = 3$，则方程组无解.

(3)$\lambda = 1$ 时，该方程组 $\widetilde{\boldsymbol{A}}$ 为

$$\widetilde{\boldsymbol{A}} = \begin{pmatrix} 1 & 1 & 1 & -2 \\ 1 & 1 & 1 & -2 \\ 1 & 1 & 1 & -2 \end{pmatrix} \overset{r_2-r_1}{\underset{r_3-r_1}{\sim}} \begin{pmatrix} 1 & 1 & 1 & -2 \\ 0 & 0 & 0 & 0 \\ 0 & 0 & 0 & 0 \end{pmatrix}.$$

$\boldsymbol{R}(\boldsymbol{A}) = \boldsymbol{R}(\widetilde{\boldsymbol{A}}) = 1 < 3$，则方程组的解有无穷多组.

§4.3　线性方程组解的结构

线性方程组求解方法与解的性质是线性代数的重要内容.克拉默法则存在一定的局限性，本节用向量的理论，讨论解的存在性和解的结构和求通解表示方法.

我们用向量组线性相关性的理论下来讨论齐次线性方程组.

设有齐次线性方程组

$$\begin{cases} a_{11}x_1 + a_{12}x_2 + \cdots + a_{1n}x_n = 0 \\ a_{21}x_1 + a_{22}x_2 + \cdots + a_{2n}x_n = 0 \\ \cdots\cdots \\ a_{m1}x_1 + a_{m2}x_2 + \cdots + a_{mn}x_n = 0 \end{cases} \tag{4-9}$$

记 $\boldsymbol{A} = \begin{pmatrix} a_{11} & a_{12} & \cdots & a_{1n} \\ a_{21} & a_{22} & \cdots & a_{2n} \\ \vdots & \vdots & \cdots & \vdots \\ a_{m1} & a_{m2} & \cdots & a_{mn} \end{pmatrix}$ 为系数矩阵，$\boldsymbol{X} = \begin{pmatrix} x_1 \\ x_2 \\ \vdots \\ x_n \end{pmatrix}$ 为未知量矩阵，$\boldsymbol{0} = \begin{pmatrix} 0 \\ 0 \\ \vdots \\ 0 \end{pmatrix}$ 为零

矩阵

则方程组(4-9)写成向量方程

$$\boldsymbol{A}x=0 \tag{4-10}$$

它的任一组解

$$x_1=k_1,x_2=k_2,\cdots,x_n=k_n$$

可以看成一个 n 维向量$(k_1,k_2,\cdots,k_n)$，称这个向量为齐次线性方程组(4-9)的一个解向量.

根据向量方程(4-10)，我们来讨论解向量的性质.

性质1　如果 $x=\boldsymbol{\xi}_1,x=\boldsymbol{\xi}_2$ 是方程(4-10)的两个解，则 $\boldsymbol{\xi}_1+\boldsymbol{\xi}_2$ 也是方程(4-10)的解.

证明　将 $\boldsymbol{\xi}_1+\boldsymbol{\xi}_2$ 代入 $\boldsymbol{A}X=0$，

由于 $\boldsymbol{A}(\boldsymbol{\xi}_1+\boldsymbol{\xi}_2)=\boldsymbol{A}\boldsymbol{\xi}_1+\boldsymbol{A}\boldsymbol{\xi}_2=0+0=0$，

则 $\boldsymbol{\xi}_1+\boldsymbol{\xi}_2$ 也是向量方程(4-10)的解.

性质2　如果 $x=\boldsymbol{\xi}_1$ 是方程(4-10)的解，c 为实数，则 $x=c\boldsymbol{\xi}_1$ 也是方程(4-10)的解.

证明　$\boldsymbol{A}(c\boldsymbol{\xi}_1)=c(\boldsymbol{A}\boldsymbol{\xi})=c\cdot 0=0$，所以 $x=c\boldsymbol{\xi}_1$ 也是方程(4-10)的解.

同时可得：如果 $\boldsymbol{\xi}_1,\boldsymbol{\xi}_2,\cdots,\boldsymbol{\xi}_s$ 是方程(4-10)的 s 个解，则它们的任一线性组合 $c_1\boldsymbol{\xi}_1+c_2\boldsymbol{\xi}_2+\cdots+c_s\boldsymbol{\xi}_s$ 也是方程(4-10)的解.

定义4.1　若向量方程(4-10)的一组解 $\boldsymbol{\xi}_1,\boldsymbol{\xi}_2,\cdots,\boldsymbol{\xi}_s$ 满足：

(1)$\boldsymbol{\xi}_1,\boldsymbol{\xi}_2,\cdots,\boldsymbol{\xi}_s$ 线性无关；

(2)方程(4-10)的任意解都可以由 $\boldsymbol{\xi}_1,\boldsymbol{\xi}_2,\cdots,\boldsymbol{\xi}_s$ 线性表示，

则称 $\boldsymbol{\xi}_1,\boldsymbol{\xi}_2,\cdots,\boldsymbol{\xi}_s$ 是方程(4-10)的一个基础解系.

定理4.4　齐次线性方程组(4-9)的系数矩阵 $\boldsymbol{A}$ 的秩 $\boldsymbol{R}(\boldsymbol{A})=r<n$，那么齐次线性方程组(4-9)的基础解系一定存在，每个基础解系含有 $n-r$ 个解向量.

由上讨论可得，求齐次线性方程组 $\boldsymbol{A}x=0$ 的通解，只要求出基础解系，下面利用初等行变换的方法来求齐次线性方程组的基础解系.

设方程组(4-9)中 $\boldsymbol{R}(\boldsymbol{A})=r<n$，对矩阵 $\boldsymbol{A}$ 初等行变换变为行最简形矩阵：

$$B=\begin{pmatrix}1&\cdots&0&b_{11}&\cdots&b_{1,n-r}\\ \vdots&&\vdots&\vdots&&\vdots\\ 0&\cdots&1&b_{r1}&\cdots&b_{r,n-r}\\ 0&&&\cdots&&0\\ \vdots&&&&&\vdots\\ 0&&&\cdots&&0\end{pmatrix}$$

得出与方程组(4-9)同解的方程组：

$$\begin{cases}x_1=-b_{11}x_{r+1}-b_{12}x_{r+2}-\cdots-b_{1,n-r}x_n\\ x_2=-b_{21}x_{r+1}-b_{22}x_{r+2}-\cdots-b_{2,n-r}x_n\\ \cdots\cdots\\ x_r=-b_{r1}x_{r+1}-b_{r2}x_{r+2}-\cdots-b_{r,n-r}x_n\end{cases}$$

把 $x_{r+1},x_{r+2},\cdots\cdots x_n$ 作为自由未知数,并令它们依次等于 $c_1,c_2,\cdots\cdots c_{n-r}$,可得到方程组(4-9)的通解

$$\begin{pmatrix}x_1\\ \vdots\\ x_r\\ x_{r+1}\\ x_{r+2}\\ \vdots\\ x_n\end{pmatrix}=c_1\begin{pmatrix}-b_{11}\\ \vdots\\ -b_{r1}\\ 1\\ 0\\ \vdots\\ 0\end{pmatrix}+c_2\begin{pmatrix}-b_{12}\\ \vdots\\ -b_{r2}\\ 0\\ 1\\ \vdots\\ 0\end{pmatrix}+\cdots+c_{n-r}\begin{pmatrix}-b_{1,n-r}\\ \vdots\\ -b_{r,n-r}\\ 0\\ 0\\ \vdots\\ 1\end{pmatrix}$$

把上式记为

$$x=c_1\boldsymbol{\xi}_1+c_2\boldsymbol{\xi}_2+\cdots+c_s\boldsymbol{\xi}_s$$

知 $\mathbf{A}x=0$ 的一个基础解系 $\boldsymbol{\xi}_1,\boldsymbol{\xi}_2,\cdots,\boldsymbol{\xi}_{n-r}$.

先求 $\mathbf{A}x=0$ 通解,再从通解求得基础解系.其实我们在求解过程中也可以先求基础解系,再写出通解.

例 4.11 求齐次线性方程组 $\begin{cases}x_1-2x_2+x_3+x_4=0\\ x_1-2x_2+x_3-x_4=0\\ x_1-2x_2+x_3+5x_4=0\end{cases}$ 的基础解系.

解 $\boldsymbol{A}$ 作初等行变换，化为行最简形矩阵.

$$\boldsymbol{A}=\begin{pmatrix}1&-2&1&1\\1&-2&1&-1\\1&-2&1&5\end{pmatrix}\overset{r_2-r_1}{\underset{r_3-r_1}{\sim}}\begin{pmatrix}1&-2&1&1\\0&0&0&-2\\0&0&0&4\end{pmatrix}$$

$$\overset{r_2\times\left(-\frac{1}{2}\right)}{\underset{r_3-4r_2}{\sim}}\begin{pmatrix}1&-2&1&1\\0&0&0&1\\0&0&0&0\end{pmatrix}\overset{r_1-r_2}{\sim}\begin{pmatrix}1&-2&1&0\\0&0&0&1\\0&0&0&0\end{pmatrix}$$

得 $\boldsymbol{R}(\boldsymbol{A})=2<4$，有两个自由未知量，同解方程为

$$\begin{cases}x_1-2x_2+x_3=0\\x_4=0\end{cases}$$

取 x_2,x_3 为自由未知量，将方程改写成

$$\begin{cases}x_1=2x_2-x_3\\x_4=0\end{cases}$$

即

$$\begin{cases}x_1=2x_2-x_3\\x_2=x_2\\x_3=x_3\\x_4=0\end{cases}$$

故

$$\begin{pmatrix}x_1\\x_2\\x_3\\x_4\end{pmatrix}=x_2\begin{pmatrix}2\\1\\0\\0\end{pmatrix}+x_3\begin{pmatrix}-1\\0\\1\\0\end{pmatrix}$$

基础解系为

$$\boldsymbol{\xi}_1=\begin{pmatrix}2\\1\\0\\0\end{pmatrix},\boldsymbol{\xi}_2=\begin{pmatrix}-1\\0\\1\\0\end{pmatrix}$$

则 $x = c_1\boldsymbol{\xi}_1 + c_2\boldsymbol{\xi}_2$ 为齐次线性方程组的通解,其中 c_1, c_2 为任意实数.

例 4.12 求齐次线性方程组 $\begin{cases} x_1 + x_2 + x_3 + x_4 + x_5 = 0 \\ 3x_1 + 2x_2 + x_3 + x_4 - 3x_5 = 0 \\ x_2 + 2x_3 + 2x_4 + 6x_5 = 0 \\ 5x_1 + 4x_2 + 3x_3 + 3x_4 - x_5 = 0 \end{cases}$ 的通解.

解 矩阵 $\boldsymbol{A}$ 作初等行变换,化为行最简形矩阵.

$$\boldsymbol{A} = \begin{pmatrix} 1 & 1 & 1 & 1 & 1 \\ 3 & 2 & 1 & 1 & -3 \\ 0 & 1 & 2 & 2 & 6 \\ 5 & 4 & 3 & 3 & -1 \end{pmatrix} \underset{r_4-5r_1}{\overset{r_2-3r_1}{\sim}} \begin{pmatrix} 1 & 1 & 1 & 1 & 1 \\ 0 & -1 & -2 & -2 & -6 \\ 0 & 1 & 2 & 2 & 6 \\ 0 & -1 & -2 & -2 & -6 \end{pmatrix}$$

$$\underset{r_4-r_2}{\overset{r_3+r_2}{\sim}} \begin{pmatrix} 1 & 1 & 1 & 1 & 1 \\ 0 & -1 & -2 & -2 & -6 \\ 0 & 0 & 0 & 0 & 0 \\ 0 & 0 & 0 & 0 & 0 \end{pmatrix} \underset{r_1-r_2}{\overset{r_2\times(-1)}{\sim}} \begin{pmatrix} 1 & 0 & -1 & -1 & -5 \\ 0 & 1 & 2 & 2 & 6 \\ 0 & 0 & 0 & 0 & 0 \\ 0 & 0 & 0 & 0 & 0 \end{pmatrix}$$

得,$\boldsymbol{R}(\boldsymbol{A}) = 2 < 5$,所以方程组有非零解,且有 3 个自由未知量,同解方程为

$$\begin{cases} x_1 = x_3 + x_4 + 5x_5 \\ x_2 = -2x_3 - 2x_4 - 6x_5 \end{cases}$$

即

$$\begin{cases} x_1 = x_3 + x_4 + 5x_5 \\ x_2 = -2x_3 - 2x_4 - 6x_5 \\ x_3 = x_3 \\ x_4 = x_4 \\ x_5 = x_5 \end{cases}$$

故

$$\begin{pmatrix} x_1 \\ x_2 \\ x_3 \\ x_4 \\ x_5 \end{pmatrix} = x_3 \begin{pmatrix} 1 \\ -2 \\ 1 \\ 0 \\ 0 \end{pmatrix} + x_4 \begin{pmatrix} 1 \\ -2 \\ 0 \\ 1 \\ 0 \end{pmatrix} + x_5 \begin{pmatrix} 5 \\ -6 \\ 0 \\ 0 \\ 1 \end{pmatrix}$$

得基础解系为

$$\boldsymbol{\xi}_1=\begin{pmatrix}1\\-2\\1\\0\\0\end{pmatrix},\boldsymbol{\xi}_2=\begin{pmatrix}1\\-2\\0\\1\\0\end{pmatrix},\boldsymbol{\xi}_3=\begin{pmatrix}5\\-6\\0\\0\\1\end{pmatrix}$$

通解 $x=c_1\boldsymbol{\xi}_1+c_2\boldsymbol{\xi}_2+c_3\boldsymbol{\xi}_3$，$c_1,c_2,c_3$ 为任意实数.

接下来讨论非齐次线性方程组

$$\begin{cases}a_{11}x_1+a_{12}x_2+\cdots+a_{1n}x_n=b_1\\a_{21}x_1+a_{22}x_2+\cdots+a_{2n}x_n=b_2\\\quad\cdots\cdots\\a_{m1}x_1+a_{m2}x_2+\cdots+a_{mn}x_n=b_m\end{cases}\tag{4-11}$$

$$\tilde{\mathbf{A}}=\begin{pmatrix}a_{11}&a_{12}&\cdots&a_{1n}&b_1\\a_{21}&a_{22}&\cdots&a_{2n}&b_2\\\vdots&\vdots&&\vdots&\\a_{m1}&a_{m2}&\cdots&a_{mn}&b_1\end{pmatrix}\text{为增广矩阵，}\boldsymbol{\beta}=\begin{pmatrix}b_1\\b_2\\\vdots\\b_m\end{pmatrix}\text{常数项矩阵.}$$

把方程(4-11)写成向量方程的形式

$$\mathbf{A}x=\boldsymbol{\beta}\tag{4-12}$$

性质3　设 $x=\boldsymbol{\eta}_1$ 及 $x=\boldsymbol{\eta}_2$ 都是(4-12)的解，则 $x=\boldsymbol{\eta}_1-\boldsymbol{\eta}_2$ 为对应的齐次线性方程组

$$\mathbf{A}x=0\tag{4-13}$$

的解.

证　$\mathbf{A}(\boldsymbol{\eta}_1-\boldsymbol{\eta}_2)=\mathbf{A}\boldsymbol{\eta}_1-A\boldsymbol{\eta}_2=\boldsymbol{\beta}-\boldsymbol{\beta}=0.$

所以 $x=\boldsymbol{\eta}_1-\boldsymbol{\eta}_2$ 是方程(4-13)的解.

性质4　设 $x=\boldsymbol{\eta}$ 是方程(4-12)的解，$x=\boldsymbol{\xi}$ 是方程(4-13)的解，则 $x=\boldsymbol{\xi}+\boldsymbol{\eta}$ 仍是方程(4-12)的解.

证　$\mathbf{A}(\boldsymbol{\xi}+\boldsymbol{\eta})=\mathbf{A}\boldsymbol{\xi}+\mathbf{A}\boldsymbol{\eta}=0+\boldsymbol{\beta}=\boldsymbol{\beta}$

所以 $x=\boldsymbol{\xi}+\boldsymbol{\eta}$ 是方程(4-12) 的解.

由性质 3,(4-12) 的一个解 $\boldsymbol{\eta}^*$,则方程(4-12) 的任一解总可表示为

$$x=\boldsymbol{\xi}+\boldsymbol{\eta}^*$$

其中 $x=\boldsymbol{\xi}$ 为方程(4-13) 的解,如果方程(4-13) 的通解为 $x=c_1\boldsymbol{\xi}_1+c_2\boldsymbol{\xi}_2+\cdots+c_{n-r}\boldsymbol{\xi}_{n-r}$,则方程(4-12) 的通解可表示为

$$x=c_1\boldsymbol{\xi}_1+c_2\boldsymbol{\xi}_2+\cdots+c_{n-r}\boldsymbol{\xi}_{n-r}+\boldsymbol{\eta}^*$$

其中 $\boldsymbol{\xi}_1,\boldsymbol{\xi}_2,\cdots,\boldsymbol{\xi}_{n-r}$ 是方程(4-13) 的基础解系.

定理 4.5 设 $x=\boldsymbol{\eta}^*$ 是 $\boldsymbol{A}x=\boldsymbol{\beta}$ 解,$x=\boldsymbol{\xi}$ 是对应齐次方程组 $\boldsymbol{A}x=0$ 的通解,则 $x=\boldsymbol{\xi}+\boldsymbol{\eta}^*$ 是 $\boldsymbol{A}x=\boldsymbol{\beta}$ 的通解.

下面通过这个例子阐述求通解的一般步骤:

求非齐次线性方程组

$$\begin{cases}x_1-5x_2+2x_3-3x_4=11\\-3x_1+x_2-4x_3+2x_4=-5\\-x_1-9x_2-4x_4=17\\5x_1+3x_2+6x_3-x_4=-1\end{cases}$$

的通解.

解 第一步 增广矩阵化为阶梯形矩阵

$$(\boldsymbol{A}\quad\boldsymbol{\beta})=\begin{pmatrix}1&-5&2&-3&11\\-3&1&-4&2&-5\\-1&-9&0&-4&17\\5&3&6&-1&-1\end{pmatrix}\xrightarrow[-5r_1+r_4]{\substack{3r_1+r_2\\r_1+r_3}}\begin{pmatrix}1&-5&2&-3&11\\0&-14&2&-7&28\\0&0&0&0&0\\0&0&0&0&0\end{pmatrix}.$$

得阶梯形方程组

$$\begin{cases}x_1-5x_2+2x_3-3x_4=11\\-14x_2+2x_3-7x_4=28\end{cases}$$

取 x_2,x_4 为自由未知量,则方程组的一般解为

$$
\boldsymbol{X}=\begin{pmatrix}-17-9x_2-4x_4\\ x_2\\ 14+7x_2+\dfrac{7}{2}x_4\\ x_4\end{pmatrix}.
$$

第二步 求方程组的一个特解 $\boldsymbol{\eta}_0$，令 $x_2=x_4=0$，得

$$
\boldsymbol{\eta}_0=(-17,0,14,0)^T.
$$

第三步 求方程组的一个基础解系.将一般解中的常数项改为零，一般解为

$$
\boldsymbol{X}=\begin{pmatrix}-9x_2-4x_4\\ x_2\\ 7x_2+\dfrac{7}{2}x_4\\ x_4\end{pmatrix}.
$$

取两组数 $x_2=1,x_4=0;x_2=0,x_4=1$，解得一个基础解系

$$
\boldsymbol{\eta}_1=(-9,1,7,0)^T,\boldsymbol{\eta}_2=\left(-4,0,\frac{7}{2},1\right)^T.
$$

方程组的通解为

$$
\boldsymbol{X}=\boldsymbol{\eta}_0+k_1\boldsymbol{\eta}_1+k_2\boldsymbol{\eta}_2=\begin{pmatrix}-17\\0\\14\\0\end{pmatrix}+k_1\begin{pmatrix}-9\\1\\7\\0\end{pmatrix}+k_2\begin{pmatrix}-4\\0\\\dfrac{7}{2}\\1\end{pmatrix}, \text{其中 } k_1,k_2 \text{ 为任意常数.}
$$

例 4.13　求线性方程组 $\begin{cases}x_1+2x_2-x_3+2x_4=1\\2x_1+4x_2+x_3+x_4=5\\-x_1-2x_2-2x_3+x_4=-4\end{cases}$ 的通解.

解　$\widetilde{\boldsymbol{A}}$ 作初等变换，变为行最简形矩阵.

$$
\widetilde{\boldsymbol{A}}=\begin{pmatrix}1&2&-1&2&1\\2&4&1&1&5\\-1&-2&-2&1&-4\end{pmatrix}\overset{r_2-2r_1}{\underset{r_3+r_1}{\sim}}\begin{pmatrix}1&2&-1&2&1\\0&0&3&-3&3\\0&0&-3&3&-3\end{pmatrix}
$$

$$\overset{r_3+r_2}{\sim}\begin{pmatrix}1 & 2 & -1 & 2 & 1\\0 & 0 & 3 & -3 & 3\\0 & 0 & 0 & 0 & 0\end{pmatrix}\underset{r_1+r_2}{\overset{r_2\times\frac{1}{3}}{\sim}}\begin{pmatrix}1 & 2 & 0 & 1 & 2\\0 & 0 & 1 & -1 & 1\\0 & 0 & 0 & 0 & 0\end{pmatrix}$$

由于 $\boldsymbol{R}(\tilde{\boldsymbol{A}})=\boldsymbol{R}(\boldsymbol{A})=2<3$,所以方程组的解有无数多组.

得同解方程组

$$\begin{cases}x_1+2x_2+x_4=2\\x_3-x_4=1\end{cases}$$

即

$$\begin{cases}x_1=-2x_2-x_4+2\\x_2=x_2\\x_3=x_4+1\\x_4=x_4\end{cases}$$

可得

$$\begin{pmatrix}x_1\\x_2\\x_3\\x_4\end{pmatrix}=x_2\begin{pmatrix}-2\\1\\0\\0\end{pmatrix}+x_4\begin{pmatrix}-1\\0\\1\\1\end{pmatrix}+\begin{pmatrix}2\\0\\1\\0\end{pmatrix}$$

求得非齐次线性方程组的一个特解

$$\boldsymbol{\eta}^*=\begin{pmatrix}2\\0\\1\\0\end{pmatrix}$$

所对应的齐次线性方程组的基础解系

$$\boldsymbol{\xi}_1=\begin{pmatrix}-2\\1\\0\\0\end{pmatrix},\boldsymbol{\xi}_2=\begin{pmatrix}-1\\0\\1\\1\end{pmatrix}$$

通解为 $x=c_1\boldsymbol{\xi}_1+c_2\boldsymbol{\xi}_2+\boldsymbol{\eta}^*$，其中 c_1,c_2 为任意实数.

例 4.14　设线性方程组

$$\begin{cases}x_1+x_2+x_3+x_4+x_5=1\\3x_1+2x_2+x_3+x_4-3x_5=a\\x_2+2x_3+2x_4+6x_5=3\\5x_1+4x_2+3x_3+3x_4-x_5=b.\end{cases}$$

(1)a,b 取何值时，方程组无解，有唯一解，有无穷多解；

(2) 当方程组有无穷多解时，求出它的通解.

解　(1) 由于

$$(A,\boldsymbol{\beta})=\begin{pmatrix}1&1&1&1&1&1\\3&2&1&1&-3&a\\0&1&2&2&6&3\\5&4&3&3&-1&b\end{pmatrix}\sim\begin{pmatrix}1&1&1&1&1&1\\0&1&2&2&6&3\\0&0&0&0&0&a\\0&0&0&0&0&b-2\end{pmatrix}$$

所以当 $a\neq0$ 或者 $b\neq2$ 时，有 $r(\mathbf{A})\neq r(\mathbf{A},\boldsymbol{\beta})$，方程组无解.

当 $a=0$ 且 $b=2$ 时，有 $r(\mathbf{A})=r(\mathbf{A},\boldsymbol{\beta})=2<5$，方程组有无穷多解. 该方程组不可能有唯一解.

(2) 当 $a=0$ 且 $b=2$ 时，可得阶梯形方程组

$$\begin{cases}x_1+x_2+x_3+x_4+x_5=1\\x_2+2x_3+2x_4+6x_5=3.\end{cases}$$

取 x_3,x_4,x_5 为自由未知量，方程组的一般解为

$$\begin{pmatrix}x_1\\x_2\\x_3\\x_4\\x_5\end{pmatrix}=\begin{pmatrix}-2+x_3+x_4+5x_5\\3-2x_3-2x_4-6x_5\\x_3\\x_4\\x_5\end{pmatrix}.$$

令 $x_3=x_4=x_5=0$，得方程组的一个特解 $\boldsymbol{\eta}_0=(-2,3,0,0,0)^T$.对应的齐次线性方程组一般解为

$$\begin{pmatrix}x_1\\x_2\\x_3\\x_4\\x_5\end{pmatrix}=\begin{pmatrix}x_3+x_4+5x_5\\-2x_3-2x_4-6x_5\\x_3\\x_4\\x_5\end{pmatrix}$$

所以

$$\boldsymbol{\eta}_1=(1,-2,1,0,0)^T,\boldsymbol{\eta}_2=(1,-2,0,1,0)^T,\boldsymbol{\eta}_3=(5,-6,0,0,1)^T,$$

是基础解系.于是方程组的通解为

$$\boldsymbol{X}=\boldsymbol{\eta}_0+k_1\boldsymbol{\eta}_1+k_2\boldsymbol{\eta}_2+k_3\boldsymbol{\eta}_3=\begin{pmatrix}-2\\3\\0\\0\\0\end{pmatrix}+k_1\begin{pmatrix}1\\-2\\1\\0\\0\end{pmatrix}+k_2\begin{pmatrix}1\\-2\\0\\1\\0\end{pmatrix}+k_3\begin{pmatrix}5\\-6\\0\\0\\1\end{pmatrix},$$

其中 k_1,k_2,k_3 为任意常数.

总习题四

1.求下列齐次线性方程组的一个基础解系,并用它表出全部解:

1) $\begin{cases}x_1+x_2+x_3+x_4+x_5=0\\3x_1+2x_2+x_3+x_4-x_5=0\\x_1+2x_3+2x_4+6x_5=0\\5x_1+4x_2+3x_3+3x_4-x_5=0\end{cases}$　2) $\begin{cases}x_1+x_2-3x_4-x_5=0\\x_1-x_2+2x_3-x_4=0\\4x_1-2x_2+6x_3+3x_4-4x_5=0\\2x_1+4x_2-2x_3+4x_4-7x_5=0\end{cases}$

3) $\begin{cases}x_1-2x_2+x_3+x_4-x_5=0\\2x_1+x_2-x_3-x_4-x_5=0\\x_1+7x_2-5x_3-5x_4+5x_5=0\\3x_1-x_2-2x_3+x_4-x_5=0\end{cases}$　4) $\begin{cases}x_1-2x_2+x_3-x_4+x_5=0\\2x_1+x_2-x_3+2x_4-3x_5=0\\3x_1+-2x_2-x_3+x_4-2x_5=0\\2x_1-5x_2+x_3-2x_4+2x_5=0\end{cases}$

2.$\boldsymbol{\alpha}_i=(\boldsymbol{\alpha}_{i1},\boldsymbol{\alpha}_{i1},\cdots\cdots\boldsymbol{\alpha}_{in})$,证明:如果$|\boldsymbol{\alpha}_{ij}|\neq 0$,那么$\boldsymbol{\alpha}_1,\boldsymbol{\alpha}_2,\cdots\cdots,\boldsymbol{\alpha}_n$线性无关.

3.设$t_1,t_2,\cdots\cdots,t_r$是互不相同的数,$r\leqslant n$.证明:$\boldsymbol{\alpha}_i=(1,t_i,\cdots\cdots,t_i^{n-1})(i=1,2,\cdots,r)$是线性无关的.

4.求解线性方程组

(1)$\begin{cases}x_1+x_2-x_3=1\\2x_1+3x_2-3x_3=3\\x_1-3x_2+3x_3=2\end{cases}$　(2)$\begin{cases}7x+2y+3z=15\\5x-3y+2z=15\\10x-11y+5z=36\end{cases}$

(3)$\begin{cases}x_1+x_2+2x_3-x_4=0\\2x_1+x_2+x_3-x_4=0\\2x_1+2x_2+x_3+2x_4=0\end{cases}$

5.设矩阵$\boldsymbol{A}=\begin{bmatrix}1&2&3&-3&2\\3&5&a&-4&4\\4&5&0&3&7-a\end{bmatrix}$,以下结论正确的是(　　).

(A)$a=5$时,$\boldsymbol{R}(\boldsymbol{A})=2$　　(B)$a=0$时,$\boldsymbol{R}(\boldsymbol{A})=4$

(C)$a=1$时,$\boldsymbol{R}(\boldsymbol{A})=5$　　(D)$a=2$时,$\boldsymbol{R}(\boldsymbol{A})=1$

6.设$\boldsymbol{A}$是4×3矩阵,且$\boldsymbol{R}(\boldsymbol{A})=2$,而$\boldsymbol{B}=\begin{pmatrix}1&0&2\\0&2&0\\-1&0&3\end{pmatrix}$,则$\boldsymbol{R}(\boldsymbol{AB})=$________.

7.设$\boldsymbol{A}=\begin{pmatrix}1&2&-2\\4&t&3\\3&-1&1\end{pmatrix}$,$\boldsymbol{B}$为3阶非零矩阵,且$\boldsymbol{AB}=0$,则$t=$________.

8.设$\boldsymbol{A}=\begin{pmatrix}1&-2&3k\\-1&2k&-3\\k&-2&3\end{pmatrix}$,问$k$为何值,可使

(1)$\boldsymbol{R}(\boldsymbol{A})=1$　(2)$\boldsymbol{R}(\boldsymbol{A})=2$　(3)$\boldsymbol{R}(\boldsymbol{A})=3$.

9.设矩阵$\boldsymbol{A}=\begin{pmatrix}k&1&1&1\\1&k&1&1\\1&1&k&1\\1&1&1&k\end{pmatrix}$,且$\boldsymbol{R}(\boldsymbol{A})=3$,则$k=$________.

10.设$\boldsymbol{A}=\begin{pmatrix}1&3&3\\1&4&3\\1&3&4\end{pmatrix}$,试将$\boldsymbol{A}$表示为初等矩阵的乘积.

11.设n阶方阵$\boldsymbol{A}$的个行元素之和均为零,且$\boldsymbol{R}(\boldsymbol{A})=n-1$,则线性方程组$\boldsymbol{A}x=0$的通解为________.

12.设

$$\boldsymbol{A}=\begin{pmatrix}a_{11}&a_{12}&a_{13}&a_{14}\\a_{21}&a_{21}&a_{21}&a_{21}\\a_{31}&a_{32}&a_{33}&a_{34}\\a_{41}&a_{42}&a_{43}&a_{44}\end{pmatrix},\boldsymbol{B}=\begin{pmatrix}a_{14}&a_{13}&a_{12}&a_{11}\\a_{24}&a_{23}&a_{22}&a_{21}\\a_{34}&a_{33}&a_{32}&a_{31}\\a_{44}&a_{43}&a_{42}&a_{41}\end{pmatrix},\boldsymbol{P}_1=\begin{pmatrix}0&0&0&1\\0&1&0&0\\0&0&1&0\\1&0&0&0\end{pmatrix}$$

$$\boldsymbol{P}_2=\begin{pmatrix}1&0&0&0\\0&0&1&0\\0&1&0&0\\0&0&0&1\end{pmatrix},$$

其中$\boldsymbol{A}$可逆,则$\boldsymbol{B}^{-1}=$________.

13.设n阶矩阵$\boldsymbol{A}$与$\boldsymbol{B}$等价,则必有(　　).

(A)当$|\boldsymbol{A}|=a(a\neq 0)$时,$|\boldsymbol{B}|=a$

(B)当$|\boldsymbol{A}|=a(a\neq 0)$时,$|\boldsymbol{B}|=-a$

(C)当$|\boldsymbol{A}|\neq 0$时,$|\boldsymbol{B}|=0$

(D)当$|\boldsymbol{A}|=0$时,$|\boldsymbol{B}|=0$

14.设$\boldsymbol{A}=\begin{pmatrix}a&b&b\\b&a&b\\b&b&a\end{pmatrix}$,若$\boldsymbol{R}(\boldsymbol{A}^*)=1$,则必有(　　).

(A)$a=b$或$a+2b=0$

(B)$a=b$或$a+2b\neq 0$

(C)$a\neq b$或$a+2b=0$

(D)$a\neq b$或$a+2b\neq 0$

15.设 $\boldsymbol{A}$ 是三阶方阵，将 $\boldsymbol{A}$ 的第一列与第二列交换得到 $\boldsymbol{B}$，再把 $\boldsymbol{B}$ 的第二列加到第三列得到 $\boldsymbol{C}$，则满足 $\boldsymbol{AQ}=\boldsymbol{C}$ 的可逆矩阵 $\boldsymbol{Q}$ 为(　　).

(A)$\begin{pmatrix}0&1&0\\1&0&0\\1&0&1\end{pmatrix}$　　(B)$\begin{pmatrix}0&1&0\\1&0&1\\0&0&1\end{pmatrix}$

(C)$\begin{pmatrix}0&1&0\\1&0&0\\0&1&1\end{pmatrix}$　　(D)$\begin{pmatrix}0&1&1\\1&0&0\\0&0&1\end{pmatrix}$

16.已知 $\boldsymbol{Q}=\begin{pmatrix}1&2&3\\2&4&t\\3&6&9\end{pmatrix}$，$\boldsymbol{P}$ 为三阶非零矩阵，且 $\boldsymbol{PQ}=0$，则(　　).

(A)$t=6$ 时，$\boldsymbol{R}(\boldsymbol{P})=1$　　(B)$t=6$ 时，$\boldsymbol{R}(\boldsymbol{P})=2$

(C)$t\neq 6$ 时，$\boldsymbol{R}(\boldsymbol{P})=1$　　(D)$t\neq 6$ 时，$\boldsymbol{R}(\boldsymbol{P})=2$

17.求 λ 的值，使齐次线性方程组$\begin{cases}(\lambda+3)x_1+x_2+2x_3=0\\\lambda x_1+(\lambda-1)x_2+x_3=0\\3(\lambda+1)x_1+\lambda x_2+(\lambda+3)x_3=0\end{cases}$有非零解，并求出通解.

18.设$\begin{cases}(2-\lambda)x_1+2x_2-2x_3=1\\2x_1+(5-\lambda)x_2-4x_3=2\\-2x_1-4x_2+(5-\lambda)x_3=-\lambda-1\end{cases}$

问 λ 为何值时，此方程组有唯一解，无解或无穷多解？并在有无穷多解时，求其通解.

19.问 a，b 为何值时，线性方程组$\begin{cases}x_1+x_2+x_3+x_4=0\\x_2+2x_3+2x_4=1\\-x_2+(a-3)x_3-2x_4=b\\3x_1+2x_2+x_3+ax_4=-1\end{cases}$

有唯一解、无解、有无穷多解？并求出有无穷多解时的通解.

20.问 λ 为何值时,线性方程组 $\begin{cases} x_1+x_3=\lambda \\ 4x_1+x_2+2x_3=\lambda+2 \\ 6x_1+x_2+4x_3=2\lambda+3 \end{cases}$ 有解,并求通解.

21.已知3阶矩阵 $\boldsymbol{A}$ 的第一行为 (a,b,c),a,b,c 不全为零,矩阵 $\boldsymbol{B}=\begin{pmatrix} 1 & 2 & 3 \\ 2 & 4 & 6 \\ 3 & 6 & k \end{pmatrix}$,$k$ 为常数.若 $\boldsymbol{AB}=0$,求线性方程组 $\boldsymbol{A}x=0$ 的通解.

22.设 $\boldsymbol{A}$ 是 n 阶可逆方阵,将 $\boldsymbol{A}$ 的第 i 行和第 j 行对换后得到的矩阵记为 $\boldsymbol{B}$.

(1) 证明 $\boldsymbol{B}$ 可逆;(2) 求 $\boldsymbol{AB}^{-1}$.

第五章 特征值与二次型

本章主要讨论方阵的特征值与特征向量、方阵的相似对角化和二次型的化简等问题.其中还涉及向量的内积、正交以及长度等知识,下面先介绍这些知识.

§1 向量的内积

在空间几何中,内积描述向量的度量性质,如长度、夹角等. 通过内积的定义:$\boldsymbol{\alpha}\cdot\boldsymbol{\beta}=|\boldsymbol{\alpha}||\boldsymbol{\beta}|\cos\theta$($\theta$ 是向量 $\boldsymbol{\alpha}$ 与 $\boldsymbol{\beta}$ 的夹角),可得

$$|\boldsymbol{\alpha}|=\sqrt{\boldsymbol{\alpha}\cdot\boldsymbol{\alpha}},\ \cos\theta=\frac{\boldsymbol{\alpha}\cdot\boldsymbol{\beta}}{|\boldsymbol{\alpha}||\boldsymbol{\beta}|}.$$

且在空间直角坐标系中$(x_1,x_2,x_3)\cdot(y_1,y_2,y_3)=x_1y_1+x_2y_2+x_3y_3$.

将上述三维向量的内积概念推广到 n 维向量上.

定义 5.1 设有 n 维向量

$$\boldsymbol{\alpha}=\begin{bmatrix}a_1\\a_2\\\vdots\\a_n\end{bmatrix},\boldsymbol{\beta}=\begin{bmatrix}b_1\\b_2\\\vdots\\b_n\end{bmatrix}$$

称$(\boldsymbol{\alpha},\boldsymbol{\beta})=a_1b_1+a_2b_2+\cdots+a_nb_n$ 为 $\boldsymbol{\alpha}$ 与 $\boldsymbol{\beta}$ 的内积.

内积是向量的一种运算,可以以矩阵形式表示为$(\boldsymbol{\alpha},\boldsymbol{\beta})=\boldsymbol{\alpha}^T\cdot\boldsymbol{\beta}$.

例 5.1 计算$(\boldsymbol{\alpha},\boldsymbol{\beta})$,其中 $\boldsymbol{\alpha},\boldsymbol{\beta}$ 如下:

(1)$\boldsymbol{\alpha}=(0,1,5,-2)$,$\boldsymbol{\beta}=(-2,0,-1,3)$;

(2)$\boldsymbol{\alpha}=(-2, 1, 0, 3)$,$\boldsymbol{\beta}=(3, -6, 8, 4)$.

解 (1)$(\boldsymbol{\alpha}, \boldsymbol{\beta})=0\cdot(-2)+1\cdot 0+5\cdot(-1)+(-2)\cdot 3=-11$;

(2)$(\boldsymbol{\alpha}, \boldsymbol{\beta})=(-2)\cdot 3+1\cdot(-6)+0\cdot 8+3\cdot 4=0$.

若$\boldsymbol{\alpha}$,$\boldsymbol{\beta}$,$\boldsymbol{\gamma}$为n维实向量,k为实数,那么下面的性质可以立即从内积的定义中导出.

(i)$(\boldsymbol{\alpha}, \boldsymbol{\beta})=(\boldsymbol{\beta}, \boldsymbol{\alpha})$;

(ii)$(k\boldsymbol{\alpha}, \boldsymbol{\beta})=k(\boldsymbol{\alpha}, \boldsymbol{\beta})$;

(iii)$(\boldsymbol{\alpha}+\boldsymbol{\beta}, \boldsymbol{\gamma})=(\boldsymbol{\alpha}, \boldsymbol{\gamma})+(\boldsymbol{\beta}, \boldsymbol{\gamma})$.

与三维向量空间一样,内积也可用于定义n维向量的长度和夹角.

定义 5.2 称$\|\boldsymbol{\alpha}\|=\sqrt{\boldsymbol{\alpha}\cdot\boldsymbol{\alpha}}=\sqrt{a_1^2+a_2^2+\cdots+a_n^2}$为向量$\boldsymbol{\alpha}$的长度(或范数),当$\|\boldsymbol{\alpha}\|=1$时,称$\boldsymbol{\alpha}$为单位向量.

从向量长度的定义,可以立即导出以下基本属性:

(i) 非负性:当$\boldsymbol{\alpha}\neq 0$时,$\|\boldsymbol{\alpha}\|\neq 0$,当$\boldsymbol{\alpha}=0$时,$\|\boldsymbol{\alpha}\|=0$.

(ii) 齐次性:$\|k\boldsymbol{\alpha}\|=|k|\ \|\boldsymbol{\alpha}\|$.

(iii) 三角不等式:$\|\boldsymbol{\alpha}+\boldsymbol{\beta}\|\leqslant\|\boldsymbol{\alpha}\|+\|\boldsymbol{\beta}\|$.

(*iv*) 柯西-许瓦茨(Cauchy-Schwarz)不等式:$(\boldsymbol{\alpha}, \boldsymbol{\beta})^2\leqslant\|\boldsymbol{\alpha}\|^2\cdot\|\boldsymbol{\beta}\|^2$.

由柯西-许瓦茨不等式可得

$$\left|\frac{(\boldsymbol{\alpha}, \boldsymbol{\beta})}{\|\boldsymbol{\alpha}\|\cdot\|\boldsymbol{\beta}\|}\right|\leqslant 1(\|\boldsymbol{\alpha}\|\cdot\|\boldsymbol{\beta}\|\neq 0).$$

于是我们定义,当$\|\boldsymbol{\alpha}\|\neq 0$,$\|\boldsymbol{\beta}\|\neq 0$时,称

$$\theta=\arccos\frac{(\boldsymbol{\alpha}, \boldsymbol{\beta})}{\|\boldsymbol{\alpha}\|\cdot\|\boldsymbol{\beta}\|}.$$

为$\boldsymbol{\alpha}$与$\boldsymbol{\beta}$的夹角.当$(\boldsymbol{\alpha}, \boldsymbol{\beta})=0$时,称$\boldsymbol{\alpha}$与$\boldsymbol{\beta}$正交.

显然,n维零向量与任意一个n维向量正交.

称两两正交的非零向量组为正交向量组.

定理 5.1 如果n维非零向量$\boldsymbol{\alpha}_1, \boldsymbol{\alpha}_2, \cdots, \boldsymbol{\alpha}_r$为正交向量组,则它们是线性无关向量组.

证 设有$\lambda_1, \lambda_2, \cdots, \lambda_r$使$\sum\limits_{i=1}^{r}\lambda_i\boldsymbol{\alpha}_i=0$,分别用$\boldsymbol{\alpha}_k$与上式两端作内积($k=1, 2, \cdots, r$),即得

$$\lambda_k(\boldsymbol{\alpha}_k,\boldsymbol{\alpha}_k)=(\boldsymbol{\alpha}_k,0)=0.$$

因 $\boldsymbol{\alpha}_k\neq 0$，故$(\boldsymbol{\alpha}_k,\boldsymbol{\alpha}_k)=\|\boldsymbol{\alpha}_k\|^2\neq 0$,从而$\lambda_k=0$，$k=1,2,\cdots,r$，于是$\boldsymbol{\alpha}_1,\boldsymbol{\alpha}_2,\cdots,\boldsymbol{\alpha}_r$线性无关.

在研究向量空间的问题时,通常使用正交向量组作为向量空间的一组基来简化问题,那么,是否存在 n 维向量空间的正交基(基中向量两两正交)呢？回答是肯定.

定理 5.2　如果$\boldsymbol{\alpha}_1,\boldsymbol{\alpha}_2,\cdots,\boldsymbol{\alpha}_r$是一个$n$维正交向量组,并且$r<n$,那么一定存在$n$维非零向量$\boldsymbol{\beta}$,使$\boldsymbol{\alpha}_1,\boldsymbol{\alpha}_2,\cdots,\boldsymbol{\alpha}_r,\boldsymbol{\beta}$也为正交向量组.

证　$\boldsymbol{\beta}$ 应满足$\boldsymbol{\alpha}_1{}^T\boldsymbol{\beta}=0$，$\boldsymbol{\alpha}_2{}^T\boldsymbol{\beta}=0$，$\cdots$，$\boldsymbol{\alpha}_r{}^T\boldsymbol{\beta}=0$,即

$$\begin{bmatrix}\boldsymbol{\alpha}_1{}^T\\ \boldsymbol{\alpha}_2{}^T\\ \vdots\\ \boldsymbol{\alpha}_r{}^T\end{bmatrix}\boldsymbol{\beta}=\begin{bmatrix}0\\0\\ \vdots\\0\end{bmatrix}.$$

记

$$\boldsymbol{A}=\begin{bmatrix}\boldsymbol{\alpha}_1{}^T\\ \boldsymbol{\alpha}_2{}^T\\ \vdots\\ \boldsymbol{\alpha}_r{}^T\end{bmatrix}$$

则$\boldsymbol{R}(\boldsymbol{A})=r<n$,故齐次线性方程组$\boldsymbol{A}x=0$一定有非零解,且这个非零解就是要找的$\boldsymbol{\beta}$.

推论　r 个$(r<n)$两两正交的n维非零向量组一定可以扩展成$\boldsymbol{R}^n$的一组正交基.

例 5.2　已知$\boldsymbol{\alpha}_1=(1,\ 1,\ 1)^T$,$\boldsymbol{\alpha}_2=(1,\ -2,\ 1)^T$正交,试找一个非零向量$\boldsymbol{\alpha}_3$,使$\boldsymbol{\alpha}_1,\boldsymbol{\alpha}_2,\boldsymbol{\alpha}_3$两两正交.

解　解方程组

$$\begin{bmatrix}1&1&1\\1&-2&1\end{bmatrix}\begin{bmatrix}x_1\\x_2\\x_3\end{bmatrix}=\begin{bmatrix}0\\0\end{bmatrix}$$

得基础解系为$\begin{bmatrix}-1\\0\\1\end{bmatrix}$,取$\boldsymbol{\alpha}_3=\begin{bmatrix}-1\\0\\1\end{bmatrix}$即为所求.

定义 5.3 设 n 维向量 $\boldsymbol{e}_1,\boldsymbol{e}_2,\cdots,\boldsymbol{e}_r$ 是向量空间 $\boldsymbol{V}(\boldsymbol{V}\subset\boldsymbol{R}^n)$ 的一组基，如果 $\boldsymbol{e}_1,\boldsymbol{e}_2,\cdots,\boldsymbol{e}_r$ 两两正交，且都是单位向量，则称之为 V 的一个正交规范基（标准正交基）.

如果 $\boldsymbol{e}_1,\boldsymbol{e}_2,\cdots,\boldsymbol{e}_r$ 是 $\boldsymbol{V}$ 的一组标准正交基，那么 $\boldsymbol{V}$ 中任一向量 $\boldsymbol{\alpha}$ 可由 $\boldsymbol{e}_1,\boldsymbol{e}_2,\cdots,\boldsymbol{e}_r$ 唯一线性表示. 设

$$\boldsymbol{\alpha}=k_1\boldsymbol{e}_1+k_2\boldsymbol{e}_2+\cdots+k_r\boldsymbol{e}_r,$$

则由

$$\boldsymbol{e}_i^T\boldsymbol{\alpha}=k_i\boldsymbol{e}_i^T\boldsymbol{e}_i=k_i$$

得 $k_i=\boldsymbol{e}_i^T\boldsymbol{\alpha}=(\boldsymbol{e}_i,\boldsymbol{\alpha})$，$k_i$ 唯一确定，$i=1,2,\cdots,r$.

下面介绍将向量空间 $\boldsymbol{V}(\boldsymbol{V}\subset\boldsymbol{R}^n)$ 的任一基 $\boldsymbol{\alpha}_1,\boldsymbol{\alpha}_2,\cdots,\boldsymbol{\alpha}_r$ 转换为一标准正交基的 Schmidt 正交化方法，具体步骤如下：

取

$$\boldsymbol{\beta}_1=\boldsymbol{\alpha}_1;$$

$$\boldsymbol{\beta}_2=\boldsymbol{\alpha}_2-\frac{(\boldsymbol{\beta}_1,\boldsymbol{\alpha}_2)}{(\boldsymbol{\beta}_1,\boldsymbol{\beta}_1)}\boldsymbol{\beta}_1;$$

$$\boldsymbol{\beta}_3=\boldsymbol{\alpha}_3-\frac{(\boldsymbol{\beta}_1,\boldsymbol{\alpha}_3)}{(\boldsymbol{\beta}_1,\boldsymbol{\beta}_1)}\boldsymbol{\beta}_1-\frac{(\boldsymbol{\beta}_2,\boldsymbol{\alpha}_3)}{(\boldsymbol{\beta}_2,\boldsymbol{\beta}_2)}\boldsymbol{\beta}_2;$$

$$\cdots$$

$$\boldsymbol{\beta}_r=\boldsymbol{\alpha}_r-\frac{(\boldsymbol{\beta}_1,\boldsymbol{\alpha}_r)}{(\boldsymbol{\beta}_1,\boldsymbol{\beta}_1)}\boldsymbol{\beta}_1-\frac{(\boldsymbol{\beta}_2,\boldsymbol{\alpha}_r)}{(\boldsymbol{\beta}_2,\boldsymbol{\beta}_2)}\boldsymbol{\beta}_2-\cdots-\frac{(\boldsymbol{\beta}_{r-1},\boldsymbol{\alpha}_r)}{(\boldsymbol{\beta}_{r-1},\boldsymbol{\beta}_{r-1})}\boldsymbol{\beta}_{r-1}.$$

容易检验得 $\boldsymbol{\beta}_1,\boldsymbol{\beta}_2,\cdots,\boldsymbol{\beta}_r$ 两两正交，且都是非零向量. 接着将它们单位化，令

$$\boldsymbol{e}_1=\frac{\boldsymbol{\beta}_1}{\|\boldsymbol{\beta}_1\|},\ \boldsymbol{e}_2=\frac{\boldsymbol{\beta}_2}{\|\boldsymbol{\beta}_2\|},\ \cdots,\ \boldsymbol{e}_r=\frac{\boldsymbol{\beta}_r}{\|\boldsymbol{\beta}_r\|}$$

则 $\boldsymbol{e}_1,\boldsymbol{e}_2,\cdots,\boldsymbol{e}_r$ 就是 $\boldsymbol{V}$ 的一个标准正交基.

例 5.3 $\boldsymbol{\alpha}_1=(1,-1,0)^T$、$\boldsymbol{\alpha}_2=(1,0,1)^T$、$\boldsymbol{\alpha}_3=(1,-1,1)^T$ 是 $\boldsymbol{R}^3$ 的一组基，尝试施密特正交化方法，构造 $\boldsymbol{R}^3$ 的一个标准正交基.

解 取

$$\boldsymbol{\beta}_1=\boldsymbol{\alpha}_1=\begin{bmatrix}1\\-1\\0\end{bmatrix},\ \boldsymbol{\beta}_2=\boldsymbol{\alpha}_2-\frac{(\boldsymbol{\beta}_1,\boldsymbol{\alpha}_2)}{(\boldsymbol{\beta}_1,\boldsymbol{\beta}_1)}\boldsymbol{\beta}_1=\begin{bmatrix}1\\0\\1\end{bmatrix}-\frac{1}{2}\begin{bmatrix}1\\-1\\0\end{bmatrix}=\begin{bmatrix}\frac{1}{2}\\\frac{1}{2}\\1\end{bmatrix}$$

$$\boldsymbol{\beta}_3=\boldsymbol{\alpha}_3-\frac{(\boldsymbol{\beta}_1,\boldsymbol{\alpha}_3)}{(\boldsymbol{\beta}_1,\boldsymbol{\beta}_1)}\boldsymbol{\beta}_1-\frac{(\boldsymbol{\beta}_2,\boldsymbol{\alpha}_3)}{(\boldsymbol{\beta}_2,\boldsymbol{\beta}_2)}\boldsymbol{\beta}_2=\begin{bmatrix}1\\-1\\1\end{bmatrix}-\begin{bmatrix}1\\-1\\0\end{bmatrix}-\frac{2}{3}\begin{bmatrix}\frac{1}{2}\\\frac{1}{2}\\1\end{bmatrix}=\begin{bmatrix}-\frac{1}{3}\\-\frac{1}{3}\\\frac{1}{3}\end{bmatrix}$$

然后将 $\boldsymbol{\beta}_1,\boldsymbol{\beta}_2,\boldsymbol{\beta}_3$ 单位化，即得 $\boldsymbol{R}^3$ 的一个标准正交基

$$\boldsymbol{e}_1=\frac{\boldsymbol{\beta}_1}{\|\boldsymbol{\beta}_1\|}=\begin{bmatrix}\frac{1}{\sqrt{2}}\\-\frac{1}{\sqrt{2}}\\0\end{bmatrix},\boldsymbol{e}_2=\frac{\boldsymbol{\beta}_2}{\|\boldsymbol{\beta}_2\|}=\begin{bmatrix}\frac{1}{\sqrt{6}}\\\frac{1}{\sqrt{6}}\\\frac{2}{\sqrt{6}}\end{bmatrix},\boldsymbol{e}_3=\frac{\boldsymbol{\beta}_3}{\|\boldsymbol{\beta}_3\|}=\begin{bmatrix}-\frac{1}{\sqrt{3}}\\-\frac{1}{\sqrt{3}}\\\frac{1}{\sqrt{3}}\end{bmatrix}.$$

定义 5.4　若 n 阶方阵 $\boldsymbol{A}$ 满足 $\boldsymbol{A}^T\boldsymbol{A}=\boldsymbol{E}$（即 $\boldsymbol{A}^{-1}=\boldsymbol{A}^T$），则称其为正交矩阵.

用 $\boldsymbol{A}$ 的列向量表示，即是

$$\begin{bmatrix}\boldsymbol{\alpha}_1{}^T\\\boldsymbol{\alpha}_2{}^T\\\vdots\\\boldsymbol{\alpha}_n{}^T\end{bmatrix}(\boldsymbol{\alpha}_1,\boldsymbol{\alpha}_2,\cdots,\boldsymbol{\alpha}_n)=E,$$

由此得到 n^2 个关系式

$$\boldsymbol{\alpha}_i{}^T\boldsymbol{\alpha}_j=\boldsymbol{\delta}_{ij}=\begin{cases}1 & i=j\\0 & i\neq j\end{cases},\ (i,j=1,2,\cdots,n)$$

这表明方阵 $\boldsymbol{A}$ 为正交矩阵的充分必要条件是：$\boldsymbol{A}$ 的列向量组构成了 $\boldsymbol{R}^n$ 的标准正交基，因为 $\boldsymbol{A}^T\boldsymbol{A}=\boldsymbol{E}=\boldsymbol{A}\boldsymbol{A}^T$，所以 $\boldsymbol{A}$ 的行向量组也构成了 $\boldsymbol{R}^n$ 的一组标准正交基.

例 5.4　验证矩阵

$$A=\begin{bmatrix}\frac{1}{2} & -\frac{1}{2} & \frac{1}{2} & -\frac{1}{2}\\ \frac{1}{2} & -\frac{1}{2} & -\frac{1}{2} & \frac{1}{2}\\ \frac{1}{\sqrt{2}} & \frac{1}{\sqrt{2}} & 0 & 0\\ 0 & 0 & \frac{1}{\sqrt{2}} & \frac{1}{\sqrt{2}}\end{bmatrix}$$

是正交矩阵.

解 $\boldsymbol{A}$ 的每个列向量两两正交且都是单位向量,因此 $\boldsymbol{A}$ 是正交矩阵.

由正交矩阵定义,不难得到下列性质.

(i) 若 $\boldsymbol{A}$ 是正交矩阵,则 $|\boldsymbol{A}|^2=1$.

(ii) 若 $\boldsymbol{A}$ 是正交矩阵,则 $\boldsymbol{A}^T,\boldsymbol{A}^{-1}$ 也是正交矩阵.

(iii) 若 $\boldsymbol{A}$、$\boldsymbol{B}$ 是 n 阶正交矩阵,则 $\boldsymbol{AB}$ 也是正交矩阵.

定义 5.5 如果 $\boldsymbol{T}$ 是正交矩阵,那么线性变换 $y=\boldsymbol{T}x$ 称为正交变换.

设 $y=\boldsymbol{T}x$ 是正交变换,则有

$$\|y\|=\sqrt{y^Ty}=\sqrt{x^T\boldsymbol{T}^T\boldsymbol{T}x}=\sqrt{x^Tx}=\|x\|.$$

这说明,经过正交变换向量的长度不会改变,这是正交变换的优良特性之一. 实际上正交变换相当于旋转和反射的叠合,例如

$$\boldsymbol{T}=\begin{bmatrix}-\cos\theta & \sin\theta\\ \sin\theta & \cos\theta\end{bmatrix}$$

为正交矩阵,正交变换 $y=\boldsymbol{T}x$ 相当于先旋转 θ 角,然后关于纵轴对称反射.

§2 方阵的特征值和特征向量

工程技术中的一些问题,如稳定性问题和振动问题,通常可转化为求一个方阵的特征值和特征向量的问题. 高等数学中比如矩阵的对角化以及解微分方程组等问题,也都要用到特征值的理论.

引例(人口迁徙模型) 假如某个大城市的总人口是固定的，当居民在城市和郊区之间迁移时.每年有 6% 的市区居民迁移到郊区，而有 2% 的郊区居民迁移到市区.若最初有 30% 的居民住在城市，70% 的居民住在郊区，问 10 年后市区居民和郊区居民人口比例是多少，30 年、50 年后又是多少.

问题分析 上述问题可以用矩阵乘法来描述.设人口变量 $x_k=\begin{pmatrix}x_{ck}\\x_{sk}\end{pmatrix}$，$x_c$ 为城市人口所占比例；x_s 为郊区人口所占比例；k 表示年份的次序.

$k=0$ 时，初始状态为 $x_0=\begin{pmatrix}x_{c0}\\x_{s0}\end{pmatrix}=\begin{pmatrix}0.3\\0.7\end{pmatrix}$，1 年以后，市区人口为 $x_{c1}=(1-0.06)x_{c0}+0.02x_{s0}$，郊区人口为 $x_{s1}=0.06x_{c0}+(1-0.02)x_{s0}$，用矩阵乘法可写 $x_1=\begin{pmatrix}0.94&0.02\\0.06&0.98\end{pmatrix}\begin{pmatrix}0.3\\0.7\end{pmatrix}=\boldsymbol{A}x_0=\begin{pmatrix}0.296\\0.704\end{pmatrix}$.

从初始时间到 k 年，$\boldsymbol{A}=\begin{pmatrix}0.94&0.02\\0.06&0.98\end{pmatrix}$ 不变，因此有 $x_k=\boldsymbol{A}x_{k-1}=\boldsymbol{A}^2x_{k-2}=\cdots\boldsymbol{A}^kx_0$. 则 $x^{10}=\boldsymbol{A}^{10}x_0,x^{30}=\boldsymbol{A}^{30}x_0,x^{50}=\boldsymbol{A}^{50}x_0$.

如果要计算 x^k，须知 $\boldsymbol{A}^k$，我们将在本章第三节介绍如何用简便的方法求方阵 $\boldsymbol{A}$ 的高次幂.

在上面引例中，$\boldsymbol{A}=\begin{pmatrix}0.94&0.02\\0.06&0.98\end{pmatrix}$，若取 $\boldsymbol{\alpha}_1=\begin{pmatrix}-1\\1\end{pmatrix}$，$\boldsymbol{\alpha}_2=\begin{pmatrix}1\\3\end{pmatrix}$，则

$$\boldsymbol{A}\begin{pmatrix}-1\\1\end{pmatrix}=0.92\begin{pmatrix}-1\\1\end{pmatrix},\boldsymbol{A}\begin{pmatrix}1\\3\end{pmatrix}=\begin{pmatrix}1\\3\end{pmatrix}.$$

以上运算可见 $\boldsymbol{A\alpha}_1=0.92\boldsymbol{\alpha}_1$，$\boldsymbol{A\alpha}_2=\boldsymbol{\alpha}_2$，即 $\boldsymbol{A\alpha}=\lambda\boldsymbol{\alpha}$.此式表明：方阵 $\boldsymbol{A}$ 与某个非零向量的乘积等于一个常数与这个非零向量的乘积.这就启发我们思考：对于任意一个方阵 $\boldsymbol{A}$，能否可以找到一个常数 λ 和一个非零向量 $\boldsymbol{\alpha}$，使得 $\boldsymbol{A\alpha}=\lambda\boldsymbol{\alpha}$？这就是下面要介绍的方阵的特征值与特征向量.

定义 5.6　设 $\boldsymbol{A}$ 为 n 阶矩阵，如果存在常数 λ 和非零 n 维列向量 $\boldsymbol{\alpha}$，使得

$$\boldsymbol{A\alpha}=\lambda\boldsymbol{\alpha} \tag{5-1}$$

那么称 λ 为矩阵 $\boldsymbol{A}$ 的特征值，称 $\boldsymbol{\alpha}$ 为矩阵 $\boldsymbol{A}$ 对应于特征值 λ 的一个特征向量.

例 5.5 设 $\boldsymbol{A}=\begin{bmatrix}3 & -1\\ -1 & 3\end{bmatrix}$，$\boldsymbol{\alpha}=\begin{bmatrix}1\\1\end{bmatrix}$，则 $\boldsymbol{A}$ 和 $\boldsymbol{\alpha}$ 满足

$$\boldsymbol{A\alpha}=\begin{bmatrix}3 & -1\\ -1 & 3\end{bmatrix}\begin{bmatrix}1\\1\end{bmatrix}=\begin{bmatrix}2\\2\end{bmatrix}=2\begin{bmatrix}1\\1\end{bmatrix}=2\boldsymbol{\alpha}$$

因此 $\lambda=2$ 是 $\boldsymbol{A}$ 的一个特征值，$\boldsymbol{\alpha}=(1,1)^T$ 是矩阵 $\boldsymbol{A}$ 的属于特征值 2 的一个特征向量.且对任意非零常数 k，都有

$$\boldsymbol{A}(k\boldsymbol{\alpha})=k(\boldsymbol{A\alpha})=k(2\boldsymbol{\alpha})=2(k\boldsymbol{\alpha})$$

因此 $k\boldsymbol{\alpha}$ 也是 $\boldsymbol{A}$ 的属于特征值 $\lambda=2$ 的特征向量.

显然，如果 $\boldsymbol{\alpha}$ 是对应于特征值 λ 的特征向量，那么 $k\boldsymbol{\alpha}(k\neq 0)$ 也是对应于 λ 的特征向量，因此特征向量不能由特征值唯一确定；相反，不同特征值所对应的特征向量也不会相等，也就是说一个特征向量只能属于一个特征值.

注意到(5-1)式也可写成

$$(\boldsymbol{A}-\lambda\boldsymbol{E})\boldsymbol{\alpha}=0$$

上式等号右端的 0 是 n 为零向量$(0,0,\cdots,0)^T$. 所以，n 阶矩阵 A 的特征值就是使得齐次线性方程组

$$(\boldsymbol{A}-\lambda\boldsymbol{E})\boldsymbol{X}=0 \tag{5-2}$$

有非零解的 λ.

(5-2) 等式的齐次线性方程组有非零解的充要条件是其对应的系数矩阵的行列式

$$|\boldsymbol{A}-\lambda\boldsymbol{E}|=0. \tag{5-3}$$

(5-3) 等式的左边是 λ 的 n 次多项式，所以 $\boldsymbol{A}$ 的特征值就是该多项式的根.

定义 5.7 设 $\boldsymbol{A}=(a_{ij})_n$ 为 n 阶矩阵，矩阵 $\boldsymbol{A}-\lambda\boldsymbol{E}$ 称为 $\boldsymbol{A}$ 的特征矩阵，其行列式称为 $\boldsymbol{A}$ 的特征多项式，记为 $f(\lambda)$，即

$$f(\lambda)=|\boldsymbol{A}-\lambda\boldsymbol{E}|=\begin{vmatrix}a_{11}-\lambda & a_{12} & \cdots & a_{1n}\\ a_{21} & a_{22}-\lambda & \cdots & a_{2n}\\ \vdots & \vdots & \vdots & \vdots\\ a_{n1} & a_{n2} & \cdots & a_{nn}-\lambda\end{vmatrix}$$

称 $f(\lambda)=|\boldsymbol{A}-\lambda\boldsymbol{E}|=0$ 为 $\boldsymbol{A}$ 的特征方程.

通过计算可以知道，n 阶矩阵 $\boldsymbol{A}$ 的特征多项式是下面形式的 n 次多项式：

$$f(\lambda)=(-1)^n\lambda^n+(-1)^{n-1}(a_{11}+a_{22}+\cdots a_{nn})\lambda^{n-1}+\cdots+|\boldsymbol{A}|.$$

在上面的多项式中，数 $a_{11}+a_{22}+\cdots a_{nn}$ 称为矩阵$\boldsymbol{A}$ 的迹，记为 $tr(\boldsymbol{A})$，即

$$tr(\boldsymbol{A})=a_{11}+a_{22}+\cdots a_{nn}.$$

若$\boldsymbol{A}$ 是 n 阶复矩阵，根据代数学基本知识，可知：

(1)$f(\lambda)=|\boldsymbol{A}-\lambda\boldsymbol{E}|=0$ 在复数范围内一定存在 n 个根，即 $f(\lambda)$ 一定可以分解为

$$f(\lambda)=(\lambda_1-\lambda)(\lambda_2-\lambda)\cdots(\lambda_n-\lambda)$$

其中 $\lambda_1,\lambda_2,\cdots,\lambda_n$ 即为矩阵 A 的特征根；

(2) $|\boldsymbol{A}|=\lambda_1\lambda_2\cdots\lambda_n$；

(3)$tr(\boldsymbol{A})=\lambda_1+\lambda_2+\cdots+\lambda_n$.

设 $\lambda=\lambda_i$ 为$\boldsymbol{A}$ 的其中一个特征值，则由方程

$$(\boldsymbol{A}-\lambda\boldsymbol{E})x=0$$

可求得非零解$\boldsymbol{\alpha}_i$，则$\boldsymbol{\alpha}_i$ 就是矩阵$\boldsymbol{A}$ 的对应于特征值λ_i 的特征向量(如果 λ_i 为实数，那么$\boldsymbol{\alpha}_i$ 可取实向量，如果 λ_i 为复数，那么$\boldsymbol{\alpha}_i$ 为复向量).

例 5.6　求矩阵 $\boldsymbol{A}=\begin{bmatrix}-1&1&0\\-4&3&0\\1&0&2\end{bmatrix}$ 的所有特征值、特征向量.

解　$\boldsymbol{A}$ 的特征多项式为

$$|\boldsymbol{A}-\lambda\boldsymbol{E}|=\begin{vmatrix}-1-\lambda&1&0\\-4&3-\lambda&0\\1&0&2-\lambda\end{vmatrix}=(2-\lambda)(1-\lambda)^2,$$

所以$\boldsymbol{A}$ 的特征值为 $\lambda_1=2,\lambda_2=\lambda_3=1$.

当 $\lambda_1=2$ 时，则方程$(\boldsymbol{A}-2\boldsymbol{E})\boldsymbol{X}=0$，由

$$\boldsymbol{A}-2\boldsymbol{E}=\begin{bmatrix}-3&1&0\\-4&1&0\\1&0&0\end{bmatrix}\to\begin{bmatrix}1&0&0\\0&1&0\\0&0&0\end{bmatrix}$$

得基础解系

$$\boldsymbol{\eta}_1=\begin{bmatrix}0\\0\\1\end{bmatrix}.$$

所以 $k_1\boldsymbol{\eta}_1(k_1\neq 0)$ 是对应于 $\lambda_1=2$ 的全部特征向量.

当 $\lambda_2=\lambda_3=1$ 时,解方程 $(\boldsymbol{A}-\boldsymbol{E})x=0$,由

$$\boldsymbol{A}-\boldsymbol{E}=\begin{bmatrix}-2&1&0\\-4&2&0\\1&0&1\end{bmatrix}\sim\begin{bmatrix}-2&1&0\\1&0&1\\0&0&0\end{bmatrix}\sim\begin{bmatrix}1&0&1\\0&1&2\\0&0&0\end{bmatrix}$$

得基础解系

$$\boldsymbol{\eta}_2=\begin{bmatrix}1\\2\\-1\end{bmatrix}.$$

所以 $k_2\boldsymbol{\eta}_2(k_2\neq 0)$ 是对应于 $\lambda_2=\lambda_3=1$ 的全部特征向量.

从上面的例子中,可以总结出计算特征值、特征向量的步骤:

(1) 计算特征多项式 $|\boldsymbol{A}-\lambda\boldsymbol{E}|$.

(2) 求出 $|\boldsymbol{A}-\lambda\boldsymbol{E}|=0$ 的全部根,它们就是 $\boldsymbol{A}$ 的全部特征值.

(3) 对 $\boldsymbol{A}$ 的每一个特征值 λ_i,求出它对应的齐次线性方程组 $(\boldsymbol{A}-\lambda_i\boldsymbol{E})x=0$ 的一个基础解系

$$\boldsymbol{\eta}_1,\ \boldsymbol{\eta}_2,\ \cdots,\ \boldsymbol{\eta}_r$$

从而

$$k_1\boldsymbol{\eta}_1+k_2\boldsymbol{\eta}_2+\cdots+k_r\boldsymbol{\eta}_r(k_1,k_2,\cdots,k_r\text{ 不同时为零})$$

即为对应于 λ_i 的全部特征向量.

例 5.7 求方阵 $\boldsymbol{A}=\begin{bmatrix}4&6&0\\-3&-5&0\\-3&-6&1\end{bmatrix}$ 的所有特征值、特征向量.

解 $\boldsymbol{A}$ 的特征多项式为

$$|\boldsymbol{A}-\lambda\boldsymbol{E}|=\begin{vmatrix}4-\lambda&6&0\\-3&-5-\lambda&0\\-3&-6&1-\lambda\end{vmatrix}=-(1-\lambda)^2(2+\lambda).$$

所以 $\boldsymbol{A}$ 的特征值为 $\lambda_1=\lambda_2=1$, $\lambda_3=-2$.

当 $\lambda_1=\lambda_2=1$ 时,解方程 $(\boldsymbol{A}-\boldsymbol{E})x=0$,由

$$A-E=\begin{bmatrix}4-1 & 6 & 0\\ -3 & -5-1 & 0\\ -3 & -6 & 0\end{bmatrix}\sim\begin{bmatrix}1 & 2 & 0\\ 0 & 0 & 0\\ 0 & 0 & 0\end{bmatrix}$$

得基础解系

$$\boldsymbol{\eta}_1=\begin{bmatrix}-2\\ 1\\ 0\end{bmatrix},\boldsymbol{\eta}_2=\begin{bmatrix}0\\ 0\\ 1\end{bmatrix}.$$

于是 $k_1\boldsymbol{\eta}_1+k_2\boldsymbol{\eta}_2(k_1^2+k_2^2\neq 0)$ 为对应于 $\lambda_1=\lambda_2=1$ 的全部特征向量.

当 $\lambda_3=-2$ 时,解方程 $(A+2E)x=0$,由

$$A+2E=\begin{bmatrix}4+2 & 6 & 0\\ -3 & -5+2 & 0\\ -3 & -6 & 3\end{bmatrix}\sim\begin{bmatrix}1 & 0 & 1\\ 0 & 1 & -1\\ 0 & 0 & 0\end{bmatrix}$$

得基础解系

$$\boldsymbol{\eta}_3=\begin{bmatrix}-1\\ 1\\ 1\end{bmatrix}.$$

所以 $k_3\boldsymbol{\eta}_3(k_3\neq 0)$ 为对应于 $\lambda_3=-2$ 的全部特征向量.

例 5.8　假如 λ 是矩阵 A 的特征值,证明 λ^2 是矩阵 A^2 的特征值.

证　因 λ 是 A 的特征值,故有 $\boldsymbol{\alpha}\neq 0$,使 $A\boldsymbol{\alpha}=\lambda\boldsymbol{\alpha}$,

于是

$$A^2\boldsymbol{\alpha}=A(A\boldsymbol{\alpha})=\lambda(A\boldsymbol{\alpha})=\lambda^2\boldsymbol{\alpha}.$$

所以 λ^2 是 A^2 的特征值.

定理 5.3　若 λ 是方阵 A 的特征值,$\boldsymbol{\alpha}$ 是方阵 A 属于特征值 λ 的特征向量,则有

(1) λ^k 必定是 A^k 的一个特征值(k 为正整数),而且 $\boldsymbol{\alpha}$ 是 A^k 属于 λ^k 的一个特征向量;

(2) 如果 $f(\lambda)$ 是任一多项式,那么 $f(\lambda)$ 是 $f(A)$ 的一个特征值,且 $\boldsymbol{\alpha}$ 是 $f(A)$ 属于 $f(\lambda)$ 的一个特征向量;

(3) 如果 A 为可逆矩阵,那么 λ^{-1} 是 A^{-1} 的特征值,且 $\boldsymbol{\alpha}$ 是 A^{-1} 属于 λ^{-1} 的特征向量.

证明　因为 λ 是矩阵 A 的特征值,$\boldsymbol{\alpha}$ 是 A 属于特征值 λ 的特征向量,所以 $A\boldsymbol{\alpha}=\lambda\boldsymbol{\alpha}$.

(1) 对 k 进行归纳. 当 $k=1$ 时,显然结论成立.

假设 $k=m$ 时,结论成立,即 $\lambda^m,\boldsymbol{A}^m,\boldsymbol{\alpha}$ 满足

$$\boldsymbol{A}^m\boldsymbol{\alpha}=\lambda^m\boldsymbol{\alpha}.$$

那么,当 $k=m+1$ 时,有

$$\boldsymbol{A}^{m+1}\boldsymbol{\alpha}=(\boldsymbol{A}^m\boldsymbol{A})\boldsymbol{\alpha}=\boldsymbol{A}^m(\boldsymbol{A}\boldsymbol{\alpha})=\boldsymbol{A}^m(\lambda\boldsymbol{\alpha})=\lambda(\boldsymbol{A}^m\boldsymbol{\alpha})=\lambda(\lambda^m\boldsymbol{\alpha})=\lambda^{m+1}\boldsymbol{\alpha}.$$

对于任意的正整数 k,有 λ^k 是$\boldsymbol{A}^k$ 的特征值,并且 $\boldsymbol{\alpha}$ 是$\boldsymbol{A}^k$ 属于 λ^k 的特征向量.

(2) 由(1) 的结论,对于 $f(\boldsymbol{A})\boldsymbol{\alpha}=(a_0\boldsymbol{A}^n+a_1\boldsymbol{A}^{n-1}+\cdots a_n\boldsymbol{E})\boldsymbol{\alpha}$,有

$$\begin{aligned}f(\boldsymbol{A})\boldsymbol{\alpha}&=(a_0\boldsymbol{A}^n+a_1\boldsymbol{A}^{n-1}+\cdots a_n\boldsymbol{E})\boldsymbol{\alpha}\\&=a_0\boldsymbol{A}^n\boldsymbol{\alpha}+a_1\boldsymbol{A}^{n-1}\boldsymbol{\alpha}+\cdots a_n\boldsymbol{\alpha}\\&=a_0\lambda^n\boldsymbol{\alpha}+a_1\lambda^{n-1}\boldsymbol{\alpha}+\cdots a_n\boldsymbol{\alpha}.\\&=(a_0\lambda^n+a_1\lambda^{n-1}+\cdots a_n)\boldsymbol{\alpha}=f(\lambda)\boldsymbol{\alpha}\end{aligned}$$

因此 $f(\lambda)$ 是 $f(\boldsymbol{A})$ 的特征值,且 $\boldsymbol{\alpha}$ 是 $f(\boldsymbol{A})$ 属于 $f(\lambda)$ 的特征向量.

(3) 若矩阵 $\boldsymbol{A}$ 可逆,由于 $|\boldsymbol{A}-\lambda\boldsymbol{E}|=0$,所以 $\lambda\neq 0$. 由 $\boldsymbol{A}\boldsymbol{\alpha}=\lambda\boldsymbol{\alpha}$,可得

$$\boldsymbol{\alpha}=(\boldsymbol{A}^{-1}\boldsymbol{A})\boldsymbol{\alpha}=\boldsymbol{A}^{-1}(\boldsymbol{A}\boldsymbol{\alpha})=\boldsymbol{A}^{-1}(\lambda\boldsymbol{\alpha})=\lambda(\boldsymbol{A}^{-1}\boldsymbol{\alpha})$$

两边均乘以 λ^{-1},有

$$\boldsymbol{A}^{-1}\boldsymbol{\alpha}=\lambda^{-1}\boldsymbol{\alpha}.$$

所以,λ^{-1} 是$\boldsymbol{A}^{-1}$ 的特征值,且 $\boldsymbol{\alpha}$ 是$\boldsymbol{A}^{-1}$ 属于 λ^{-1} 的特征向量.

例 5.9 已知向量 $\boldsymbol{\alpha}_1=(1,2,0)^T$, $\boldsymbol{\alpha}_2=(1,0,1)^T$ 都是矩阵$\boldsymbol{A}$ 的属于特征值$\lambda=2$ 的特征向量,且向量 $\boldsymbol{\beta}=(-1,2,-2)^T$,试求 $\boldsymbol{A}\boldsymbol{\beta}$.

解 由题设条件有 $\boldsymbol{A}\boldsymbol{\alpha}_i=2\boldsymbol{\alpha}_i(i=1,2)$, 又 $\boldsymbol{\beta}=\boldsymbol{\alpha}_1-2\boldsymbol{\alpha}_2$

故

$$\begin{aligned}\boldsymbol{A}\boldsymbol{\beta}&=\boldsymbol{A}(\boldsymbol{\alpha}_1-2\boldsymbol{\alpha}_2)=\boldsymbol{A}\boldsymbol{\alpha}_1-2\boldsymbol{A}\boldsymbol{\alpha}_2\\&=2\boldsymbol{\alpha}_1-2(2\boldsymbol{\alpha}_2)=2(\boldsymbol{\alpha}_1-2\boldsymbol{\alpha}_2)\\&=2\boldsymbol{\beta}=(-2,4,-4)^T\end{aligned}$$

例 5.10 已知三阶矩阵$\boldsymbol{A}$ 的三个特征值分别是2,3,-1,试求$\boldsymbol{A}^3$,$2\boldsymbol{A}^2+\boldsymbol{E}$,$\boldsymbol{A}^{-1}$ 的特征值.

解 由定理5.3 可得,$\boldsymbol{A}^3$ 的特征值为 λ^3,即分别为:8,27,-1;$2\boldsymbol{A}^2+\boldsymbol{E}$ 的特征值为 $2\lambda^2+1$,即分别为:9, 19, 3;$\boldsymbol{A}^{-1}$ 的特征值为 λ^{-1},即分别为:$\frac{1}{2}$, $\frac{1}{3}$, -1.

例 5.11 假设 n 阶矩阵 $\boldsymbol{A}$ 满足 $\boldsymbol{A}^2=4\boldsymbol{A}$，要证明矩阵 $\boldsymbol{A}$ 的特征值只能是 0 或 4.

证明 设 λ 是 $\boldsymbol{A}$ 的任一个特征根，由定理 5.3 可知，$\lambda^2-4\lambda$ 是 $\boldsymbol{A}^2-4\boldsymbol{A}=0$ 的特征根. 因为 $\boldsymbol{A}^2-4\boldsymbol{A}=0$，且零矩阵的特征值只能为 0，所以有 $\lambda^2-4\lambda=0$，即 $\lambda=0$ 或 $\lambda=4$.

定理 5.4 若 $\lambda_1,\lambda_2,\cdots,\lambda_m$ 是方阵 $\boldsymbol{A}$ 的 m 个互不相同的特征值，$\boldsymbol{\alpha}_1,\boldsymbol{\alpha}_2,\cdots,\boldsymbol{\alpha}_m$ 分别是与之对应的特征向量，则有 $\boldsymbol{\alpha}_1,\boldsymbol{\alpha}_2,\cdots,\boldsymbol{\alpha}_m$ 线性无关. 即属于不同特征值的特征向量线性无关.

证 设有常数 $x_1,x_2,\cdots,x_m$，使

$$x_1\boldsymbol{\alpha}_1+x_2\boldsymbol{\alpha}_2+\cdots+x_m\boldsymbol{\alpha}_m=0$$

则

$$\boldsymbol{A}(x_1\boldsymbol{\alpha}_1+x_2\boldsymbol{\alpha}_2+\cdots+x_m\boldsymbol{\alpha}_m)=0$$

即

$$\lambda_1x_1\boldsymbol{\alpha}_1+\lambda_2x_2\boldsymbol{\alpha}_2+\cdots+\lambda_mx_m\boldsymbol{\alpha}_m=0.$$

类推有

$$\lambda_1^kx_1\boldsymbol{\alpha}_1+\lambda_2^kx_2\boldsymbol{\alpha}_2+\cdots+\lambda_m^kx_m\boldsymbol{\alpha}_m=0(k=1,2,\cdots,m-1).$$

把上列各式合写成矩阵形式，得

$$(x_1\boldsymbol{\alpha}_1,x_2\boldsymbol{\alpha}_2,\cdots,x_m\boldsymbol{\alpha}_m)\begin{bmatrix}1 & \lambda_1 & \cdots & \lambda_1^{m-1}\\ 1 & \lambda_2 & \cdots & \lambda_2^{m-1}\\ \vdots & \vdots & & \vdots\\ 1 & \lambda_m & \cdots & \lambda_m^{m-1}\end{bmatrix}=0.$$

上面等式左端第二个矩阵的行列式是范德蒙德行列式，当 λ_i 各不相同时，行列式不等于零，该矩阵可逆，则有

$$(x_1\boldsymbol{\alpha}_1,x_2\boldsymbol{\alpha}_2,\cdots,x_m\boldsymbol{\alpha}_m)=0$$

即 $x_i\boldsymbol{\alpha}_i=0$，但 $\boldsymbol{\alpha}_i\neq0$，故 $x_i=0$，$i=1,2,\cdots,m$.

所以向量组 $\boldsymbol{\alpha}_1,\boldsymbol{\alpha}_2,\cdots,\boldsymbol{\alpha}_m$ 线性无关.

作为定理 5.4 的推广，有下面定理：

定理 5.5 若 $\lambda_1,\lambda_2,\cdots,\lambda_t$ 是 n 阶方阵 $\boldsymbol{A}$ 的 t 个互不相同的特征值，且 $\boldsymbol{A}$ 的属于 λ_i 的特征向量组 $\boldsymbol{a}_{i1},\boldsymbol{a}_{i2},\cdots,\boldsymbol{a}_{ik_i}$ 线性无关，$i=1,2,\cdots,t$，则向量组

$$\boldsymbol{a}_{11},\boldsymbol{a}_{12},\cdots,\boldsymbol{a}_{1k1},\boldsymbol{a}_{21},\boldsymbol{a}_{22},\cdots,\boldsymbol{a}_{2k2},\boldsymbol{a}_{t1},\boldsymbol{a}_{t2}\cdots,\boldsymbol{a}_{tkt}.$$

也线性无关.

§3 相似矩阵与矩阵的对角化

定义 5.8 若 $\boldsymbol{A}$ 和 $\boldsymbol{B}$ 都是 n 阶方阵,如果有一个可逆矩阵 P,使

$$\boldsymbol{B}=P^{-1}\boldsymbol{A}P$$

则称 $\boldsymbol{A}$ 与 $\boldsymbol{B}$ 是相似的,记为 $\boldsymbol{A}\sim\boldsymbol{B}$.

矩阵的相似是矩阵之间的一种关系,称为相似关系.相似关系具有下面三条性质:

(1) 反身性:任取 $\boldsymbol{A}$,有 $\boldsymbol{A}\sim\boldsymbol{A}$;

(2) 对称性:若 $\boldsymbol{A}\sim\boldsymbol{B}$,则 $\boldsymbol{B}\sim\boldsymbol{A}$;

(3) 传递性:若 $\boldsymbol{A}\sim\boldsymbol{B}$, $\boldsymbol{B}\sim C$,则 $\boldsymbol{A}\sim C$.

定理 5.6 如果 n 阶矩阵 $\boldsymbol{A}$ 和 $\boldsymbol{B}$ 相似,那么 $\boldsymbol{A}$ 和 $\boldsymbol{B}$ 的特征多项式相同,则 $\boldsymbol{A}$ 和 $\boldsymbol{B}$ 的特征值相同.

证 因为 $\boldsymbol{A}$ 和 $\boldsymbol{B}$ 相似,所以有可逆矩阵 $\boldsymbol{P}$,使 $\boldsymbol{P}^{-1}\boldsymbol{A}\boldsymbol{P}=\boldsymbol{B}$,故

$$\begin{aligned}|\boldsymbol{B}-\lambda\boldsymbol{E}|&=|\boldsymbol{P}^{-1}\boldsymbol{A}\boldsymbol{P}-\boldsymbol{P}^{-1}(\lambda\boldsymbol{E})\boldsymbol{P}|=|\boldsymbol{P}^{-1}(\boldsymbol{A}-\lambda\boldsymbol{E})\boldsymbol{P}|\\&=|\boldsymbol{P}^{-1}||\boldsymbol{A}-\lambda\boldsymbol{E}||\boldsymbol{P}|=|\boldsymbol{A}-\lambda\boldsymbol{E}|.\end{aligned}$$

推论 如果 n 阶矩阵 $\boldsymbol{A}$ 与对角矩阵 $\boldsymbol{\Lambda}=\mathrm{diag}(\lambda_1,\lambda_2,\cdots,\lambda_n)=\begin{pmatrix}\lambda_1&&&\\&\lambda_2&&\\&&\ddots&\\&&&\lambda_n\end{pmatrix}$ 相似,那么 $\lambda_1,\lambda_2,\cdots,\lambda_n$ 是 $\boldsymbol{A}$ 的特征值.

证 因为 $\lambda_1,\lambda_2,\cdots,\lambda_n$ 是 $\mathrm{diag}(\lambda_1,\lambda_2,\cdots,\lambda_n)$ 的 n 个特征值,所以由定理 5.6 可知 $\lambda_1,\lambda_2,\cdots,\lambda_n$ 也是 $\boldsymbol{A}$ 的特征值.

对于相似矩阵,我们其中关心的一个问题是,所有与 $\boldsymbol{A}$ 相似的矩阵中,最简单的形式是什么? 因为对角矩阵最简单,所以考虑是否任何一个方阵都相似于一个对角矩阵呢?下面我们就来研究这个问题.

定义 5.9　若 n 阶方阵 $\boldsymbol{A}$ 可以相似于对角矩阵，则称 $\boldsymbol{A}$ 可对角化.

假设找到一个可逆矩阵 $\boldsymbol{P}$，使

$$\boldsymbol{P}^{-1}\boldsymbol{AP}=\boldsymbol{\Lambda}=\mathrm{diag}(\lambda_1,\lambda_2,\cdots,\lambda_n)=\begin{pmatrix}\lambda_1 & & & \\ & \lambda_2 & & \\ & & \ddots & \\ & & & \lambda_n\end{pmatrix}.$$

将 $\boldsymbol{P}$ 用其列向量表示为 $\boldsymbol{P}=(\boldsymbol{\beta}_1,\boldsymbol{\beta}_2,\cdots,\boldsymbol{\beta}_n)$，由 $\boldsymbol{P}^{-1}\boldsymbol{AP}=\boldsymbol{\Lambda}$，得 $\boldsymbol{AP}=\boldsymbol{P\Lambda}$，即

$$\begin{aligned}\boldsymbol{A}(\boldsymbol{\beta}_1,\boldsymbol{\beta}_2,\cdots,\boldsymbol{\beta}_n)&=(\boldsymbol{\beta}_1,\boldsymbol{\beta}_2,\cdots,\boldsymbol{\beta}_n)\boldsymbol{\Lambda}\\&=(\boldsymbol{\beta}_1,\boldsymbol{\beta}_2,\cdots,\boldsymbol{\beta}_n)\begin{pmatrix}\lambda_1 & & & \\ & \lambda_2 & & \\ & & \ddots & \\ & & & \lambda_n\end{pmatrix}\\&=(\lambda_1\boldsymbol{\beta}_1,\lambda_2\boldsymbol{\beta}_2,\cdots,\lambda_n\boldsymbol{\beta}_n).\end{aligned}$$

于是有

$$\boldsymbol{A}\boldsymbol{\beta}_i=\lambda_i\boldsymbol{\beta}_i\ (i=1,2,\cdots,n).$$

则 $\boldsymbol{P}$ 的列向量 $\boldsymbol{\beta}_i$ 就是 $\boldsymbol{A}$ 的对应于特征值 λ_i 的特征向量. 又由于 $\boldsymbol{P}$ 可逆，可知 $\boldsymbol{\beta}_1,\boldsymbol{\beta}_2,\cdots,\boldsymbol{\beta}_n$ 线性无关. 因为上面的推导过程可以反推回去. 所以，关于矩阵 $\boldsymbol{A}$ 的对角化有如下结论：

定理 5.7　n 阶矩阵 $\boldsymbol{A}$ 能对角化的充要条件是 $\boldsymbol{A}$ 有 n 个线性无关的特征向量 $\boldsymbol{\beta}_1,\boldsymbol{\beta}_2,\cdots,\boldsymbol{\beta}_n$.

根据定理 5.4，得到下面的推论.

推论　设 $\boldsymbol{A}$ 是一个 n 阶矩阵，若 $\boldsymbol{A}$ 有 n 个互不相同的特征值，那么 $\boldsymbol{A}$ 一定可对角化.

现在的问题是：对于任一给定的方阵 $\boldsymbol{A}$，是否一定存在 n 个线性无关的特征向量呢，答案是否定的. 在第二节例 5.7 中，三阶方阵 $\boldsymbol{A}$ 的特征方程有重根，仍可以找到 3 个线性无关的特征向量；但在例 5.6 中，三阶方阵 $\boldsymbol{A}$ 的特征方程也有重根，却找不到 3 个线性无关的特征向量. 所以例 5.6 中矩阵 $\boldsymbol{A}$ 不能与对角矩阵相似.

例 5.12　设 $\boldsymbol{A}=\begin{bmatrix}2 & -1 & 2\\ 5 & a & 3\\ -1 & b & -2\end{bmatrix}$ 的一个特征向量为 $\boldsymbol{\alpha}=\begin{bmatrix}1\\ 1\\ -1\end{bmatrix}$.

(1) 求参数 a,b 的值以及 $\boldsymbol{A}$ 的与特征向量 $\boldsymbol{\alpha}$ 相对应的特征值;

(2)$\boldsymbol{A}$ 与对角阵是否相似?

解 (1) 设 λ 是 $\boldsymbol{A}$ 的与特征向量 $\boldsymbol{\alpha}$ 相对应的特征值,则有方程组 $(\boldsymbol{A}-\lambda\boldsymbol{E})\boldsymbol{\alpha}=0$,即

$$\begin{bmatrix}2-\lambda & -1 & 2\\ 5 & a-\lambda & 3\\ -1 & b & -2-\lambda\end{bmatrix}\begin{bmatrix}1\\1\\-1\end{bmatrix}=\begin{bmatrix}0\\0\\0\end{bmatrix}$$

即

$$\begin{cases}-\lambda-1=0\\ -\lambda+a+2=0\\ \lambda+b+1=0\end{cases}$$

解得

$$\begin{cases}\lambda=-1\\ a=-3\\ b=0\end{cases}$$

(2) 由 $|\boldsymbol{A}-\lambda\boldsymbol{E}|=\begin{vmatrix}2-\lambda & -1 & 2\\ 5 & -3-\lambda & 3\\ -1 & 0 & -2-\lambda\end{vmatrix}=-(\lambda+1)^3=0$

知 $\boldsymbol{A}$ 有三重特征值

$$\lambda_1=\lambda_2=\lambda_3=-1.$$

由于

$$\boldsymbol{A}+\boldsymbol{E}=\begin{bmatrix}3 & -1 & 2\\ 5 & -2 & 3\\ -1 & 0 & -1\end{bmatrix}\sim\begin{bmatrix}1 & 0 & 1\\ 5 & -2 & 3\\ 3 & -1 & 2\end{bmatrix}\sim\begin{bmatrix}1 & 0 & 1\\ 0 & 2 & 2\\ 0 & 1 & 1\end{bmatrix}\sim\begin{bmatrix}1 & 0 & 1\\ 0 & 1 & 1\\ 0 & 0 & 0\end{bmatrix}$$

可知

$$R(\boldsymbol{A}+\boldsymbol{E})=2,n-R(\boldsymbol{A}+\boldsymbol{E})=3-2=1$$

所以三阶方阵 $\boldsymbol{A}$ 的特征值 $\lambda=-1$ 所对应的线性无关的特征向量仅有一个. 则 $\boldsymbol{A}$ 不与对角矩阵相似.

例 5.13 $A=\begin{pmatrix}1&1&0\\1&1&0\\0&0&1\end{pmatrix}$是否与对角矩阵相似？

解 由于 $f(\lambda)=|A-\lambda E|=\begin{vmatrix}1-\lambda&1&0\\1&1-\lambda&0\\0&0&1-\lambda\end{vmatrix}=\lambda(1-\lambda)(\lambda-2)$，所以 $\lambda_1=0,\lambda_2=1,\lambda_3=2$，是矩阵 A 的三个相异的特征根. 根据定理 5.7 的推论，A 能与对角矩阵相似，且 $A\sim\begin{pmatrix}0&&\\&1&\\&&2\end{pmatrix}$.

例 5.14 判断矩阵 $A=\begin{pmatrix}1&2&2\\2&1&2\\2&2&1\end{pmatrix}$是否能与对角矩阵相似，如果能，找出可逆矩阵 P，使得 $P^{-1}AP$ 为对角矩阵.

解 $f(\lambda)=|A-\lambda E|=\begin{vmatrix}1-\lambda&2&2\\2&1-\lambda&2\\2&2&1-\lambda\end{vmatrix}=(1+\lambda)^2(5-\lambda)$，可知 A 的特征根为 $\lambda_1=5,\lambda_2=-1$（二重根）.

当 $\lambda_1=5$ 时，解齐次线性方程组 $(A-\lambda_1E)X=0$，即 $\begin{pmatrix}-4&2&2\\2&-4&2\\2&2&-4\end{pmatrix}X=\begin{pmatrix}0\\0\\0\end{pmatrix}$，找到一个基础解系为 $\xi_1=(1,1,1)^T$.

当 $\lambda_2=-1$ 时，解齐次线性方程组 $(A-\lambda_2E)X=0$，即 $\begin{pmatrix}2&2&2\\2&2&2\\2&2&2\end{pmatrix}X=\begin{pmatrix}0\\0\\0\end{pmatrix}$，找到一个基础解系为 $\xi_2=(1,0,-1)^T,\xi_3=(0,1,-1)^T$.

由定理 5.5 可知，ξ_1,ξ_2,ξ_3 线性无关，于是 A 能与对角矩阵相似.若令

$$P=(\xi_1,\xi_2,\xi_3)=\begin{pmatrix}1&1&0\\1&0&1\\1&-1&-1\end{pmatrix},$$

则可得 $P^{-1}AP=\begin{pmatrix}5&&\\&-1&\\&&-1\end{pmatrix}$.

例 5.15 若二阶矩阵 $A=\begin{pmatrix}7&2\\-4&1\end{pmatrix}$,求 A^k.

解 由 $f(\lambda)=|A-\lambda E|=\begin{vmatrix}7-\lambda&2\\-4&1-\lambda\end{vmatrix}=(5-\lambda)(3-\lambda)$,可知 A 有两个互异的特征值 $\lambda_1=5,\lambda_2=3$,所以二阶矩阵 A 可以对角化. 解方程组 $(A-5E)X=0$ 和 $(A-3E)X=0$ 可以找到 A 的两个线性无关的特征向量:

$$\xi_1=(1,-1)^T,\xi_2=(1,-2)^T.$$

若令 $P=(\xi_1,\xi_2)=\begin{pmatrix}1&1\\-1&-2\end{pmatrix}$,则可得 $P^{-1}AP=\begin{pmatrix}5&0\\0&3\end{pmatrix}$,即 $A=P\begin{pmatrix}5&0\\0&3\end{pmatrix}P^{-1}$,于是

$$A^k=\left(P\begin{pmatrix}5&0\\0&3\end{pmatrix}P^{-1}\right)^k=P\begin{pmatrix}5&0\\0&3\end{pmatrix}^kP^{-1}=P\begin{pmatrix}5^k&0\\0&3^k\end{pmatrix}P^{-1}$$

$$=\begin{pmatrix}1&1\\-1&-2\end{pmatrix}\begin{pmatrix}5^k&0\\0&3^k\end{pmatrix}\begin{pmatrix}2&1\\-1&-1\end{pmatrix}=\begin{pmatrix}2\times5^k-3^k&5^k-3^k\\2\times3^k-2\times5^k&2\times3^k-5^k\end{pmatrix}$$

实对称矩阵是一类常见的矩阵,它具备了许多好的性质. 如果 A 是实对称矩阵,那么它一定可以对角化,而且还可以找到一个正交矩阵 T,使 $T^{-1}AT$ 为对角阵.

定理 5.8 实对称矩阵的特征值全是实数.

证 假设复数 λ 是实对称矩阵 A 的特征值,复向量 X 是其对应的特征向量,则 $AX=\lambda X,X\neq0$.

下面想证 λ 是实数,只需证明 $\bar{\lambda}=\lambda$,其中 $\bar{\lambda}$ 表示 λ 的共轭复数,设 $\overline{X}$ 表示 X 的共轭复向量,则

$$A\overline{X}=\overline{A}\,\overline{X}=(\overline{AX})=\overline{\lambda X}=\bar{\lambda}\,\overline{X}$$

于是有

$$\overline{X}^T AX = \overline{X}^T \lambda X = \lambda \overline{X}^T X$$

及

$$\overline{X}^T AX = (\overline{X}^T A^T) X = (A \overline{X})^T X = (\bar{\lambda} \overline{X})^T X = \bar{\lambda} \overline{X}^T X.$$

两式相减，得

$$(\lambda - \bar{\lambda}) \overline{X}^T X = 0.$$

但因 $X \neq 0$，所以

$$\overline{X}^T X = \sum_{i=1}^{n} \bar{x}_i x_i = \sum_{i=1}^{n} |x_i|^2 \neq 0.$$

故 $\lambda - \bar{\lambda} = 0$，即 $\lambda = \bar{\lambda}$，这表明 λ 是实数.

显然，当特征值 λ 是实数时，齐次线性方程组

$$(A - \lambda E)X = 0$$

是实系数线性方程组，那么一定有实的基础解系，即对应于 λ 的特征向量一定可取实向量.

定理 5.9　设 λ_1，λ_2 是实对称矩阵 A 的两个不相同的特征值，P_1，P_2 是它们对应的特征向量，则有 P_1 与 P_2 正交.

证　由 $AP_1 = \lambda_1 P_1$，$AP_2 = \lambda_2 P_2$，又因 A 对称，故

$$\lambda_1 P^T{}_1 = (\lambda_1 P_1)^T = (AP_1)^T = P^T{}_1 A^T = P^T{}_1 A,$$

于是

$$\lambda_1 P^T{}_1 P_2 = P^T{}_1 A P_2 = P^T{}_1 (\lambda_2 P_2) = \lambda_2 P^T{}_1 P_2$$

即

$$(\lambda_1 - \lambda_2) P^T{}_1 P_2 = 0,$$

但 $\lambda_1 \neq \lambda_2$，故 $P^T{}_1 P_2 = 0$，即 P_1 与 P_2 正交.

定理 5.10　设 A 是 n 阶实对称矩阵，那么一定存在 n 阶正交矩阵 T，使

$$T^{-1} A T = \begin{bmatrix} \lambda_1 & & & \\ & \lambda_2 & & \\ & & \ddots & \\ & & & \lambda_n \end{bmatrix}$$

其中 $\lambda_1, \lambda_2, \cdots, \lambda_n$ 是 A 的全部特征值.

下面我们主要介绍如何具体算出上面所提到的正交矩阵 $\boldsymbol{T}$，因为 $\boldsymbol{T}$ 是正交矩阵，所以 $\boldsymbol{T}$ 的列向量组是正交的单位向量组. 由前面所学内容可知，$\boldsymbol{T}$ 的列向量组是由 $\boldsymbol{A}$ 的 n 个线性无关的特征向量构成，因此对 $\boldsymbol{T}$ 的列向量组有下面三条要求：

1° 每个列向量是特征向量；

2° 任意两个列向量正交；

3° 每个列向量是单位向量.

因此求正交矩阵 $\boldsymbol{T}$，使 $\boldsymbol{T}^{-1}\boldsymbol{AT}$ 为对角阵的具体步骤如下：

(1) 求出 $\boldsymbol{A}$ 的所有不同的特征值 $\lambda_1,\lambda_2,\cdots,\lambda_s$.

(2) 先求出 $\boldsymbol{A}$ 的每个特征值 λ_i 的一组线性无关的特征向量，即找到齐次线性方程组 $(\boldsymbol{A}-\lambda_i\boldsymbol{E})X=0$ 的一个基础解系.再利用Schmidt正交化方法，将基础解系标准正交化，根据定理5.9，可知对应于不同特征值的特征向量正交，如此可得 $\boldsymbol{A}$ 的 n 个正交的单位特征向量.

(3) 将上面求出的 n 个正交的单位特征向量作为列向量，构成的 n 阶方阵即为所求的正交矩阵 $\boldsymbol{T}$；将相应的特征值作为主对角线上元素的对角矩阵，就是所求的 $\boldsymbol{T}^{-1}\boldsymbol{AT}$.

例 5.16 设 $\boldsymbol{A}=\begin{bmatrix}1&2&2\\2&1&2\\2&2&1\end{bmatrix}$，求正交矩阵 T，使得 $\boldsymbol{T}^{-1}\boldsymbol{A}T$ 为对角矩阵.

解 因为 $\boldsymbol{A}$ 是实对称矩阵，所以一定存在正交矩阵 $\boldsymbol{T}$，使 $\boldsymbol{T}^{-1}\boldsymbol{AT}$ 为对角阵.

第一步：先求 $\boldsymbol{A}$ 的特征值，由

$$|\boldsymbol{A}-\lambda\boldsymbol{E}|=\begin{vmatrix}1-\lambda&2&2\\2&1-\lambda&2\\2&2&1-\lambda\end{vmatrix}=\begin{vmatrix}5-\lambda&2&2\\5-\lambda&1-\lambda&2\\5-\lambda&2&1-\lambda\end{vmatrix}$$

$$=(5-\lambda)\begin{vmatrix}1&2&2\\0&-(\lambda+1)&0\\0&0&-(\lambda+1)\end{vmatrix}=(5-\lambda)(\lambda+1)^2$$

求得 $\boldsymbol{A}$ 的特征值为 $\lambda_1=-1$(二重)，$\lambda_2=5$.

第二步：对于 $\lambda_1=-1$，求解齐次线性方程组 $(\boldsymbol{A}+\boldsymbol{E})X=0$. 由

$$A+E=\begin{bmatrix}2&2&2\\2&2&2\\2&2&2\end{bmatrix}\sim\begin{bmatrix}1&1&1\\0&0&0\\0&0&0\end{bmatrix}$$

求得一基础解系为

$$\boldsymbol{\alpha}_1=\begin{bmatrix}-1\\1\\0\end{bmatrix},\boldsymbol{\alpha}_2=\begin{bmatrix}-1\\0\\1\end{bmatrix}.$$

正交化:令

$$\boldsymbol{\beta}_1=\boldsymbol{\alpha}_1=\begin{bmatrix}-1\\1\\0\end{bmatrix}$$

$$\boldsymbol{\beta}_2=\boldsymbol{\alpha}_2-\frac{(\boldsymbol{\beta}_1,\boldsymbol{\alpha}_2)}{(\boldsymbol{\beta}_1,\boldsymbol{\beta}_1)}\boldsymbol{\beta}_1=\begin{bmatrix}-1\\0\\1\end{bmatrix}-\frac{1}{2}\begin{bmatrix}-1\\1\\0\end{bmatrix}=\begin{bmatrix}-\frac{1}{2}\\-\frac{1}{2}\\1\end{bmatrix}.$$

再单位化,令

$$\gamma_1=\frac{\boldsymbol{\beta}_1}{\|\boldsymbol{\beta}_1\|}=\begin{bmatrix}-\frac{1}{\sqrt{2}}\\\frac{1}{\sqrt{2}}\\0\end{bmatrix},\gamma_2=\frac{\boldsymbol{\beta}_2}{\|\boldsymbol{\beta}_2\|}=\begin{bmatrix}-\frac{\sqrt{6}}{6}\\-\frac{\sqrt{6}}{6}\\\frac{\sqrt{6}}{3}\end{bmatrix}.$$

对于$\lambda_2=5$,求解齐次线性方程组$(\boldsymbol{A}-5\boldsymbol{E})X=0$. 由

$$\boldsymbol{A}-5\boldsymbol{E}=\begin{bmatrix}-4&2&2\\2&-4&2\\2&2&-4\end{bmatrix}\sim\begin{bmatrix}1&1&-2\\0&1&-1\\0&0&0\end{bmatrix}\sim\begin{bmatrix}1&0&-1\\0&1&-1\\0&0&0\end{bmatrix}$$

求得它的一基础解系为

$$\boldsymbol{\alpha}_3=\begin{bmatrix}1\\1\\1\end{bmatrix}.$$

这里只有一个向量,只要单位化,得

$$\gamma_3=\frac{\boldsymbol{\alpha}_3}{\|\boldsymbol{\alpha}_3\|}=\begin{bmatrix}\frac{1}{\sqrt{3}}\\\frac{1}{\sqrt{3}}\\\frac{1}{\sqrt{3}}\end{bmatrix}.$$

第三步:以 $\boldsymbol{\gamma}_1,\boldsymbol{\gamma}_2,\boldsymbol{\gamma}_3$ 为列向量构成的矩阵 T,就是要求的正交矩阵,即

$$T=(\boldsymbol{\gamma}_1,\boldsymbol{\gamma}_2,\boldsymbol{\gamma}_3)=\begin{bmatrix}-\frac{1}{\sqrt{2}} & -\frac{\sqrt{6}}{6} & \frac{1}{\sqrt{3}}\\\frac{1}{\sqrt{2}} & -\frac{\sqrt{6}}{6} & \frac{1}{\sqrt{3}}\\0 & \frac{\sqrt{6}}{3} & \frac{1}{\sqrt{3}}\end{bmatrix}$$

且 $$T^{-1}\boldsymbol{A}T=\begin{bmatrix}-1 & 0 & 0\\0 & -1 & 0\\0 & 0 & 5\end{bmatrix}.$$

例 5.17 若$\boldsymbol{A}=\begin{bmatrix}7 & -3 & -1 & 1\\-3 & 7 & 1 & -1\\-1 & 1 & 7 & -3\\1 & -1 & -3 & 7\end{bmatrix}$,求正交矩阵$\boldsymbol{T}$,使得$\boldsymbol{T}^{-1}\boldsymbol{AT}$为对角矩阵.

解

$$|\boldsymbol{A}-\lambda\boldsymbol{E}|=\begin{vmatrix}7-\lambda & -3 & -1 & 1\\-3 & 7-\lambda & 1 & -1\\-1 & 1 & 7-\lambda & -3\\1 & -1 & -3 & 7-\lambda\end{vmatrix}=\begin{vmatrix}4-\lambda & -3 & -1 & 1\\4-\lambda & 7-\lambda & 1 & -1\\4-\lambda & 1 & 7-\lambda & -3\\4-\lambda & -1 & -3 & 7-\lambda\end{vmatrix}$$

$$=(4-\lambda)\begin{vmatrix}1 & -3 & -1 & 1\\0 & 10-\lambda & 2 & -2\\0 & 4 & 8-\lambda & -4\\0 & 2 & -2 & 6-\lambda\end{vmatrix}=(4-\lambda)\begin{vmatrix}10-\lambda & 2 & -2\\4 & 8-\lambda & -4\\2 & -2 & 6-\lambda\end{vmatrix}$$

$$
=(4-\lambda)\begin{vmatrix}12-\lambda & 2 & -2\\ 12-\lambda & 8-\lambda & -4\\ 0 & -2 & 6-\lambda\end{vmatrix}=(4-\lambda)(12-\lambda)\begin{vmatrix}1 & 2 & -2\\ 1 & 8-\lambda & -4\\ 0 & -2 & 6-\lambda\end{vmatrix}
$$

$$
=(4-\lambda)(12-\lambda)\begin{vmatrix}1 & 2 & -2\\ 0 & 6-\lambda & -2\\ 0 & -2 & 6-\lambda\end{vmatrix}=(4-\lambda)^2(8-\lambda)(12-\lambda).
$$

求得 $\boldsymbol{A}$ 的不同特征值 $\lambda_1=4$(二重)，$\lambda_2=8$，$\lambda_3=12$.

对于 $\lambda_1=4$ 求解齐次线性方程组 $(\boldsymbol{A}-4\boldsymbol{E})\boldsymbol{X}=0$,由

$$
\boldsymbol{A}-4\boldsymbol{E}=\begin{bmatrix}3 & -3 & -1 & 1\\ -3 & 3 & 1 & -1\\ -1 & 1 & 3 & -3\\ 1 & -1 & -3 & 3\end{bmatrix}\sim\begin{bmatrix}1 & -1 & -3 & 3\\ 0 & 0 & 8 & -8\\ 0 & 0 & -8 & 8\\ 0 & 0 & 0 & 0\end{bmatrix}\sim\begin{bmatrix}1 & -1 & 0 & 0\\ 0 & 0 & 1 & -1\\ 0 & 0 & 0 & 0\\ 0 & 0 & 0 & 0\end{bmatrix}
$$

求得一组基础解系为

$$
\boldsymbol{\alpha}_1=\begin{bmatrix}1\\1\\0\\0\end{bmatrix},\boldsymbol{\alpha}_2=\begin{bmatrix}0\\0\\1\\1\end{bmatrix}.
$$

显然 $\boldsymbol{\alpha}_1$ 与 $\boldsymbol{\alpha}_2$ 正交,只要单位化,即

$$
\boldsymbol{\gamma}_1=\frac{\boldsymbol{\alpha}_1}{\|\boldsymbol{\alpha}_1\|}=\begin{bmatrix}\frac{\sqrt{2}}{2}\\ \frac{\sqrt{2}}{2}\\ 0\\ 0\end{bmatrix},\boldsymbol{\gamma}_2=\frac{\boldsymbol{\alpha}_2}{\|\boldsymbol{\alpha}_2\|}=\begin{bmatrix}0\\ 0\\ \frac{\sqrt{2}}{2}\\ \frac{\sqrt{2}}{2}\end{bmatrix};
$$

当 $\lambda_2=8$ 时，相似地可求出齐次线性方程组 $(\boldsymbol{A}-8\boldsymbol{E})\boldsymbol{X}=0$ 的一组单位化的基础解系

$$
\boldsymbol{\gamma}_3=\left(-\frac{1}{2},\frac{1}{2},-\frac{1}{2},\frac{1}{2}\right)^T
$$

当 $\lambda_3=12$ 时，相似地可求出其对应的单位特征向量

$$
\boldsymbol{\gamma}_4=\left(\frac{1}{2},-\frac{1}{2},-\frac{1}{2},\frac{1}{2}\right)^T
$$

于是

$$T=(\boldsymbol{\gamma}_1,\boldsymbol{\gamma}_2,\boldsymbol{\gamma}_3,\boldsymbol{\gamma}_4)=\begin{bmatrix}\frac{\sqrt{2}}{2} & 0 & -\frac{1}{2} & \frac{1}{2}\\ \frac{\sqrt{2}}{2} & 0 & \frac{1}{2} & -\frac{1}{2}\\ 0 & \frac{\sqrt{2}}{2} & -\frac{1}{2} & -\frac{1}{2}\\ 0 & \frac{\sqrt{2}}{2} & \frac{1}{2} & \frac{1}{2}\end{bmatrix}$$

即为所求的正交矩阵,且

$$\boldsymbol{T}^{-1}\boldsymbol{AT}=\begin{bmatrix}4 & 0 & 0 & 0\\ 0 & 4 & 0 & 0\\ 0 & 0 & 8 & 0\\ 0 & 0 & 0 & 12\end{bmatrix}.$$

§4　化二次型为标准型

平面解析几何中有一个重要研究内容是,判别何种方程代表何种曲线. 例如, 二元二次方程 $x^2+xy+y^2=1$ 表示平面直角坐标系下的一条二次曲线,通过适当的坐标变换,可以把它化为标准二次曲线方程$\frac{1}{2}x'^2+\frac{3}{2}y'^2=1$,利用该标准曲线方程即可判定这条二次曲线的类型. 同样,三元二次方程一般表示空间直角坐标系下的一个二次曲面, 对于二次曲面也有判别何种方程代表何种曲面的问题.

无论是二次曲线,还是二次曲面,它们的方程都具有二次齐次多项式的形式,这些二次齐次多项式就称为二次型, 二次曲线和二次曲面的分类就归结为二次型的分类. 一般地, 可以将 n 个变量的二次齐次多项式称为 n 元二次型. 本节将用矩阵工具来研究二次型,介绍如何将二次型化为标准型的几种方法.

定义 5.10　将含有 n 个变量 $x_1,x_2,\cdots,x_n$ 的二次齐次多项式

$$f(x_1,x_2,\cdots,x_n)=a_{11}x_1^2+2a_{12}x_1x_2+\cdots+2a_{1n}x_1x_n$$
$$+a_{22}x_2^2+2a_{23}x_2x_3+\cdots+2a_{2n}x_2x_n$$
$$+$$
$$\ddots$$
$$+a_{nn}x_n^2 \tag{5-4}$$

称为一个 n 元二次型. 当 a_{ij} 为复数时,f 叫作复二次型,当 a_{ij} 为实数时, f 叫作实二次型,我们这节只讨论实二次型.

取 $a_{ji}=a_{ij}(i<j)$, 则

$$2a_{ij}x_ix_j=a_{ij}x_ix_j+a_{ji}x_jx_i.$$

于是(5-4) 式可写成对称形式

$$f=a_{11}x_1^2+a_{12}x_1x_2+\cdots+a_{1n}x_1x_n+a_{21}x_2x_1+a_{22}x_2^2+\cdots+a_{2n}x_2x_n\cdots$$
$$+a_{n1}x_nx_1+a_{n2}x_nx_2+\cdots+a_{nn}x_n^2=\sum_{i=1}^{n}\sum_{j=1}^{n}a_{ij}x_ix_j. \tag{5-5}$$

记

$$\boldsymbol{A}=\begin{bmatrix} a_{11} & a_{12} & \cdots & a_{1n} \\ a_{21} & a_{22} & \cdots & a_{2n} \\ \vdots & \vdots & & \vdots \\ a_{n1} & a_{n2} & \cdots & a_{nn} \end{bmatrix},\boldsymbol{X}=\begin{bmatrix} x_1 \\ x_1 \\ \vdots \\ x_n \end{bmatrix} \tag{5-6}$$

则(5-5) 式可以用矩阵形式简单表示为

$$f=\sum_{i=1}^{n}\sum_{j=1}^{n}a_{ij}x_ix_j=(x_1,x_2,\cdots,x_n)\begin{bmatrix} a_{11} & a_{12} & \cdots & a_{1n} \\ a_{21} & a_{22} & \cdots & a_{2n} \\ \vdots & \vdots & & \vdots \\ a_{n1} & a_{n2} & \cdots & a_{nn} \end{bmatrix}\begin{bmatrix} x_1 \\ x_1 \\ \vdots \\ x_n \end{bmatrix}$$
$$=\boldsymbol{X}^T\boldsymbol{A}\boldsymbol{X}$$

其中 $\boldsymbol{A}$ 为实对称矩阵.

例如,二次型 $f=x^2+2xy+4y^2-2xz-6yz+5z^2$, 用矩阵表示就是:

$$f=(x,y,z)\begin{bmatrix} 1 & 1 & -1 \\ 1 & 4 & -3 \\ -1 & -3 & 5 \end{bmatrix}\begin{bmatrix} x \\ y \\ z \end{bmatrix}.$$

明显这种矩阵的表示是唯一的，即任意给定一个二次型就唯一确定一个对称矩阵，相反任意给定一个对称矩阵也可唯一确定一个二次型，即这两者之间是一一对应的关系.

矩阵 $\boldsymbol{X}$ 和它的秩分别称为二次型 $f=\boldsymbol{X}^T\boldsymbol{A}\boldsymbol{X}$ 的系数矩阵和二次型的秩.

例 5.18 求二次型 $f(x_1,x_2,x_2)=4x_1^2+4x_1x_2+x_2^2+2x_1x_3+x_3^2$ 的系数矩阵和秩.

解 $\boldsymbol{A}=\begin{pmatrix}4&2&1\\2&1&0\\1&0&1\end{pmatrix}$,$r(\boldsymbol{A})=3$,所以二次型的秩为 3.

在平面解析几何中讨论二次曲线时,经常采用的是把二次曲线的一般方程

$$ax^2+2bxy+cy^2=1$$

通过坐标变换化成标准型

$$mx'^2+ny'^2=1$$

再根据标准型做出曲线形状的判断.

在这里,我们对一般二次型也采用类似的方法进行讨论. 即对于二次型

$$f(x_1,x_2,\cdots,x_n)=\sum_{i=1}^{n}\sum_{j=1}^{n}a_{ij}x_{ij}=\boldsymbol{X}^T\boldsymbol{A}\boldsymbol{X}$$

找到一个非退化的线性变换(即 C 是 n 阶可逆矩阵)

$$\boldsymbol{X}=\boldsymbol{C}\boldsymbol{Y}$$

使得

$$\begin{aligned}f&=\boldsymbol{X}^T\boldsymbol{A}\boldsymbol{X}=(\boldsymbol{C}\boldsymbol{Y})^T\boldsymbol{A}(\boldsymbol{C}\boldsymbol{Y})=\boldsymbol{Y}^T(\boldsymbol{C}^T\boldsymbol{A}\boldsymbol{C})\boldsymbol{Y}\\&=k_1y_1^2+\cdots+k_ny_n^2.\end{aligned}$$

即利用非退化线性变换将二次型化为只含平方项的形式. 这种只含平方项的二次型,称为二次型的标准型.

定理 5.11 任给可逆矩阵 $\boldsymbol{C}$,令 $\boldsymbol{B}=\boldsymbol{C}^T\boldsymbol{A}\boldsymbol{C}$,如果 $\boldsymbol{A}$ 为对称矩阵,则 $\boldsymbol{B}$ 亦为对称矩阵,且 $\boldsymbol{R}(\boldsymbol{A})=\boldsymbol{R}(\boldsymbol{B})$. 这时也称 $\boldsymbol{A}$ 与 $\boldsymbol{B}$ 合同.

证 因 $\boldsymbol{A}^T=\boldsymbol{A}$,故 $\boldsymbol{B}^T=(\boldsymbol{C}^T\boldsymbol{A}\boldsymbol{C})^T=\boldsymbol{C}^T\boldsymbol{A}^T\boldsymbol{C}=\boldsymbol{C}^T\boldsymbol{A}\boldsymbol{C}=\boldsymbol{B}$,即 $\boldsymbol{B}$ 为对称矩阵.

又因为 $\boldsymbol{B}=\boldsymbol{C}^T\boldsymbol{A}\boldsymbol{C}$,而 $\boldsymbol{C}$ 与 $\boldsymbol{C}^T$ 均为可逆矩阵,故 $\boldsymbol{A}$ 与 $\boldsymbol{B}$ 等价,于是 $\boldsymbol{R}(\boldsymbol{A})=R(\boldsymbol{B})$.

这定理说明经可逆变换 $\boldsymbol{X}=\boldsymbol{C}\boldsymbol{Y}$ 后,二次型 f 的矩阵 $\boldsymbol{A}$ 变为对称矩阵 $\boldsymbol{C}^T\boldsymbol{A}\boldsymbol{C}$,且二次型的秩不变.

合同是矩阵之间的一种关系,称为合同关系，它满足：

(1) 反身性：任一 n 阶方阵 $\boldsymbol{A}$ 与其自身合同；

(2) 对称性：若 $\boldsymbol{A}$ 与 $\boldsymbol{B}$ 合同，则 $\boldsymbol{B}$ 与 $\boldsymbol{A}$ 合同；

(3) 传递性：若 $\boldsymbol{A}$ 与 $\boldsymbol{B}$ 合同，$\boldsymbol{B}$ 与 $\boldsymbol{C}$ 合同，则 $\boldsymbol{A}$ 与 $\boldsymbol{C}$ 合同.

要使得二次型 f 经可逆变换 $\boldsymbol{X}=\boldsymbol{CY}$ 变成标准型，就是要使

$$\boldsymbol{Y}^T\boldsymbol{C}^T\boldsymbol{ACY}=k_1y_1^2+k_2y_2^2+\cdots+k_ny_n^2$$

$$=(y_1,y_2,\cdots,y_n)\begin{bmatrix}k_1&&&\\&k_2&&\\&&\ddots&\\&&&k_n\end{bmatrix}\begin{bmatrix}y_1\\y_2\\\vdots\\y_n\end{bmatrix}$$

也即要使 $\boldsymbol{C}^T\boldsymbol{AC}$ 成为对角矩阵. 因此，问题归结为：对于对称矩阵 $\boldsymbol{A}$，要找到可逆矩阵 $\boldsymbol{C}$，使 $C^T\boldsymbol{AC}$ 为对角阵.由上节的定理 5.10 可知，对任意给定的实对称矩阵 $\boldsymbol{A}$，总找得到正交矩阵 $\boldsymbol{T}$，使 $\boldsymbol{T}^{-1}\boldsymbol{AT}=\boldsymbol{\Lambda}$ 即 $\boldsymbol{T}^T\boldsymbol{AT}=\boldsymbol{\Lambda}$ 为对角阵.把此结论应用于二次型，即有如下定理.

定理 5.12　任给二次型 $f=\sum_{i=1}^{n}\sum_{j=1}^{n}a_{ij}x_ix_j$，总有正交变换 $\boldsymbol{X}=\boldsymbol{TY}$，使 f 化成标准型

$$f=\lambda_1y_1^2+\lambda_2y_2^2+\cdots+\lambda_ny_n^2,$$

其中 $\lambda_1,\lambda_2,\cdots,\lambda_n$ 是 f 的矩阵 $\boldsymbol{A}=(a_{ij})$ 的特征值.

用正交变换将二次型化为标准型，无论在理论上还是在实际应用上都是非常重要的.而这种方法的具体步骤就是上一节所介绍的，化实对称矩阵为对角矩阵的三个步骤.

例 5.19　试求出一个正交变换 $\boldsymbol{X}=\boldsymbol{TY}$，将二次型

$$f=2x_1x_2+2x_1x_3-2x_2x_3+2x_2x_4-2x_1x_4+2x_3x_4$$

化为标准型.

解　f 的矩阵是 $\boldsymbol{A}=\begin{bmatrix}0&1&1&-1\\1&0&-1&1\\1&-1&0&1\\-1&1&1&0\end{bmatrix}$，

$$|\boldsymbol{A}-\lambda\boldsymbol{E}|=\begin{vmatrix}-\lambda&1&1&-1\\1&-\lambda&-1&1\\1&-1&-\lambda&1\\-1&1&1&-\lambda\end{vmatrix}=-(1-\lambda)^3(3+\lambda).$$

于是 $\boldsymbol{A}$ 的全部特征值为 $\lambda_1=1$(三重)，$\lambda_2=-3$.

对于 $\lambda_1=1$，解齐次线性方程组 $(\boldsymbol{A}-\boldsymbol{E})\boldsymbol{X}=0$，由

$$\boldsymbol{A}-\boldsymbol{E}=\begin{bmatrix}-1&1&1&-1\\1&-1&-1&1\\1&-1&-1&1\\-1&1&1&-1\end{bmatrix}\sim\begin{bmatrix}-1&1&1&-1\\0&0&0&0\\0&0&0&0\\0&0&0&0\end{bmatrix}$$

求得一组基础解系

$$\boldsymbol{\alpha}_1=\begin{bmatrix}1\\1\\0\\0\end{bmatrix},\boldsymbol{\alpha}_2=\begin{bmatrix}1\\0\\1\\0\end{bmatrix},\boldsymbol{\alpha}_3=\begin{bmatrix}-1\\0\\0\\1\end{bmatrix}.$$

对 $\boldsymbol{\alpha}_1,\boldsymbol{\alpha}_2,\boldsymbol{\alpha}_3$ 进行标准正交化，可求得

$$\boldsymbol{\gamma}_1=\begin{bmatrix}\frac{\sqrt{2}}{2}\\\frac{\sqrt{2}}{2}\\0\\0\end{bmatrix},\boldsymbol{\gamma}_2=\begin{bmatrix}\frac{\sqrt{6}}{6}\\-\frac{\sqrt{6}}{6}\\\frac{\sqrt{6}}{3}\\0\end{bmatrix},\boldsymbol{\gamma}_3=\begin{bmatrix}-\frac{\sqrt{3}}{6}\\\frac{\sqrt{3}}{6}\\\frac{\sqrt{3}}{6}\\\frac{\sqrt{3}}{2}\end{bmatrix}.$$

对于 $\lambda_2=-3$，解齐次线性方程组 $(\boldsymbol{A}+3\boldsymbol{E})\boldsymbol{X}=0$，由

$$\boldsymbol{A}+3\boldsymbol{E}=\begin{bmatrix}3&1&1&-1\\1&3&-1&1\\1&-1&3&1\\-1&1&1&3\end{bmatrix}\sim\begin{bmatrix}1&0&0&-1\\0&1&0&1\\0&0&1&1\\0&0&0&0\end{bmatrix}$$

求得一组基础解系为

$$\boldsymbol{\alpha}_4=(1\quad -1\quad -1\quad 1)^T,\text{令}\ \boldsymbol{\gamma}_4=\frac{\boldsymbol{\alpha}_4}{\|\boldsymbol{\alpha}_4\|}=\left(\frac{1}{2}\quad -\frac{1}{2}\quad -\frac{1}{2}\quad \frac{1}{2}\right)^T.$$

取正交矩阵

$$T=(\boldsymbol{\gamma}_1,\boldsymbol{\gamma}_2,\boldsymbol{\gamma}_3,\boldsymbol{\gamma}_4)=\begin{bmatrix}\frac{\sqrt{2}}{2} & \frac{\sqrt{6}}{6} & -\frac{\sqrt{3}}{6} & \frac{1}{2}\\ \frac{\sqrt{2}}{2} & -\frac{\sqrt{6}}{6} & \frac{\sqrt{3}}{6} & -\frac{1}{2}\\ 0 & \frac{\sqrt{6}}{3} & \frac{\sqrt{3}}{6} & -\frac{1}{2}\\ 0 & 0 & \frac{\sqrt{3}}{2} & \frac{1}{2}\end{bmatrix}$$

再令 $\boldsymbol{X}=\boldsymbol{TY}$,则可得

$$f=\boldsymbol{X}^T\boldsymbol{AX}=\boldsymbol{Y}^T(\boldsymbol{T}^T\boldsymbol{AT})\boldsymbol{Y}=y_1^2+y_2^2+y_3^2-3y_4^2.$$

例5.20　设二次型 $f(x_1,x_2,x_3)=2x_1^2+3x_2^2+3x_3^2+2ax_2x_3(a>0)$,如果这个二次型通过正交变换可化成标准型 $f=y_1^2+2y_2^2+5y_3^2$,求其中的参数 a 以及所用的正交变换.

分析　二次型 $f=\boldsymbol{X}^T\boldsymbol{AX}$ 可以通过正交变换 $\boldsymbol{X}=\boldsymbol{TY}$ 化成 $f=\lambda_1y_1^2+\lambda_2y_2^2+\cdots+\lambda_ny_n^2$ 的形式,其中的平方项系数 $\lambda_1,\lambda_2,\cdots,\lambda_n$ 是 $\boldsymbol{A}$ 的特征值,并且变换前后两个二次型的矩阵有下面的关系:

$$\boldsymbol{T}^T\boldsymbol{AT}=\begin{bmatrix}\lambda_1 & & & \\ & \lambda_2 & & \\ & & \ddots & \\ & & & \lambda_n\end{bmatrix}$$

对上式两端取行列式就可求得参数 a 的值.

解　变换前后两次型的矩阵分别为

$$\boldsymbol{A}=\begin{bmatrix}2 & 0 & 0\\ 0 & 3 & a\\ 0 & a & 3\end{bmatrix},\boldsymbol{\Lambda}=\begin{bmatrix}1 & & \\ & 2 & \\ & & 5\end{bmatrix}$$

设所求的正交矩阵是 $\boldsymbol{T}$,则 $\boldsymbol{T}^T\boldsymbol{AT}=\boldsymbol{\Lambda}$,此时两边取行列式,并注意到 $|\boldsymbol{T}|=\pm1$,得

$$|\boldsymbol{\Lambda}|=|\boldsymbol{T}^T\boldsymbol{AT}|=|\boldsymbol{T}^T||\boldsymbol{A}||\boldsymbol{T}|=|\boldsymbol{T}|^2|\boldsymbol{A}|=|\boldsymbol{A}|$$

即

$$2(9-a^2)=10$$

由 $a>0$，得 $a=2$.

因为 $\boldsymbol{A}$ 的特征值为 $\lambda_1=1,\lambda_2=2,\lambda_3=5$.

当 $\lambda_1=1$ 时,解齐次方程组 $(\boldsymbol{A}-\boldsymbol{E})x=0$，得特征向量为

$$\boldsymbol{\xi}_1=\begin{bmatrix}0\\1\\-1\end{bmatrix}$$

同理,可求得与 $\lambda_2=2,\lambda_3=5$ 对应的特征向量分别为

$$\boldsymbol{\xi}_2=\begin{bmatrix}1\\0\\0\end{bmatrix},\boldsymbol{\xi}_3=\begin{bmatrix}0\\1\\1\end{bmatrix}.$$

又由于对应于不同特征值的特征向量是相互正交的,所以 $\boldsymbol{\xi}_1,\boldsymbol{\xi}_2,\boldsymbol{\xi}_3$ 是正交向量组,将它们单位化可得

$$\boldsymbol{P}_1=\frac{1}{|\boldsymbol{\xi}_1|}\boldsymbol{\xi}_1=\begin{bmatrix}0\\\frac{1}{\sqrt{2}}\\-\frac{1}{\sqrt{2}}\end{bmatrix},\boldsymbol{P}_2=\frac{1}{|\boldsymbol{\xi}_2|}\boldsymbol{\xi}_2=\begin{bmatrix}1\\0\\0\end{bmatrix},\boldsymbol{P}_3=\frac{1}{|\boldsymbol{\xi}_3|}\boldsymbol{\xi}_3=\begin{bmatrix}0\\\frac{1}{\sqrt{2}}\\\frac{1}{\sqrt{2}}\end{bmatrix}.$$

以 $\boldsymbol{P}_1,\boldsymbol{P}_2,\boldsymbol{P}_3$ 为列即得所求的正交矩阵

$$T=(\boldsymbol{P}_1,\boldsymbol{P}_2,\boldsymbol{P}_3)=\begin{bmatrix}0&1&0\\\frac{1}{\sqrt{2}}&0&\frac{1}{\sqrt{2}}\\-\frac{1}{\sqrt{2}}&0&\frac{1}{\sqrt{2}}\end{bmatrix}.$$

用正交变换化二次型为标准型,具有保持几何形状不变的优点. 除了用正交变换,还有多种把二次型化成标准型的方法. 如配方法，初等变换法等等,下面我们将通过具体实例来介绍这两种方法.

例 5.21 用配方法化二次型

$$f=x_1^2+2x_2^2+5x_3^2+2x_1x_2+2x_1x_3+6x_2x_3$$

为标准型,并且求其所用的变换矩阵.

解　因为 f 中含有变量 x_1 的平方项，所以把含有 x_1 的项合并起来，经配方可得：

$$
\begin{aligned}
f&=(x_1^2+2x_1x_2+2x_1x_3)+2x_2^2+5x_3^2+6x_2x_3\\
&=(x_1+x_2+x_3)^2-x_2^2-x_3^2-2x_2x_3+2x_2^2+5x_3^2+6x_2x_3\\
&=(x_1+x_2+x_3)^2+x_2^2+4x_2x_3+4x_3^2.
\end{aligned}
$$

上式右端除第一项外，已不再含有 x_1，继续配方得：

$$f=(x_1+x_2+x_3)^2+(x_2+2x_3)^2$$

令
$$\begin{cases}y_1=x_1+x_2+x_3\\y_2=x_2+2x_3\\y_3=x_3\end{cases}$$

即
$$\begin{cases}x_1=y_1-y_2+y_3\\x_2=y_2-2y_3\\x_3=y_3\end{cases}$$

就将 f 化成了标准型 $f=y_1^2+y_2^2$. 所用变换矩阵是

$$\boldsymbol{C}=\begin{bmatrix}1&-1&1\\0&1&-2\\0&0&1\end{bmatrix}(|\boldsymbol{C}|=1\neq 0).$$

例 5.22　用配方法将二次型

$$f=2x_1x_2+2x_1x_3-6x_2x_3$$

化成标准型，并求其所用的变换矩阵.

解　因为在二次型 f 中不含平方项，但含有 x_1x_2 乘积项，所以令

$$\begin{cases}x_1=y_1+y_2\\x_2=y_1-y_2\\x_3=y_3\end{cases}$$

代入可得

$$f=2y_1^2-2y_2^2-4y_1y_3+8y_2y_3.$$

再配方，得

$$f=2(y_1-y_3)^2-2(y_2-2y_3)^2+6y_3^2.$$

故令
$$\begin{cases}z_1=y_1-y_3\\z_2=y_2-2y_3\\z_3=y_3\end{cases}$$

即
$$\begin{cases}y_1=z_1+z_3\\y_2=z_2+2z_3\\y_3=z_3\end{cases}$$

即有 $f=2z_1^2-2z_2^2+6z_3^2$，所用变换矩阵为

$$C=\begin{bmatrix}1&1&0\\1&-1&0\\0&0&1\end{bmatrix}\begin{bmatrix}1&0&1\\0&1&2\\0&0&1\end{bmatrix}=\begin{bmatrix}1&1&3\\1&-1&-1\\0&0&1\end{bmatrix}(|\boldsymbol{C}|=-2\neq 0).$$

一般地，任何二次型都可用上面两例用到的配方方法找到可逆变换，化成标准型. 且由定理 5.11 可知，标准型中所含的项数就是二次型的秩.

化二次型为标准型就是寻求可逆矩阵$\boldsymbol{C}$，使得$\boldsymbol{C}^T\boldsymbol{A}\boldsymbol{C}$成为对角阵. 这里$\boldsymbol{A}$是二次型的矩阵，由于任一可逆矩阵可分解为若干初等矩阵之积，从而有下面的定理.

定理 5.13 对实对称矩阵$\boldsymbol{A}$，一定存在一系列初等矩阵$\boldsymbol{E}_1,\boldsymbol{E}_2,\cdots,\boldsymbol{E}_S$，使得

$$\boldsymbol{E}_s'\cdots\boldsymbol{E}_2'\boldsymbol{E}_1'\boldsymbol{A}\boldsymbol{E}_1\boldsymbol{E}_2\cdots\boldsymbol{E}_s=\mathrm{diag}(\lambda_1,\lambda_2,\cdots,\lambda_n).$$

关于初等矩阵，易见

$$\boldsymbol{E}'(i,j)=\boldsymbol{E}(i,j),\ \boldsymbol{E}'(i(k))=\boldsymbol{E}(i(k)),\ \boldsymbol{E}'(i+j(k))=\boldsymbol{E}(j+i(k)).$$

记$\boldsymbol{C}=\boldsymbol{E}_1\boldsymbol{E}_2\cdots\boldsymbol{E}_s$. 则上述定理还表明：对$\boldsymbol{A}$同时施行一系列同类的初等行、列变换，得到对角矩阵，而相应地将这一系列的初等列变换施加于单位阵，就得到变换矩阵$\boldsymbol{C}$. 其具体做法是将n阶单位阵$\boldsymbol{E}$放在二次型的矩阵$\boldsymbol{A}$的下面，形成一个$2n\times n$矩阵. 对此矩阵作相同的行、列变换，把$\boldsymbol{A}$化成对角形的同时，把单位阵化成了可逆变换矩阵$\boldsymbol{C}$，这就是初等变换法.

例 5.23 考虑用初等变换法将例 21 中的二次型化成标准型.

解 设二次型f的矩阵是$\boldsymbol{A}$，则

$$\begin{bmatrix} \boldsymbol{A} \\ \boldsymbol{E} \end{bmatrix} = \begin{bmatrix} 1 & 1 & 1 \\ 1 & 2 & 3 \\ 1 & 3 & 5 \\ 1 & 0 & 0 \\ 0 & 1 & 0 \\ 0 & 0 & 1 \end{bmatrix} \xrightarrow[\substack{c(2+1(-1)) \\ c(3+1(-1))}]{\substack{r(2+1(-1)) \\ r(3+1(-1))}} \begin{bmatrix} 1 & 0 & 0 \\ 0 & 1 & 2 \\ 0 & 2 & 4 \\ 1 & -1 & -1 \\ 0 & 1 & 0 \\ 0 & 0 & 1 \end{bmatrix} \xrightarrow[c(3+2(-2))]{r(3+2(-2))} \begin{bmatrix} 1 & 0 & 0 \\ 0 & 1 & 0 \\ 0 & 0 & 0 \\ 1 & -1 & 1 \\ 0 & 1 & -2 \\ 0 & 0 & 1 \end{bmatrix},$$

故令

$$\boldsymbol{X} = \begin{bmatrix} 1 & -1 & 1 \\ 0 & 1 & -2 \\ 0 & 0 & 1 \end{bmatrix} \boldsymbol{Y}$$

则

$$f = y_1^2 + y_2^2$$

例 5.24　考虑用初等变换法将例 5.22 中的二次型化成标准型.

解　所给二次型 f 的矩阵

$$\boldsymbol{A} = \begin{bmatrix} 0 & 1 & 1 \\ 1 & 0 & -3 \\ 1 & -3 & 0 \end{bmatrix}$$

$$\begin{bmatrix} \boldsymbol{A} \\ \boldsymbol{E} \end{bmatrix} = \begin{bmatrix} 0 & 1 & 1 \\ 1 & 0 & -3 \\ 1 & -3 & 0 \\ 1 & 0 & 0 \\ 0 & 1 & 0 \\ 0 & 0 & 1 \end{bmatrix} \xrightarrow[c(1+2(1))]{r(1+2(1))} \begin{bmatrix} 2 & 1 & -2 \\ 1 & 0 & -3 \\ -2 & -3 & 0 \\ 1 & 0 & 0 \\ 1 & 1 & 0 \\ 0 & 0 & 1 \end{bmatrix} \xrightarrow[\substack{c\left(2+1\left(-\frac{1}{2}\right)\right) \\ c(3+1(1))}]{\substack{r\left(2+1\left(-\frac{1}{2}\right)\right) \\ r(3+1(1))}}$$

$$\begin{bmatrix} 2 & 0 & 0 \\ 0 & -\frac{1}{2} & -2 \\ 0 & -2 & -2 \\ 1 & -\frac{1}{2} & 1 \\ 1 & \frac{1}{2} & 1 \\ 0 & 0 & 1 \end{bmatrix} \xrightarrow[c(3+2(-4))]{r(3+2(-4))} \begin{bmatrix} 2 & 0 & 0 \\ 0 & -\frac{1}{2} & 0 \\ 0 & 0 & 6 \\ 1 & -\frac{1}{2} & 3 \\ 1 & \frac{1}{2} & -1 \\ 0 & 0 & 1 \end{bmatrix},$$

故

$$\boldsymbol{X} = \begin{bmatrix} 1 & -\frac{1}{2} & 3 \\ 1 & \frac{1}{2} & -1 \\ 0 & 0 & 1 \end{bmatrix} \boldsymbol{Y}$$

则

$$f = 2y_1^2 - \frac{1}{2}y_2^2 + 6y_3^2.$$

§5　正定二次型

上节我们采用不同的方法，将一个二次型化成标准型. 从例题22和例题24可知，化二次型为标准型时，可使用不同的变换矩阵，并且所得标准型也是不同的，即二次型的标准型是不唯一的. 但二次型的秩是唯一的，在化标准型的过程中是不变的，即一个二次型的两个不同标准型中含有的非零平方项数是相同的，都等于二次型的秩. 不仅如此，在实可逆变换下，标准型中正系数的个数是不变的(从而负系数的个数不变，正、负系数个数之差 —— 符号差也不变). 即有如下定理.

定理 5.14(惯性定理)　一个二次型的任意标准形中正系数和负系数的个数是唯一确定的.

定义 5.11　二次型 $f(x_1,x_2,\cdots,x_n)$ 的标准型中，系数为正的平方项的个数 p 称为此二次型的正惯性指数，系数为负的平方项的个数 $r-p$ 称为负惯性指数，$s=2p-r$ 称为符号差.这里 r 为二次型 f 的秩.

比较常用的二次型是 $p=n$ 的情形.

定义 5.12　设有二次型 $f(\boldsymbol{X})=\boldsymbol{X}^{\mathrm{T}}\boldsymbol{A}\boldsymbol{X}$，如果对任何 $\boldsymbol{X}\neq 0$，都有 $f(\boldsymbol{X})>0$（显然 $f(0)=0$），则称 f 为正定二次型，称 $\boldsymbol{A}$ 为正定矩阵；如果对任何 $\boldsymbol{X}\neq 0$，都有 $f(\boldsymbol{X})<0$，则称 f 为负定二次型，其矩阵 $\boldsymbol{A}$ 为负定矩阵.

定理 5.15　$f(x_1,x_2,\cdots,x_n)$ 是正定二次型的充要条件是：它的正惯性指数等于 n.

证　设可逆变换 $\boldsymbol{X}=\boldsymbol{C}\boldsymbol{Y}$，使

$$f(\boldsymbol{X})=f(\boldsymbol{C}\boldsymbol{Y})=\sum_{i=1}^{n}k_i y_i^2$$

充分性. 设 $k_i>0(i=1,2,\cdots,n)$，任给 $\boldsymbol{X}\neq 0$，有 $\boldsymbol{Y}=\boldsymbol{C}^{-1}X$，从而

$$f(\boldsymbol{X})=f(\boldsymbol{C}\boldsymbol{Y})=\sum_{i=1}^{n}k_i y_i^2>0$$

即 f 是正定二次型.

必要性. 利用反正法，假设有某个 $s(1\leqslant s\leqslant n)$，使 $k_s\leqslant 0$. 则当 $Y=e_s$（第 s 个 n 维单位向量）时

$$f(\boldsymbol{C}e_s)=k_s\leqslant 0.$$

这与 f 为正定相矛盾. 故必有 $k_i>0(i=1,2,\cdots,n)$.

推论　对称矩阵 $\boldsymbol{A}$ 是正定矩阵，当且仅当 $\boldsymbol{A}$ 的特征值全为正.

类似地，对称矩阵 $\boldsymbol{A}$ 为负定矩阵当且仅当它的所有特征值全为负.

下面我们来介绍判断一个矩阵正（负）定的充要条件.

定理 5.16　对称矩阵 $\boldsymbol{A}$ 正定的充要条件是 $\boldsymbol{A}$ 的各阶（顺序）主子式全为正，即：

$$\begin{vmatrix} a_{11} & a_{12} & \cdots & a_{1r} \\ a_{21} & a_{22} & \cdots & a_{2r} \\ \vdots & \vdots & & \vdots \\ a_{r1} & a_{r2} & \cdots & a_{rr} \end{vmatrix}>0, r=1,2,\cdots,n.$$

对称矩阵 $\boldsymbol{A}$ 负定的充要条件是 $\boldsymbol{A}$ 的奇数阶（顺序）主子式为负，偶数阶（顺序）主子式

为正,即:

$$(-1)^r\begin{vmatrix}a_{11} & a_{12} & \cdots & a_{1r}\\ a_{21} & a_{22} & \cdots & a_{2r}\\ \vdots & \vdots & & \vdots\\ a_{r1} & a_{r2} & \cdots & a_{rr}\end{vmatrix}>0, r=1,2,\cdots,n.$$

例 5.25 判定 $f(x_1,x_2,x_3)=[x_1,x_2,x_3]\begin{bmatrix}3 & 2 & 0\\ 2 & 3 & 0\\ 0 & 0 & 1\end{bmatrix}\begin{bmatrix}x_1\\ x_2\\ x_3\end{bmatrix}$的正定性.

解 由 $|\boldsymbol{A}-\lambda\boldsymbol{E}|=(1-\lambda)^2(5-\lambda)$,可得$\boldsymbol{A}$的特征值分别为1,1,5. 由定理5.15的推论可知,$\boldsymbol{A}$ 是正定矩阵,从而 f 为正定二次型.

例 5.26 判别二次型

$$f(x,y,z)=-5x^2-6y^2-4z^2+4xy+4xz$$

的正定性.

解 f 的矩阵为

$$\boldsymbol{A}=\begin{bmatrix}-5 & 2 & 2\\ 2 & -6 & 0\\ 2 & 0 & -4\end{bmatrix}.$$

因 $a_{11}=-5<0$, $\begin{vmatrix}a_{11} & a_{12}\\ a_{21} & a_{22}\end{vmatrix}=\begin{vmatrix}-5 & 2\\ 2 & -6\end{vmatrix}=26>0$, $|\boldsymbol{A}|=-80<0$,

则根据定理5.16知 f 为负定二次型.

例 5.27 已知 $f=x_1^2+4x_2^2+4x_3^2+2\lambda x_1x_2-2x_1x_3+4x_2x_3$,问$\lambda$ 等于多少时,f 为正定二次型.

解 f 的矩阵

$$\boldsymbol{A}=\begin{bmatrix}1 & \lambda & -1\\ \lambda & 4 & 2\\ -1 & 2 & 4\end{bmatrix}.$$

由

$$a_{11}=1>0,\begin{vmatrix} a_{11} & a_{12} \\ a_{21} & a_{22} \end{vmatrix}=4-\lambda^2,\ |\boldsymbol{A}|=-4(\lambda-1)(\lambda+2),$$

根据定理 5.16 知当

$$\begin{cases} 4-\lambda^2>0, \\ -4(\lambda-1)(\lambda+2)>0 \end{cases}$$

即 $-2<\lambda<1$ 时所给二次型 f 正定.

例 5.28　证明 若 $\boldsymbol{A}=(a_{ij})$ 为正定矩阵，则 $a_{ii}>0\ (i=1,2,\cdots,n)$.

证　因为 $\boldsymbol{A}$ 正定，故对任何 $\boldsymbol{X}\neq 0$，有 $\boldsymbol{X}^T\boldsymbol{AX}>0$. 取 $\boldsymbol{X}=e_i$，则有 $\boldsymbol{X}^T\boldsymbol{AX}=a_{ii}(i=1,2,\cdots,n)$.

类似地若 $\boldsymbol{A}$ 负定，则 $a_{ii}<0\ (i=1,2,\cdots,n)$.

下面举例说明主对角线上元素均大于零是 $\boldsymbol{A}$ 正定的必要条件，但它并不是充分条件. 例如

$$\boldsymbol{A}=\begin{bmatrix} 1 & -2 \\ -2 & 1 \end{bmatrix}$$

有 $a_{11}=a_{22}=1$，但因 $|\boldsymbol{A}|=-3<0$，故 $\boldsymbol{A}$ 不是正定的.

由于正定二次型与正定矩阵是一一对应的，且系数矩阵的正定性可以确定二次型的正定性. 下面给出几个判定实对称矩阵 $\boldsymbol{A}$ 为正定矩阵的充要条件，本书略去它们的证明.

定理 5.17　设 $\boldsymbol{A}$ 是 n 阶实对称矩阵，则以下结论等价：

(1) 矩阵 $\boldsymbol{A}$ 正定；

(2) 对任意 n 阶实可逆矩阵 $\boldsymbol{C}$，有 $\boldsymbol{C}^T\boldsymbol{AC}$ 正定；

(3) $\boldsymbol{A}$ 的特征值均为正值；

(4) $\boldsymbol{A}$ 与单位矩阵合同.

例 5.29　设 $\boldsymbol{A},\boldsymbol{B}$ 都是正定矩阵，且 $\boldsymbol{AB}=\boldsymbol{BA}$，求证 $\boldsymbol{AB}$ 也正定.

证明　由 $(\boldsymbol{AB})^T=\boldsymbol{B}^T\boldsymbol{A}^T=\boldsymbol{BA}=\boldsymbol{AB}$ 知，$\boldsymbol{AB}$ 为实对称矩阵. 设 λ 为 $\boldsymbol{AB}$ 的任意一个特征值，从而存在非零实向量 $\boldsymbol{\xi}$ 满足 $\boldsymbol{AB\xi}=\lambda\boldsymbol{\xi}$. 于是

$$(\boldsymbol{B\xi})^T\boldsymbol{A}(\boldsymbol{B\xi})=\lambda(\boldsymbol{B\xi})^T\boldsymbol{\xi}=\lambda(\boldsymbol{\xi}^T\boldsymbol{B\xi}).$$

由于 $\boldsymbol{A},\boldsymbol{B}$ 都是正定的，且 $\boldsymbol{B\xi}\neq 0$，故 $(\boldsymbol{B\xi})^T\boldsymbol{A}(\boldsymbol{B\xi})>0$，$\boldsymbol{\xi}^T\boldsymbol{B\xi}>0$，从而 $\lambda>0$. 由于 $\boldsymbol{AB}$ 的特征值都是正数，故 $\boldsymbol{AB}$ 也正定.

总习题五

1.求下列矩阵的特征值和特征向量.

(1)$\begin{pmatrix} 2 & -4 \\ -3 & 3 \end{pmatrix}$；　(2)$\begin{pmatrix} 2 & 0 & 0 \\ 1 & 2 & -1 \\ 2 & 0 & 1 \end{pmatrix}$；　(3)$\begin{pmatrix} 2 & -1 & 2 \\ 5 & -3 & 3 \\ -1 & 0 & -2 \end{pmatrix}$.

2.如果三阶矩阵 $\boldsymbol{A}$ 的特征值为 2，3，4，证明：$a\boldsymbol{E}-\boldsymbol{A}$ 为可逆矩阵的条件为 $a\neq 2$，3，4.

3.已知矩阵 $\boldsymbol{A}$ 满足 $|2\boldsymbol{E}+\boldsymbol{A}|=0$，证明：$-2$ 是矩阵 $\boldsymbol{A}$ 的特征值.

4.如果三阶矩阵 $\boldsymbol{A}$ 的特征值为 1，-1，2，求$\boldsymbol{A}^3+2\boldsymbol{A}+\boldsymbol{E}$ 的特征值.

5.已知 $\boldsymbol{\alpha}=(1,1,1)'$ 是矩阵$\boldsymbol{A}=\begin{pmatrix} a & 1 & 1 \\ 2 & 0 & 1 \\ -1 & 2 & 2 \end{pmatrix}$属于特征值 λ 的特征向量，求 a，λ.

6.设矩阵 $\boldsymbol{A}$ 为正交矩阵且 $|\boldsymbol{A}|=-1$，证明：-1 是矩阵 $\boldsymbol{A}$ 的特征值.

7.证明：若 n 阶矩阵$\boldsymbol{A}$ 为正交矩阵，λ 为矩阵$\boldsymbol{A}$ 的任意特征值，则 λ^{-1} 也是矩阵 $\boldsymbol{A}$ 的特征值.

8.设 $\boldsymbol{\alpha}_1$，$\boldsymbol{\alpha}_2$ 是矩阵 $\boldsymbol{A}$ 的不同特征值λ_1，λ_2 的特征向量，证明：$k_1\boldsymbol{\alpha}_1+k_2\boldsymbol{\alpha}_2$($k_1k_2\neq 0$)不是 $\boldsymbol{A}$ 的特征向量.

9.设矩阵$\begin{pmatrix} 1 & -1 & 2 \\ 3 & x & 3 \\ 0 & 0 & 1 \end{pmatrix}$的特征值为 1，2，4，求 x 的值.

10.设矩阵 $\boldsymbol{A}=\begin{bmatrix} -2 & 0 & 0 \\ 2 & x & 2 \\ 3 & 1 & 1 \end{bmatrix}$与 $\boldsymbol{B}=\begin{bmatrix} -1 & 0 & 0 \\ 0 & 2 & 0 \\ 0 & 0 & y \end{bmatrix}$相似，求 x 与 y.

11.判断下面矩阵是否可对角化.

(1) $\begin{pmatrix} 4 & 5 & -2 \\ -2 & -2 & 1 \\ -1 & -1 & 1 \end{pmatrix}$；(2) $\begin{pmatrix} 4 & 5 & -2 \\ 0 & 4 & 1 \\ 0 & 0 & 4 \end{pmatrix}$；(3) $\begin{pmatrix} 1 & -1 & 1 \\ 2 & -2 & 2 \\ -1 & 1 & -1 \end{pmatrix}$.

12.设矩阵 $\boldsymbol{A}$ 满足 $|\boldsymbol{A}^2-\boldsymbol{A}|=0$，证明：0 或 1 至少有一个是 $\boldsymbol{A}$ 的特征值.

13.设矩阵 $\boldsymbol{A}=\begin{pmatrix} 1 & 1 \\ 1 & 1 \end{pmatrix}$，求 $\boldsymbol{A}^n$.

14.设 n 阶矩阵 $\boldsymbol{A}=\begin{pmatrix} a & a_{12} & a_{13} & \cdots & a_{1n} \\ 0 & a & a_{23} & \cdots & a_{2n} \\ 0 & 0 & a & \cdots & a_{3n} \\ \vdots & \vdots & \vdots & \vdots & \vdots \\ 0 & 0 & 0 & \cdots & a \end{pmatrix}$，判断 $\boldsymbol{A}$ 是否可以对角化，并说明理由.

15.设矩阵 $\boldsymbol{A}=\begin{pmatrix} 4 & 6 & 0 \\ -3 & -5 & 0 \\ -3 & -6 & 1 \end{pmatrix}$，求 $\boldsymbol{A}^{10}$.

16.求正交矩阵使得下列实对称矩阵相似于对角形矩阵.

(1) $\begin{pmatrix} 1 & 1 & 1 \\ 1 & 1 & 1 \\ 1 & 1 & 1 \end{pmatrix}$；　　(2) $\begin{pmatrix} 1 & -2 & 0 \\ -2 & 2 & -2 \\ 0 & -2 & 3 \end{pmatrix}$.

17.设三阶实对称矩阵 $\boldsymbol{A}$ 的特征值 $\lambda_1=-1$，$\lambda_2=1$(二重)，对应于 $\lambda_1=-1$ 的特征向量为 $\boldsymbol{\alpha}_1=(1,1,0)^T$，求属于 $\lambda_2=1$ 的全部的特征向量.

18.设三阶实对称矩阵 $\boldsymbol{A}$ 的特征值 $\lambda_1=-1$，$\lambda_2=1$(二重)，$\boldsymbol{\alpha}_1=(1,1,0)^T$，$\boldsymbol{\alpha}_2=(1,1,1)^T$ 为 $\lambda_2=1$ 的特征向量，求矩阵 $\boldsymbol{A}$.

19.设 $\boldsymbol{A}$ 为 n 阶实对称矩阵，且满足 $\boldsymbol{A}^3+2\boldsymbol{A}^2+2\boldsymbol{A}+\boldsymbol{E}=0$，证明：$\boldsymbol{A}=-\boldsymbol{E}$.

20.写出下面二次型的矩阵，并求二次型的秩.

(1) $f(x_1,x_2,x_3)=-4x_1x_2+2x_1x_3+3x_2x_3$；

(2) $f(x_1,x_2,x_3)=2x_1^2+2x_1x_2+2x_2^2+4x_2x_3+x_3^2$.

21.据二次型的矩阵写出二次型.

(1) $\begin{pmatrix} 1 & 2 & 2 \\ 2 & 0 & 4 \\ 2 & 4 & 1 \end{pmatrix}$；　　(2) $\begin{pmatrix} 0 & 1 & 0 \\ 1 & 0 & 1 \\ 0 & 1 & 0 \end{pmatrix}$.

22.证明:对角形矩阵

$$\begin{pmatrix} 1 & & & \\ & 2 & & \\ & & \ddots & \\ & & & n \end{pmatrix} 与 \begin{pmatrix} a_1 & & & \\ & a_2 & & \\ & & \ddots & \\ & & & a_n \end{pmatrix}$$

合同,其中 $a_1a_2\cdots a_n$ 是 1, 2, …, n 的一个排列.

23.已知二次型 $f(x_1,x_2,x_3)=2x_1^2+3x_2^2+2ax_2x_3+3x_3^2(a>0)$ 通过正交替换化为标准形 $f(y_1,y_2,y_3)=y_1^2+2y_2^2+5y_3^2$,求 a 的值及所做的正交替换矩阵.

24.用配方法把下列二次型化为标准形.

(1) $f(x_1,x_2,x_3)=x_1^2+2x_1x_2+2x_2^2+4x_2x_3+4x_3^2$;

(2) $f(x_1,x_2,x_3)=3x_1^2-2x_1x_2-2x_1x_3+4x_2x_3$;

(3) $f(x_1,x_2,x_3)=-4x_1x_2+2x_1x_3+2x_2x_3$;

(4) $f(x_1,x_2,x_3,x_4)=8x_1x_4+2x_2x_3+8x_2x_4+2x_3x_4$.

25.用正交变换化下列二次型为标准形.

(1) $f(x_1,x_2,x_3)=x_1^2+2x_1x_3+x_2^2+x_3^2$;

(2) $f(x_1,x_2,x_3)=x_1^2-4x_1x_2+2x_2^2-4x_2x_3+3x_3^2$.

26.设实矩阵

$$\boldsymbol{A}=\begin{pmatrix} 1 & 0 & 0 \\ 0 & 1 & 0 \\ 0 & 0 & 1 \end{pmatrix}, \boldsymbol{B}=\begin{pmatrix} 0 & 0 & 1 \\ 0 & 1 & 0 \\ 1 & 0 & 0 \end{pmatrix}$$

(1)$\boldsymbol{A},\boldsymbol{B}$ 是否相似？为什么？

(2)$\boldsymbol{A},\boldsymbol{B}$ 是否合同？为什么？

27.试确定 t 的值,使下面的二次型为正定二次型

$$f(x_1,x_2,x_3)=x_1^2+6x_1x_2+tx_2^2+8x_1x_3+tx_3^2.$$

28.设 $\boldsymbol{A}$ 为 n 阶正定矩阵,证明:$|\boldsymbol{A}+\boldsymbol{E}|>1$.

29.设 $\boldsymbol{A}$ 为 n 阶实对称矩阵,证明:存在实数 t 使得 $t\boldsymbol{E}+\boldsymbol{A}$ 为正定矩阵.

30.设 $\boldsymbol{A}$ 为正定矩阵,证明:$\boldsymbol{A}^{-1}$,$\boldsymbol{A}^{*}$ 也是正定矩阵.

31.证明:负定矩阵的主对角元均小于零.

32.设 $\boldsymbol{A}=(a_{ij})$ 是 n 阶正定矩阵,

$$\boldsymbol{B}=\begin{pmatrix} a_{11} & & & \\ & a_{22} & & \\ & & \ddots & \\ & & & a_{nn} \end{pmatrix},$$

证明:$\boldsymbol{BAB}$ 是正定矩阵.

33.设 $\boldsymbol{A}$,$\boldsymbol{B}$ 为 n 阶实对称矩阵,且 $\boldsymbol{B}$ 是正定矩阵.证明:若 $\boldsymbol{BA}$ 的特征值均大于零,则 $\boldsymbol{A}$ 正定.

附录 Matlab在线性代数中的应用

Matlab是Matrix Laboratory(矩阵实验室)的缩写.Matlab自1984年由美国Math Works公司推向市场以来,历经三十几年的发展和竞争,已成为国际公认的优秀科技软件.本章将介绍Matlab在《线性代数》中的应用,使学生对该软件有所了解,并能用它解决《线性代数》中的有关问题.

一、知识要点

1.菜单栏中各个菜单的含义

File	与文件有关的命令
New	新建一个文件
M－File	M-文件
Figure	图形窗口
Model	S-模块窗口
GUI	图形用户界面
Open…	打开文件(对话框)…
Close Command Window	关闭命令窗口
Import Data	引入数据
Save Workspace ***As***…	保存变量到工作空间(对话框)…
Set ***Path***…	设置路径(对话框)…
P*references*…	选择参数(对话框)…
P*rint*…	打印(对话框)…
P*rint Selection*	打印设置(对话框)…
E*xit Matlab*	退出*Matlab*系统

Edit	与编辑有关的命令
Undo	撤销(刚执行过的命令)
Cut	剪切(选中的字符)
Copy	拷贝(选中的字符)
***P**aste*	粘贴(剪贴板中的内容)
***P**aste Special*	特殊粘贴
*Select **All***	全部选中(字符)
Delete	清除(选中字符)
Clear Command Window	清除*Matlab*命令窗口
Clear Command history	清除历史记录
Clear Workspace	清除工作空间
View	与视图有关的命令
Desktop Layout	桌面布置
Default	默认视图
Command Window Only	命令窗口
Simple	初始窗口
Short History	最近历史记录
Tall History	整个历史记录
*Five **P**anel*	有代表性的五个窗口
Undock Command Window	离开命令窗口
Command Window	开启命令窗口
Command History	开启历史记录窗口
Current Directory	开启当前目录窗口
Workspace	开启工作空间窗口
*Launch **P**ad*	开启开始路径窗口
Help	开启帮助窗口
Current Directory Filter	当前目录文件筛选
Workspace View Options	工作窗口视图选项

Web　　与网络有关的命令

Window　　与窗口有关的命令

Help　　与帮助有关的命令

2.Matlab 的基本操作有下列规定

(1) 分号";"的三个作用：

① 在方括号"[ ]"内时，它是矩阵行间的分隔符；

② 可用作在指令与指令间的分隔符；

③ 当存在于赋值指令后时，该指令执行后的赋值结果将不显示在屏幕上.

(2) 指令中的"***Pi***"和"*i*"都是 *Matlab* 的预定义变量(***P****redefined variable*) 名.

①***Pi*** 代表 π 的一个拥有 16 位有效数字的近似值；

②*i* 代表定义为 $\sqrt{-1}$ 的虚数单位.

(3) 在 *Matlab* 中，"%"以后的物理行中的内容仅作注释用，对 *Matlab* 的计算不产生任何影响.

(4) 当一个指令长度超出物理行时或当为增加可读性而需把一个指令分行书写时，可用续号"…"实现.

(5) 被赋过值的变量，不管是否在屏幕上显示过，都存在 *Matlab* 的工作内存(*workspace*) 中，可随时被以后的指令调用或显示.

(6) 在每条指令输入行结束后按回车键，才能使该行指令被 *Matlab* 执行.

3. 矩阵的基本运算命令

(1)$\boldsymbol{A}+\boldsymbol{B}$—— 矩阵相加.

(2)$\boldsymbol{A}-\boldsymbol{B}$—— 矩阵相减.

(3)$\boldsymbol{A}*\boldsymbol{B}$—— 矩阵相乘.

(4)$\boldsymbol{A}^n$—— 矩阵 $\boldsymbol{A}$ 的 n 次幂.

(5)$k*\boldsymbol{A}$—— 数 k 与矩阵 $\boldsymbol{A}$ 的乘法.

(6)inv($\boldsymbol{A}$)——$\boldsymbol{A}$ 的逆矩阵.

(7)$\boldsymbol{A}/\boldsymbol{B}$—— 表示 $\boldsymbol{A}*\boldsymbol{B}^{-1}$.

(8)$\boldsymbol{A}\backslash\boldsymbol{B}$—— 表示 $\boldsymbol{A}^{-1}*\boldsymbol{B}$.

(9)$\boldsymbol{A}$'—— 表示 $\boldsymbol{A}$ 的转置(实矩阵时) 或共轭转置(复矩阵时).

(10)det($\boldsymbol{A}$)—— 求方阵 $\boldsymbol{A}$ 的行列式的值.

(11)rank($\boldsymbol{A}$)—— 求矩阵 $\boldsymbol{A}$ 的秩或 $\boldsymbol{A}$ 的行(列) 向量组的秩.

(12)trace($\boldsymbol{A}$)—— 求矩阵 $\boldsymbol{A}$ 的迹.

(13)rref($\boldsymbol{A}$)—— 通过初等行变换,求矩阵 $\boldsymbol{A}$ 的标准阶梯形.

4.Matlab 在求矩阵的特征值和特征向量中的应用

(1)$\boldsymbol{P}$ =poly($\boldsymbol{A}$)—— 求矩阵 $\boldsymbol{A}$ 的特征多项式,返回 $\boldsymbol{A}$ 的特征多项式的系数组成的向量.

(2)r =roots($\boldsymbol{P}$)—— 求特征多项式 $\boldsymbol{P}$ 的根,即矩阵 $\boldsymbol{A}$ 的特征值.

(3)eig($\boldsymbol{A}$)—— 求矩阵 $\boldsymbol{A}$ 的特征值.

(4)[$\boldsymbol{X}$,$\boldsymbol{D}$]=eig($\boldsymbol{A}$)—— 矩阵 X 各列对应的是矩阵$\boldsymbol{A}$ 的特征向量,矩阵 D 的主对角线元素是 $\boldsymbol{A}$ 的特征值.

(5)numeric($\boldsymbol{A}$)—— 表示把符合矩阵 $\boldsymbol{A}$ 化为数值矩阵.

(6)sym($\boldsymbol{A}$)—— 表示把数值矩阵 $\boldsymbol{A}$ 化为符号矩阵.

二、例题与解析

例 1.已知 $\boldsymbol{A}=\begin{pmatrix}1&2&3\\2&2&1\\3&4&3\end{pmatrix}$,$\boldsymbol{B}=\begin{pmatrix}1&1&1\\0&1&1\\0&0&1\end{pmatrix}$,$n=3$.

(1) 在 Matlab 软件中输入 $\boldsymbol{A}$,$\boldsymbol{B}$,n;

(2) 求 $\boldsymbol{A}+\boldsymbol{B}$,$\boldsymbol{B}^{-1}$,$\boldsymbol{A}^{n}$,$\boldsymbol{A}\cdot *\boldsymbol{B}$.

解 (1) 在命令窗口输入:$\boldsymbol{A}$=[1, 2, 3; 2, 2, 1; 3, 4, 3],$\boldsymbol{B}$=[1, 1, 1; 0, 1, 1; 0, 0, 1],n=3

屏幕显示结果:

$\boldsymbol{A}$ =

```
1    2    3
2    2    1
3    4    3
```

$\boldsymbol{B}$ =

```
1    1    1
```

```
    0    1    1
    0    0    1
n =
    3
```

(2) 在命令窗口输入:$\boldsymbol{A}+\boldsymbol{B}$, inv($\boldsymbol{B}$), $\boldsymbol{A}^n$, $\boldsymbol{A}.*\boldsymbol{B}$

屏幕显示结果:

```
ans =
    2    3    4
    2    3    2
    3    4    4
ans =
    1   -1    0
    0    1   -1
    0    0    1
ans =
    92    120    102
    66     86     72
   138    180    152
ans =
    1    2    3
    0    2    1
    0    0    3
```

结果分析:$\boldsymbol{A}+\boldsymbol{B}=\begin{pmatrix}2&3&4\\2&3&2\\3&4&4\end{pmatrix}$, $\boldsymbol{B}^{-1}=\begin{pmatrix}1&-1&0\\0&1&-1\\0&0&1\end{pmatrix}$

$$\boldsymbol{A}^3=\begin{pmatrix}92&120&102\\66&86&72\\138&180&152\end{pmatrix},\boldsymbol{A}\cdot*\boldsymbol{B}=\begin{pmatrix}1&2&3\\0&2&1\\0&0&3\end{pmatrix}.$$

题注："$A\cdot*B$"表示矩阵 A 与 B 的对应元素相乘，而不是矩阵的乘法运算.

例 2　已知 $a=(1,\ 2,\ 3,\ 4)$，$b=(4,\ 3,\ 2,\ 1)$，$n=3$，求$[a,\ b]$，a^n，$\sqrt{a}$.

解　在命令窗口输入：a =[1 2 3 4]; b =[4 3 2 1]; n =3; a * b', a.^n, sqrt(a)

屏幕显示结果：

```
ans =

    20

ans =

    1     8     27     64

ans =

    1.0000    1.4142    1.7321    2.0000
```

结果分析：$[a,\ b]=20$，$a^3=(1,\ 8,\ 27,\ 64)$，$\sqrt{a}=(1.0000,\ 1.4141,\ 1.7321,\ 2.0000)$.

题注：因为 a，b 为行向量，故$[a,\ b]=ab^T$，a^n 为数组运算，故应为"$.\hat{}$".

例 3. 设 $A=\begin{pmatrix}1&2&3\\2&2&1\\3&4&3\end{pmatrix}$，$B=\begin{pmatrix}2&1\\5&3\end{pmatrix}$，$C=\begin{pmatrix}1&3\\2&0\\3&1\end{pmatrix}$，求矩阵 X 使其满足方程 $AXB=C$.

解　在命令窗口输入：A=[1, 2, 3; 2, 2, 1; 3, 4, 3]; B=[2, 1; 5 3]; C=[1 3; 2 0; 3 1]; X =A\C/B 或输入：A=[1, 2, 3; 2, 2, 1; 3, 4, 3]; B=[2, 1; 5 3]; C=[1 3; 2 0; 3 1]; X =inv(A) * C * inv(B)

屏幕显示结果：

```
X =

    -2.0000      1.0000
    10.0000     -4.0000
   -10.0000      4.0000
```

结果分析：所求矩阵 $X=A^{-1}CB^{-1}=\begin{pmatrix}-2&1\\10&-4\\-10&4\end{pmatrix}$.

例 4. 简述“,”在 Matlab 软件中的作用.

解 “,”在 Matlab 软件中可隔开矩阵的元素;隔开函数的参数.

例 5. 在 Matlab 软件中建立五阶零矩阵、单位矩阵、全 1 矩阵、随机矩阵.

解 在命令窗口输入:zeros(5), eye(5), ones(5), rand(5, 5)

屏幕显示结果:

```
ans =

     0     0     0     0     0
     0     0     0     0     0
     0     0     0     0     0
     0     0     0     0     0
     0     0     0     0     0

ans =

     1     0     0     0     0
     0     1     0     0     0
     0     0     1     0     0
     0     0     0     1     0
     0     0     0     0     1

ans =

     1     1     1     1     1
     1     1     1     1     1
     1     1     1     1     1
     1     1     1     1     1
     1     1     1     1     1

ans =

    0.8147    0.0975    0.1576    0.1419    0.6557
    0.9058    0.2785    0.9706    0.4218    0.0357
    0.1270    0.5469    0.9572    0.9157    0.8491
    0.9134    0.9575    0.4854    0.7922    0.9340
```

0.6324　　0.9649　　0.8003　　0.9595　　0.6787

题注:最后的随机矩阵是由软件随机生成,结果可变.

例6. 计算行列式:

(1) $\begin{vmatrix} 1 & 1 & 1 & 1 \\ 1 & -1 & 1 & 1 \\ 1 & 1 & -1 & 1 \\ 1 & 1 & 1 & -1 \end{vmatrix}$;　　(2) $\begin{vmatrix} 1 & 2 & 3 & 4 \\ 1 & 0 & 1 & 2 \\ 3 & -1 & -1 & 0 \\ 1 & 2 & 0 & -5 \end{vmatrix}$.

解　在命令窗口输入:***A***=[1 1 1 1; 1 −1 1 1; 1 1 −1 1; 1 1 1 −1]; ***B***=[1 2 3 4; 1 0 1 2; 3 −1 −1 0; 1 2 0 −5]; det(***A***), det(***B***)

屏幕显示结果:

ans =

−8

ans =

−24

结果分析:(1) $\begin{vmatrix} 1 & 1 & 1 & 1 \\ 1 & -1 & 1 & 1 \\ 1 & 1 & -1 & 1 \\ 1 & 1 & 1 & -1 \end{vmatrix}=-8$; (2) $\begin{vmatrix} 1 & 2 & 3 & 4 \\ 1 & 0 & 1 & 2 \\ 3 & -1 & -1 & 0 \\ 1 & 2 & 0 & -5 \end{vmatrix}=-24$.

例7. 求下列矩阵的秩、迹和标准阶梯形:

(1) $\begin{pmatrix} 1 & 5 & 10 & 0 \\ 7 & 8 & 18 & 4 \\ 17 & 18 & 40 & 10 \\ 3 & 7 & 17 & 1 \end{pmatrix}$;　　(2) $\begin{pmatrix} 1 & 0 & 0 & 1 & 4 \\ 0 & 1 & 0 & 2 & 5 \\ 0 & 0 & 1 & 3 & 6 \\ 1 & 2 & 3 & 14 & 32 \\ 4 & 5 & 6 & 32 & 77 \end{pmatrix}$.

解　在命令窗口输入:***A***=[1 5 10 0; 7 8 18 4; 17 18 40 10; 3 7 17 1]; ***B***=[1 0 0 1 4; 0 1 0 2 5; 0 0 1 3 6; 1 2 3 14 32; 4 5 6 32 77]; rank(***A***), trace(***A***), rref(***A***), rank(***B***), trace(***B***), rref(***B***)

屏幕显示结果:

```
ans =

    3

ans =

    50

ans =

    1.0000         0         0    0.7692
         0    1.0000         0         0
         0         0    1.0000   -0.0769
         0         0         0         0

ans =

    3

ans =

    94

ans =

    1    0    0    1    4
    0    1    0    2    5
    0    0    1    3    6
    0    0    0    0    0
    0    0    0    0    0
```

结果分析：(1) 矩阵$\begin{pmatrix} 1 & 5 & 10 & 0 \\ 7 & 8 & 18 & 4 \\ 17 & 18 & 40 & 10 \\ 3 & 7 & 17 & 1 \end{pmatrix}$的秩为 3，迹为 50，标准阶梯形为$\begin{pmatrix} 1.0000 & 0 & 0 & 0.7692 \\ 0 & 1.0000 & 0 & 0 \\ 0 & 0 & 1.0000 & -0.0769 \\ 0 & 0 & 0 & 0 \end{pmatrix}$.

(2) 矩阵$\begin{pmatrix}1&0&0&1&4\\0&1&0&2&5\\0&0&1&3&6\\1&2&3&14&32\\4&5&6&32&77\end{pmatrix}$的秩为 3,迹为 94,标准阶梯形为

$$\begin{pmatrix}1&0&0&1&4\\0&1&0&2&5\\0&0&1&3&6\\0&0&0&0&0\\0&0&0&0&0\end{pmatrix}.$$

例 8. 已知方程组$\begin{cases}x_1+x_2+x_3+x_4=0\\2x_1+3x_2+x_3+x_4=0\\4x_1+5x_2+3x_3+3x_4=0\end{cases}$，求它的基础解系及通解.

解 在命令窗口输入:**A** =[1 1 1 1; 2 3 1 1; 4 5 3 3]; format rat; **B** = null(**A**,'*r*'), syms *k*1 *k*2; *X* =*k*1 * **B**(:, 1) + *k*2 * **B**(:, 2)

屏幕显示结果:

```
B =

  -2        -2

  1         1

  1         0

  0         1

X =

  -2*k1-2*k2

       k1+k2

          k1

          k2
```

结果分析:由矩阵 **B**,可知方程组的基础解系为 $\boldsymbol{\xi}_1=(-2,1,1,0)^T$,$\boldsymbol{\xi}_2=(-2,1,0,1)^T$,所以方程组的通解为 $\boldsymbol{X}=k_1\boldsymbol{\xi}_1+k_2\boldsymbol{\xi}_2(k_1,k_2\in R)$.

例 9. 求非齐次线性方程组$\begin{cases}2x_1+7x_2+3x_3+x_4=6\\3x_1+5x_2+2x_3+2x_4=4\\9x_1+4x_2+x_3+7x_4=2\end{cases}$的通解.

解 在命令窗口输入:$\boldsymbol{A}$=[2 7 3 1; 3 5 2 2; 9 4 1 7]; b=[6 4 2]'; rank($\boldsymbol{A}$), rank([$\boldsymbol{A}$, b])

屏幕显示结果:

ans =

2

ans =

2

结果分析:说明方程组系数矩阵的秩等于增广矩阵的秩,且小于未知数的个数,即满足 $R(\boldsymbol{A})=R(\boldsymbol{B})=2<4=n$,所以方程组有无穷多组解.

再在命令窗口输入:$\boldsymbol{X}=\boldsymbol{A}\backslash b$, $\boldsymbol{C}$=null($\boldsymbol{A}$,'r')

屏幕显示结果:

X =

−2/11

10/11

0

0

$\boldsymbol{C}$ =

1/11	−9/11
−5/11	1/11
1	0
0	1

结果分析:可见方程组有特解 $\boldsymbol{\eta}=\left(-\frac{2}{11},\frac{10}{11},0,0\right)^T$,有基础解系 $\boldsymbol{\xi}_1=\left(\frac{1}{11},-\frac{5}{11},1,0\right)^T$,$\boldsymbol{\xi}_2=\left(-\frac{9}{11},\frac{1}{11},0,1\right)^T$,所以方程组的通解为 $X=k_1\boldsymbol{\xi}_1+k_2\boldsymbol{\xi}_2+\boldsymbol{\eta}(k_1,k_2\in R)$.

也可将方程组的增广矩阵作初等行变换，根据最后得到的阶梯形矩阵分析结果，可如下操作：

在命令窗口输入：**A**＝[2 7 3 1；3 5 2 2；9 4 1 7]；**b**＝[6 4 2]'；*rref*([**A**，**b**])

屏幕显示结果：

ans =

1	0	−1/11	9/11	−2/11
0	1	5/11	−1/11	10/11
0	0	0	0	0

结果分析：由增广矩阵化得的行阶梯形，可知方程组的一般解为

$$\begin{cases} x_1 = -\dfrac{2}{11} + \dfrac{1}{11}x_3 - \dfrac{9}{11}x_4 \\ x_2 = \dfrac{10}{11} - \dfrac{5}{11}x_3 + \dfrac{1}{11}x_4 \end{cases} \quad (x_3,\ x_4\text{ 为自由未知量}).$$

可改写为向量形式，即得方程组的通解为

$$\boldsymbol{X} = \left(-\frac{2}{11}, \frac{10}{11}, 0, 0\right)^T + k_1\left(\frac{1}{11}, -\frac{5}{11}, 1, 0\right)^T + k_2\left(-\frac{9}{11}, \frac{1}{11}, 0, 1\right)^T, k_1, k_2 \in R.$$

例 10. 已知非齐次线性方程组

$$\begin{cases} (2-a)x_1 + 2x_2 - 2x_3 = 1 \\ 2x_1 + (5-a)x_2 - 4x_3 = 2 \\ -2x_1 - 4x_2 + (5-a)x_3 = -a-1 \end{cases}$$

问当 a 为何值时，此方程组有唯一解、无解、无穷多解？并在有无穷多解时求通解.

解 在命令窗口输入：syms *a*；**A**＝[2−*a* 2 −2；2 5−*a* −4；−2 −4 5−*a*]；*b*＝[1 2 −*a* −1]'；det(**A**)

屏幕显示结果：

ans =

10 − 21 * *a* + 12 * *a*^2 − *a*^3

在命令窗口输入：format rat；roots([−1 12 −21 10])

屏幕显示结果：

ans =

10

1.0000 + 0.0000i

1.0000 − 0.0000i

结果分析：当 $a \neq 10$ 且 $a \neq 1$ 时，系数行列式 $|\boldsymbol{A}| \neq 0$，方程组有唯一解. 再讨论 $a=$ 10 和

$a=1$ 的情形：

再在命令窗口输入：$a=10$；$\boldsymbol{A}$=[2−a 2 −2；2 5−a −4；−2 −4 5−a]；$\boldsymbol{b}$=[1 2 −a −1]'；rank($\boldsymbol{A}$)，rank([$\boldsymbol{A}$，$\boldsymbol{b}$])

屏幕显示结果：

ans =

2

ans =

3

结果分析：系数矩阵的秩不等于增广矩阵的秩，因此，此时方程组无解.

再在命令窗口输入：$a=1$；$\boldsymbol{A}$=[2−a 2 −2；2 5−a −4；−2 −4 5−a]；b=[1 2 − a −1]'；rank($\boldsymbol{A}$)，rank([$\boldsymbol{A}$，b])

屏幕显示结果：

ans =

1

ans =

1

结果分析：系数矩阵的秩与增广矩阵的秩都等于 1，此时方程组有无穷多解.

再在命令窗口输入：$a=1$；$\boldsymbol{A}$=[2−a 2 −2；2 5−a −4；−2 −4 5−a]；$\boldsymbol{b}$=[1 2 − a −1]'；$rref$([$\boldsymbol{A}$，$\boldsymbol{b}$])

屏幕显示结果：

ans =

1	2	−2	1
0	0	0	0

0	0	0	0

结果分析：方程组的一般解为 $x_1=1-2x_2+2x_3$，x_2，x_3 任意取值，故通解为

$$x=\begin{pmatrix}1\\0\\0\end{pmatrix}+k_1\begin{pmatrix}-2\\1\\0\end{pmatrix}+k_2\begin{pmatrix}2\\0\\1\end{pmatrix},\ k_1,\ k_2\in R.$$

例 11. 求下列矩阵的特征值和特征向量：

(1) $\begin{pmatrix}5&6&-3\\-1&0&1\\1&2&1\end{pmatrix}$；　　(2) $\begin{pmatrix}1&2&3\\2&1&3\\3&3&6\end{pmatrix}$.

解　在命令窗口输入：***A***＝[5 6 －3；－1 0 1；1 2 1]；***B***＝[1 2 3；2 1 3；3 3 6]；[***C***，***D***]＝eig(***A***)，[***E***，***F***]＝eig(***B***)

屏幕显示结果：

C ＝

379/419	－379/419	－1436/1711
－379/1257	379/1257	4047/7910
379/1257	－379/1257	108/587

D ＝

2	0	0
0	2	0
0	0	2

E ＝

985/1393	780/1351	881/2158
－985/1393	780/1351	881/2158
0	－780/1351	881/1079

F ＝

－1	0	0
0	0	0
0	0	9

结果分析:$\boldsymbol{D}$ 的对角线元素是矩阵 $\boldsymbol{A}$ 的特征值,$\boldsymbol{C}$ 的列是相应的特征向量;$\boldsymbol{F}$ 的对角线元素是矩阵 $\boldsymbol{B}$ 的特征值,$\boldsymbol{E}$ 的列是相应的特征向量.

例 12. 求下列向量组的一组标准正交向量组:

$\boldsymbol{\alpha}_1=(2,1,3,-1)^T$,$\boldsymbol{\alpha}_2=(7,4,3,-3)^T$,$\boldsymbol{\alpha}_3=(1,1,-6,0)^T$,$\boldsymbol{\alpha}_4=(5,7,7,8)^T$.

解 在命令窗口输入:a1=[2 1 3 −1]'; a2=[7 4 3 −3]'; a3=[1 1 −6 0]'; a4=[5 7 7 8]'; **A**=[a1 a2 a3 a4]; orth(**A**)

屏幕显示结果:

```
ans =
   -0.4951    0.5797    0.2911
   -0.5165    0.1064    0.3992
   -0.5932   -0.0758   -0.8010
   -0.3692   -0.8043    0.3381
```

结果分析:与 α_1,α_2,α_3,α_4 等价的标准正交向量组为$(-0.4951,-0.5165,-0.5932,-0.3692)^T$,$(0.5797,0.1064,-0.0758,-0.8043)^T$,

$(0.2911,0.3992,-0.8010,0.3381)^T$.

可见$\boldsymbol{R}\{\alpha_1,\alpha_2,\alpha_3,\alpha_4\}=3$,说明$\alpha_1$,$\alpha_2$,$\alpha_3$,$\alpha_4$是线性相关的,事实上$3\alpha_1-\alpha_2+\alpha_3+0\cdot\alpha_4=0$.

例 13. 用正交变换把下列二次型化为标准形,并写出所做的正交变换:

$$f(x_1,x_2,x_3)=x_1^2+4x_2^2+x_3^2-4x_1x_2-8x_1x_3-4x_2x_3.$$

解 在编辑器中建立 m 文件 p7_14.m

```
A=[1 -2 -4; -2 4 -2; -4 -2 1]
[U, T]=schur(A);
Syms y1 y2 y3;
y=[y1; y2; y3];
X=vpa(U, 2)*y   % 取U的2位有效数字近似值
f=y.'*T*y
```

屏幕显示结果:

A =

```
 1  -2  -4
-2   4  -2
-4  -2   1
```

X =

```
.67 * y1 -.32 * y2 -.64 * y3
.33 * y1 +.88 * y2 -.14 * y3
.67 * y1 -.12 * y2 +.70 * y3
```

f =

```
-4 * y1^2 + 5 * y2^2 + 5 * y3^2
```

结果分析:原二次型可经正交变换$\begin{cases} x_1 = 0.67y_1 - 0.32y_2 - 0.64y_3 \\ x_2 = 0.33y_1 + 0.88y_2 - 0.14y_3 \\ x_3 = 0.67y_1 - 0.12y_2 + 0.70y_3 \end{cases}$化为标准形

$$f(x) = f(Py) = -4y_1^2 + 5y_2^2 + 5y_3^2.$$

例 14. 求正交矩阵 $\boldsymbol{T}$, 使 $\boldsymbol{T}^{-1}\boldsymbol{AT}$ 为对角矩阵,其中 $\boldsymbol{A}$ 如下:

(1)$\begin{pmatrix} 3 & -2 & 0 \\ -2 & 2 & -2 \\ 0 & -2 & 1 \end{pmatrix}$; (2)$\begin{pmatrix} 4 & 0 & 0 \\ 0 & 3 & 1 \\ 0 & 1 & 3 \end{pmatrix}$.

解 在命令窗口输入:format rat; **A** =[3 -2 0; -2 2 -2; 0 -2 1] ; [**T**, **D**] = schur(**A**), **B** =[4 0 0; 0 3 1; 0 1 3]; [**E**, **F**] = schur(**B**); **C** = sym(**E**), **F**

屏幕显示结果:

T =

```
-1/3     2/3    -2/3
-2/3     1/3     2/3
-2/3    -2/3    -1/3
```

D =

```
-1    0    0
 0    2    0
 0    0    5
```

C =

```
[          0,              0,            1]
[ -sqrt(1/2),      sqrt(1/2),            0]
[  sqrt(1/2),      sqrt(1/2),            0]
```

F =

```
     2              0              0
     0              4              0
     0              0              4
```

结果分析：

(1) 正交矩阵 $\boldsymbol{T}=\begin{pmatrix}-\frac{1}{3} & \frac{2}{3} & -\frac{2}{3}\\ -\frac{2}{3} & \frac{1}{3} & \frac{2}{3}\\ -\frac{2}{3} & -\frac{2}{3} & -\frac{1}{3}\end{pmatrix}$，使得

$$\boldsymbol{T}^{-1}\begin{pmatrix}3 & -2 & 0\\ -2 & 2 & -2\\ 0 & -2 & 1\end{pmatrix}\boldsymbol{T}=\begin{pmatrix}-1 & & \\ & 2 & \\ & & 5\end{pmatrix}$$

(2) 正交矩阵 $\boldsymbol{T}=\begin{pmatrix}0 & 0 & 1\\ -\frac{1}{\sqrt{2}} & \frac{1}{\sqrt{2}} & 0\\ \frac{1}{\sqrt{2}} & \frac{1}{\sqrt{2}} & 0\end{pmatrix}$，使得

$$\boldsymbol{T}^{-1}\begin{pmatrix}4 & 0 & 0\\ 0 & 3 & 1\\ 0 & 1 & 3\end{pmatrix}\boldsymbol{T}=\begin{pmatrix}2 & & \\ & 4 & \\ & & 4\end{pmatrix}.$$

参考答案

总习题 一

1.按自然数从小到大为标准次序,求下列各排列的逆序数:

(1)0　　　(2)4

(3)5　　　(4)3

2.$-a_{11}a_{23}a_{32}a_{44}$ 和 $a_{11}a_{23}a_{34}a_{42}$

3.计算下列各行列式:

(1)18　(2)5　(3)$-2(x^3+y^3)$　(4)160　(5)1　(6)$(-1)^{n-1}n!$

(7)$(-1)^{\frac{n(n-1)}{2}}a_{1n}a_{2,n-1}\cdots a_{n1}(8)a_1a_2\cdots a_n(1+\sum_{i=1}^{n}\frac{1}{a_i})$.

4.证明:

略

5.计算下列各行列式(D_k 为 k 阶行列式):

(1)a^n-a^{n-1}

(2)$[x+(n-1)a](x-a)^{n-1}$

(3)$(-1)^{\frac{n(n-1)}{2}}\prod_{k=1}^{n}(k!)$

提示:利用范德蒙行列式的结果.

(4)$\prod_{i=1}^{n}(a_i^2-b_i^2)$

(5)$(-1)^{n-1}(n-1)2^{n-2}$

(6)$$\boldsymbol{D}_n=\begin{vmatrix} x & y & 0 & \cdots & 0 & 0 \\ 0 & x & y & \cdots & 0 & 0 \\ 0 & 0 & x & \cdots & 0 & 0 \\ \vdots & \vdots & \vdots & \vdots & \vdots & \vdots \\ 0 & 0 & 0 & \cdots & x & y \\ y & 0 & 0 & \cdots & 0 & x \end{vmatrix}$$

解：$\begin{vmatrix} x & y & 0 & \cdots & 0 & 0 \\ 0 & x & y & \cdots & 0 & 0 \\ 0 & 0 & x & \cdots & 0 & 0 \\ \vdots & \vdots & \vdots & \vdots & \vdots & \vdots \\ 0 & 0 & 0 & \cdots & x & y \\ y & 0 & 0 & \cdots & 0 & x \end{vmatrix} = x \begin{vmatrix} x & y & \cdots & 0 & 0 \\ 0 & x & \cdots & 0 & 0 \\ \vdots & \vdots & \vdots & \vdots & \vdots \\ 0 & 0 & \cdots & x & y \\ 0 & 0 & \cdots & 0 & x \end{vmatrix}$

$+(-1)^{n+1} y \begin{vmatrix} y & 0 & \cdots & 0 & 0 \\ x & y & \cdots & 0 & 0 \\ \vdots & \vdots & \vdots & \vdots & \vdots \\ 0 & 0 & \cdots & y & 0 \\ 0 & 0 & \cdots & x & y \end{vmatrix}$

$= x^n + (-1)^{n+1} y^n$

6.用克莱姆法则解下列方程组：

(1)$x_1 = 1, x_2 = 2, x_3 = 3, x_4 = -1$

(2)$x_1 = 1, x_2 = 5, x_3 = -5, x_4 - \quad 2$

7.$\lambda = 1$ 或 $\lambda = -1$

总习题二

1.(1)32；(2)$\begin{bmatrix} -7 & 3 \\ 5 & -2 \end{bmatrix}$；　(3)$\begin{bmatrix} 0 & 6 & -1 \\ 5 & -1 & 4 \end{bmatrix}$；(4)$\boldsymbol{A}^T = \boldsymbol{A}$；(5)$n \times p$.

2.(1)(B)；(2)(C)；(3)(A).

3.(1)√；(2)√；(3)×.

4.$\begin{bmatrix} 10 & -2 & 19 \\ -9 & 19 & 14 \end{bmatrix}, \begin{bmatrix} -1 & -4 & 3 \\ 3 & 10 & 0 \end{bmatrix}$.

5.$(\boldsymbol{AB})^T = \begin{bmatrix} 0 & 0 & 3 \\ 6 & -3 & 9 \\ 3 & 6 & 3 \end{bmatrix}, 3\boldsymbol{AB} - 2\boldsymbol{A}^T = \begin{bmatrix} -2 & 16 & 5 \\ -2 & -11 & 20 \\ 5 & 29 & 7 \end{bmatrix}$

6. (1)$\begin{bmatrix}-1 & 9\\ 7 & 7\end{bmatrix}$；(2)$\begin{bmatrix}6 & 2 & -1\\ 6 & 1 & 1\\ 8 & -1 & 4\end{bmatrix}$；(3)$\begin{bmatrix}0\\ 7\\ -9\end{bmatrix}$；(4)$\begin{bmatrix}4 & 15 & -1\end{bmatrix}$.

7.$\begin{bmatrix}\lambda^n & 2n\lambda^{n-1} & 2n(n-1)\lambda^{n-2}\\ 0 & \lambda^n & 2n\lambda^{n-1}\\ 0 & 0 & \lambda^n\end{bmatrix}$.

8.$\boldsymbol{A}^{-1}=\begin{bmatrix}3 & -1\\ -5 & 2\end{bmatrix}$

9.$\det(\boldsymbol{AB})=108,\det\boldsymbol{A}+\det\boldsymbol{B}=-21,\det(2\boldsymbol{AB}^T)=864$.

10. (1)$\boldsymbol{A}^{-1}=\begin{bmatrix}3 & -1\\ -5 & 2\end{bmatrix}$；

(2)$\boldsymbol{A}^{-1}=\begin{bmatrix}1 & 3 & -2\\ -\frac{3}{2} & -3 & \frac{5}{2}\\ 1 & 1 & -1\end{bmatrix}$；

(3)$\boldsymbol{A}^{-1}=\begin{bmatrix}\frac{11}{2} & -\frac{1}{2} & -2\\ 2 & 0 & -1\\ -\frac{5}{2} & \frac{1}{2} & 1\end{bmatrix}$；

(4)$\boldsymbol{A}^{-1}=\begin{bmatrix}1 & -2 & 0 & 0\\ -2 & 5 & 0 & 0\\ 0 & 0 & \frac{3}{14} & \frac{1}{7}\\ 0 & 0 & -\frac{1}{14} & \frac{2}{7}\end{bmatrix}$；

(5) $B^{-1}=\begin{bmatrix}\frac{1}{4} & \frac{1}{4} & \frac{1}{4} & \frac{1}{4}\\ \frac{1}{4} & \frac{1}{4} & -\frac{1}{4} & -\frac{1}{4}\\ \frac{1}{4} & -\frac{1}{4} & \frac{1}{4} & -\frac{1}{4}\\ \frac{1}{4} & -\frac{1}{4} & -\frac{1}{4} & \frac{1}{4}\end{bmatrix}$

(6) $A^{-1}=\begin{pmatrix}\frac{1}{5} & 0 & 0\\ 0 & 1 & -1\\ 0 & -2 & 3\end{pmatrix}$

11.略.

12. $D^{-1}=\begin{pmatrix}A^{-1} & -A^{-1}CB^{-1}\\ O & B^{-1}\end{pmatrix}$

13. (1) $\begin{bmatrix}-2 & 1\\ \frac{3}{2} & -\frac{1}{2}\end{bmatrix}$;

(2) $A^{-1}=\begin{bmatrix}2 & -7\\ -1 & 4\end{bmatrix}$;

(3) $\begin{bmatrix}-\frac{1}{2} & \frac{1}{2} & \frac{1}{2}\\ \frac{1}{4} & -\frac{1}{4} & \frac{1}{4}\\ \frac{5}{4} & -\frac{1}{4} & -\frac{3}{4}\end{bmatrix}$;

(4) $\begin{bmatrix}1 & -2 & 1 & 0\\ 0 & 1 & -2 & 1\\ 0 & 0 & 1 & -2\\ 0 & 0 & 0 & 1\end{bmatrix}$.

(5)$\begin{bmatrix} -2 & 1 & 0 \\ -\frac{13}{2} & 3 & -\frac{1}{2} \\ -16 & 7 & -1 \end{bmatrix}$

(6)$A^{-1}=\begin{bmatrix} \frac{1}{9} & \frac{5}{9} & \frac{7}{9} \\ \frac{5}{9} & -\frac{2}{9} & -\frac{1}{9} \\ -\frac{1}{9} & \frac{4}{9} & \frac{2}{9} \end{bmatrix}$

(7)$A^{-1}=\begin{bmatrix} 2 & 1 & 1 \\ 4 & 2 & 1 \\ -\frac{3}{2} & 1 & -\frac{1}{2} \end{bmatrix}$

14.(1)$X=\begin{bmatrix} -2 \\ \frac{3}{2} \\ 0 \end{bmatrix}$

$X=\begin{bmatrix} \frac{10}{9} & -\frac{8}{3} & \frac{7}{9} \\ -\frac{7}{9} & \frac{7}{6} & \frac{1}{18} \end{bmatrix}$

$X=\begin{bmatrix} 1 & 3 \\ 0 & -1 \\ 2 & 2 \end{bmatrix}$

$B=\begin{bmatrix} 3 & -8 & -6 \\ 2 & -9 & -6 \\ -2 & 12 & 9 \end{bmatrix}$

总习题三

1.(1)2；(2)$abc\neq 0$；(3)-3；(4) 无关；(5)2 ；(6)-1；(7)$k\neq 1,k\neq -2$；

(8) $(1,1,-1)^T$;

2.(1)A; (2) C;(3)D; (4)A; (5)C ; (6)C; (7)B ; (8)B; (9)C; (10)A

3.$\boldsymbol{\alpha}=\begin{pmatrix}1\\2\\3\\4\end{pmatrix}$

4.(1) 向量组1线性无关;(2) 向量组2线性相关;(3) 向量组3线性无关;(4) 向量组4线性相关;(5) 向量组5线性相关.

5.(1)$\boldsymbol{\alpha}_1,\boldsymbol{\alpha}_2,\boldsymbol{\alpha}_3$ 为一个极大无关组.$\boldsymbol{R}(\boldsymbol{A})=3(2)\boldsymbol{\alpha}_1,\boldsymbol{\alpha}_2,\boldsymbol{\alpha}_3$ 为一个极大无关组.$\boldsymbol{R}(\boldsymbol{A})=3$

(3)$\boldsymbol{\alpha}_1,\boldsymbol{\alpha}_2$ 为一个极大无关组.$\boldsymbol{R}(\boldsymbol{A})=2$

6.(1) 当 $a=-4$ 时,$\boldsymbol{\alpha}_1,\boldsymbol{\alpha}_2$ 线性相关;当 $a\neq-4$ 时,$\boldsymbol{\alpha}_1,\boldsymbol{\alpha}_2$ 线性无关;

(2) 当 $a=-4$ 或 $a=3/2$ 时,$\boldsymbol{\alpha}_1,\boldsymbol{\alpha}_2,\boldsymbol{\alpha}_3$ 线性相关;

当 $a\neq-4$ 且 $a\neq3/2$ 时,$\boldsymbol{\alpha}_1,\boldsymbol{\alpha}_2,\boldsymbol{\alpha}_3$ 线性无关.

$a=2,b=5$

$lm\neq1$ 时,向量组 $l\boldsymbol{\alpha}_2-\boldsymbol{\alpha}_1,m\boldsymbol{\alpha}_3-\boldsymbol{\alpha}_2,\boldsymbol{\alpha}_1-\boldsymbol{\alpha}_3$ 线性无关.

9.(1)$\boldsymbol{\alpha}_1,\boldsymbol{\alpha}_2,\boldsymbol{\alpha}_3,k\boldsymbol{\beta}_1+\boldsymbol{\beta}_2$ 线性无关;

(2) 当 $k\neq0$ 时,$\boldsymbol{\alpha}_1,\boldsymbol{\alpha}_2,\boldsymbol{\alpha}_3,\boldsymbol{\beta}_1+k\boldsymbol{\beta}_2$ 线性无关;当 $k=0$ 时,$\boldsymbol{\alpha}_1,\boldsymbol{\alpha}_2,\boldsymbol{\alpha}_3,\boldsymbol{\beta}_1+k\boldsymbol{\beta}_2$ 线性相关.

10.略

11.略

12.略

13.略

14.略

15.略

16.略

17.略

18.略

19. (1)$r(\boldsymbol{A})=3$;(2)$r(\boldsymbol{A})=3$;(3)$r(\boldsymbol{A})=2$;(4)$r(\boldsymbol{A})=2$.

20.略

21.坐标 $\boldsymbol{x}=\begin{pmatrix}3\\-1\\2\end{pmatrix}$;$\boldsymbol{y}=\begin{pmatrix}-8\\24\\-46\end{pmatrix}$.

总习题四

1.(1)$\boldsymbol{\eta}_1=(1,-2,1,0,0)^T$,

$\boldsymbol{\eta}_2=(1,-2,0,1,0)^T$,

$\boldsymbol{\eta}_3=(5,-6,0,0,1)^T$,

齐次线性方程组的全部解为 $\boldsymbol{\eta}=k_1\boldsymbol{\eta}_1+k_2\boldsymbol{\eta}_2+k_3\boldsymbol{\eta}_3$,其中 k_1,k_2,k_3 为任意常数.

(2)$\boldsymbol{\eta}_1=(-1,1,1,0,0)^T$,

$\boldsymbol{\eta}_2=\left(-\frac{7}{2},\frac{5}{2},0,1,3)\right)$,

$\boldsymbol{\eta}=k_1\boldsymbol{\eta}_1+k_2\boldsymbol{\eta}_2$,其中 k_1,k_2 为任意常数.

(3)$\boldsymbol{\eta}=\left(\frac{1}{2},1,\frac{2}{3},\frac{13}{12},\frac{1}{4}\right)^T$

齐次线性方程组的全部解为 $k\boldsymbol{\eta}$,其中 k 为任意常数.

(4)$\boldsymbol{\eta}_1=(-1,-1,1,2,0)^T$

$\boldsymbol{\eta}_2=\left(\frac{1}{4},0,0,\frac{5}{4},1\right)^T$

则 $\boldsymbol{\eta}_1,\boldsymbol{\eta}_2$ 为原方程组的一个基础解系,且该齐次线性方程组的全部解为

$\boldsymbol{\eta}=k_1\boldsymbol{\eta}_1+k_2\boldsymbol{\eta}_2$,其中 k_1,k_2 为任意常数.

2.略.

3.略

4.解:(1) 无解;(2) $\begin{pmatrix}x\\y\\z\end{pmatrix}=\begin{pmatrix}2\\-1\\2\end{pmatrix}$;(3) $\begin{pmatrix}x_1\\x_2\\x_3\\x_4\end{pmatrix}=c\begin{pmatrix}4\\-9\\4\\3\end{pmatrix}$,$c\in\boldsymbol{R}$.

5.$\boldsymbol{A}$.

6.$\boldsymbol{R}(\boldsymbol{A})=\boldsymbol{R}(\boldsymbol{AB})=2$.

7.故 $t=-3$.

8.当 $k=1$ 时,$\boldsymbol{R}(\boldsymbol{A})=1$;当 $k=-2$ 时,$\boldsymbol{R}(\boldsymbol{A})=2$;当 $k\neq 1,k\neq -2$ 时 $\boldsymbol{R}(\boldsymbol{A})=3$ 时.

9.解:$k=-3$.

10.解:将 $\boldsymbol{A}$ 通过初等变换化为单位阵,再将每次的初等变换通过初等矩阵的乘积表示

$$\boldsymbol{A}=\begin{pmatrix}1&3&3\\1&4&3\\1&3&4\end{pmatrix}=\begin{pmatrix}1&0&0\\0&1&0\\0&0&1\end{pmatrix}\begin{pmatrix}1&0&0\\1&1&0\\0&0&1\end{pmatrix}\begin{pmatrix}1&3&0\\0&1&0\\0&0&1\end{pmatrix}\begin{pmatrix}1&0&3\\0&1&0\\0&0&1\end{pmatrix}.$$

11.解:略

12.解:本题考查初等变换与初等矩阵之间的关系及初等矩阵的性质,由已知 $\boldsymbol{B}=\boldsymbol{AP}_2\boldsymbol{P}_1$,

故 $\boldsymbol{B}^{-1}=\boldsymbol{P}_1^{-1}\boldsymbol{P}_2^{-1}\boldsymbol{A}^{-1}=\boldsymbol{P}_1\boldsymbol{P}_2\boldsymbol{A}$

13.选(D).

14.选(C).

15.略.

16.略.

17.当 $\lambda=0$ 时,$\boldsymbol{x}=c_1\begin{pmatrix}-1\\1\\1\end{pmatrix}(c_1\in R)$;当 $\lambda=1$ 时,$\boldsymbol{x}=c_2\begin{pmatrix}-1\\2\\1\end{pmatrix}(c_2\in R)$.

18.当 $\lambda\neq 1,\lambda\neq 10$,方程组有唯一解.当 $\lambda=10$ 时,方程组无解;

当 $\lambda=1$ 时,方程组有无穷多解,通解为 $\boldsymbol{x}=\begin{pmatrix}1\\0\\0\end{pmatrix}+c_1\begin{pmatrix}-2\\1\\0\end{pmatrix}+c_2\begin{pmatrix}2\\0\\1\end{pmatrix}(c_1,c_2\in R)$.

19.$a\neq 1$ 时,方程组有唯一解;$a=1$ 且 $b\neq -1$ 时,方程组无解,

$a=1$ 且 $b=-1$ 时，方程组有无穷多解，且解为 $\begin{pmatrix}-1\\1\\0\\0\end{pmatrix}+c_1\begin{pmatrix}1\\-2\\1\\0\end{pmatrix}+c_2\begin{pmatrix}1\\2\\0\\1\end{pmatrix}$，$(c_1,c_2\in R)$.

20.$\lambda=1$ 时有解，解为 $\begin{pmatrix}1\\-1\\0\end{pmatrix}+k\begin{pmatrix}-1\\2\\1\end{pmatrix}(k\in R)$.

21.因为 $\boldsymbol{AB}=0$ 所以 $\boldsymbol{R}(\boldsymbol{A})+\boldsymbol{R}(\boldsymbol{B})\leqslant 3$，而 a,b,c 不全为零，$\boldsymbol{R}(\boldsymbol{A})\geqslant 1$，

当 $k\neq 9$ 时，$\boldsymbol{R}(\boldsymbol{B})=2$，有 $\boldsymbol{R}(\boldsymbol{A})=1$，由 $\boldsymbol{AB}=0$ 可得 $\boldsymbol{A}\begin{pmatrix}1\\2\\3\end{pmatrix}=0$，$\boldsymbol{A}\begin{pmatrix}3\\6\\k\end{pmatrix}=0$，

则 $\boldsymbol{A}x=0$ 的通解为 $c_1\begin{pmatrix}1\\2\\3\end{pmatrix}+c_2\begin{pmatrix}3\\6\\k\end{pmatrix}$，$(c_1,c_2\in R)$.

22.$\boldsymbol{B}=\boldsymbol{E}(i,j)\boldsymbol{A}$，$|\boldsymbol{B}|=-|A|\neq 0$，即 $\boldsymbol{B}$ 可逆；$\boldsymbol{AB}^{-1}=\boldsymbol{E}(i,j)$.

总习题五

1.(1)$\lambda_1=6$，特征向量为 $k(1,-1)^T,k\neq 0$；$\lambda_2=-1$，特征向量为 $k(4,3)^T,k\neq 0$.

(2)$\lambda_1=2$(二重)，特征向量为 $k(0,1,0)^T,k\neq 0$；$\lambda_2=1$，特征向量为 $k(0,1,1)^T,k\neq 0$.

(3)$\lambda_1=-1$(三重)，特征向量为 $k(-1,-1,1)^T,k\neq 0$.

2.略.

3.略.

4.4，-2，13.

5.$a=1,\lambda=3$.

6.证明：因为

$$|\boldsymbol{E}+\boldsymbol{A}|=|\boldsymbol{A}^T\boldsymbol{A}+\boldsymbol{A}|=|\boldsymbol{A}^T+\boldsymbol{E}||\boldsymbol{A}|=|\boldsymbol{A}+\boldsymbol{E}||\boldsymbol{A}|=-|\boldsymbol{A}+\boldsymbol{E}|,$$

所以 $|\boldsymbol{E}+\boldsymbol{A}|=0$,故 -1 是矩阵 $\boldsymbol{A}$ 的特征值.

7.证明:因为 $\boldsymbol{A}^T=\boldsymbol{A}^{-1}$,所以 λ^{-1} 是$\boldsymbol{A}^{-1}$ 的特征值,即 λ^{-1} 是 $\boldsymbol{A}^T$ 的特征值,故 λ^{-1} 是 $(\boldsymbol{A}^T)^T$ 的特征值,即 λ^{-1} 是 $\boldsymbol{A}$ 的特征值.

8.略.

9.$x=5$.

10.$x=0$, $y=-2$.

11.(1) 不能对角化;(2) 不能对角化;(3) 能对角化.

12.略.

13.$\begin{pmatrix} 2^{n-1} & 2^{n-1} \\ 2^{n-1} & 2^{n-1} \end{pmatrix}$.

14.若存在 $a_{ij}\neq 0$, $i<j$,则 $\boldsymbol{A}$ 不可对角化.

15.取 $\boldsymbol{T}=\begin{pmatrix} -2 & 0 & -1 \\ 1 & 0 & 1 \\ 0 & 1 & 1 \end{pmatrix}$, $\boldsymbol{A}^{10}=\boldsymbol{T}\begin{pmatrix} 1 & 0 & 0 \\ 0 & 1 & 0 \\ 0 & 0 & -2 \end{pmatrix}^{10} T^{-1}=\begin{pmatrix} -1022 & -2046 & 0 \\ 1023 & 2047 & 0 \\ 1023 & 2046 & 1 \end{pmatrix}$.

16.(1)$\boldsymbol{Q}=\begin{pmatrix} -\frac{\sqrt{2}}{2} & \frac{\sqrt{6}}{6} & \frac{\sqrt{3}}{3} \\ \frac{\sqrt{2}}{2} & \frac{\sqrt{6}}{6} & \frac{\sqrt{3}}{3} \\ 0 & -\frac{\sqrt{6}}{3} & \frac{\sqrt{3}}{3} \end{pmatrix}$, $\boldsymbol{Q}^{-1}\boldsymbol{AQ}=\begin{pmatrix} 0 & 0 & 0 \\ 0 & 0 & 0 \\ 0 & 0 & 3 \end{pmatrix}$.

(2)$\boldsymbol{Q}=\begin{pmatrix} -\frac{2\sqrt{5}}{5} & -\frac{\sqrt{5}}{5} & \frac{2\sqrt{5}}{5} \\ \frac{\sqrt{5}}{5} & \frac{2\sqrt{5}}{5} & \frac{2\sqrt{5}}{5} \\ \frac{2\sqrt{5}}{5} & -\frac{2\sqrt{5}}{5} & \frac{\sqrt{5}}{5} \end{pmatrix}$, $\boldsymbol{Q}^{-1}\boldsymbol{AQ}=\begin{pmatrix} 2 & 0 & 0 \\ 0 & 5 & 0 \\ 0 & 0 & -1 \end{pmatrix}$.

17.$\boldsymbol{X}=k_1(-1, 1, 0)^T+k_2(0, 0, 1)^T$,其中 k_1, k_2 不同时为零.

18.$\boldsymbol{A}=\begin{pmatrix} 0 & 1 & 0 \\ 1 & 0 & 0 \\ 0 & 0 & 1 \end{pmatrix}$.

19.提示:先证明矩阵的特征值只有-1,从而可得实对称矩阵$\boldsymbol{A}$相似于$-\boldsymbol{E}$,从而得到$\boldsymbol{A}=-\boldsymbol{E}$.

20.(1)$\begin{pmatrix}0&-2&1\\-2&0&3/2\\1&3/2&0\end{pmatrix}$,秩是3;(2)$\begin{pmatrix}2&1&0\\1&2&2\\0&2&1\end{pmatrix}$,秩是3.

21.(1) $f(x_1,x_2,x_3)=x_1^2+4x_1x_2+4x_1x_3+8x_2x_3+x_3^2$;

(2) $f(x_1,x_2,x_3)=2x_1x_2+2x_2x_3$.

22.略.

23.$a=2$;$\dfrac{\sqrt{2}}{2}\begin{pmatrix}0&\sqrt{2}&0\\1&0&1\\-1&0&1\end{pmatrix}$.

24.(1)$y_1^2+y_2^2$,线性替换为$\begin{cases}y_1=x_1+x_2,\\y_2=x_2+2x_3,\\y_3=x_3;\end{cases}$

(2)$3y_1^2-\dfrac{1}{3}y_2^2+8y_3^2$,线性替换为$\begin{cases}y_1=x_1-\dfrac{1}{3}x_2-\dfrac{1}{3}x_3,\\y_2=x_2-5x_3,\\y_3=x_3;\end{cases}$

(3)$-4y_1^2+4y_2^2+y_3^2$,线性替换为$\begin{cases}y_1=\dfrac{1}{2}x_1+\dfrac{1}{2}x_2-\dfrac{1}{2}x_3,\\y_2=\dfrac{1}{2}x_1-\dfrac{1}{2}x_2,\\y_3=x_3;\end{cases}$

(4)$8y_1^2+2y_2^2-8y_3^2-2y_4^2$,线性替换为$\begin{cases}y_1=\dfrac{1}{2}x_1+\dfrac{1}{2}x_2+\dfrac{1}{8}x_3+\dfrac{1}{2}x_4,\\y_2=\dfrac{1}{2}x_2+\dfrac{1}{2}x_3,\\y_3=\dfrac{1}{2}x_1+\dfrac{1}{2}x_2+\dfrac{1}{8}x_3-\dfrac{1}{2}x_4,\\y_4=-\dfrac{1}{2}x_2+\dfrac{1}{2}x_3.\end{cases}$

25.(1)$y_1^2+2y_2^2$，线性替换的矩阵为$\begin{bmatrix}0 & \sqrt{2}/2 & -\sqrt{2}/2\\ 1 & 0 & 0\\ 0 & \sqrt{2}/2 & \sqrt{2}/2\end{bmatrix}$；

(2)$-y_1^2+2y_2^2+5y_3^2$，线性替换的矩阵为$\frac{1}{3}\begin{bmatrix}2 & -2 & 1\\ 2 & 1 & -2\\ 1 & 2 & 2\end{bmatrix}$.

26.(1) 不相似，因为特征值不相等；(2) 不合同，因为正负惯性指数不相等.

27.$t>25$.

28.提示：利用$\boldsymbol{A}+\boldsymbol{E}$的特征值与$|\boldsymbol{A}+\boldsymbol{E}|$的关系去证明.

29.提示：说明存在t使得$t\boldsymbol{E}+\boldsymbol{A}$的特征值均大于零.

30.证明：因$\boldsymbol{A}$正定，$|\boldsymbol{A}|>0$，又$\boldsymbol{A}^{-1}$正定，而$|\boldsymbol{A}|^*=|\boldsymbol{A}|\boldsymbol{A}^{-1}$，故$\boldsymbol{A}^*$正定.

31. 提示：利用$\boldsymbol{\varepsilon}_i^T\boldsymbol{A}\boldsymbol{\varepsilon}_i=a_{ii}$，其中$\boldsymbol{\varepsilon}_i$是第$i$个$n$维单位向量.

32. 提示：先证$\boldsymbol{B}$的特征值均大于零，从而$\boldsymbol{B}$正定.再由实对称矩阵的对角化即证.

33. 略.